GONGCHENG
ZHILIANG SHIGU
ANLI FENXI
YU CHULI

工程质量事故案例分析与处理

汪绯 主编

化学工业出版社
·北京·

内容简介

本书系统地介绍了土木工程各类质量事故的分析与处理方法。全书共分七章，包括概述、地基工程事故处理、基础工程事故处理、砌体工程事故处理、钢筋混凝土工程事故处理、地面工程事故处理、建筑工程倒塌事故的分析与处理。本书既重视各类质量事故产生原因的理论分析，又有详细处理方法的介绍，并列举大量的工程实例加以阐述，具有指导性、实用性特色。

本书为勘察、设计、建筑施工、建设工程监理等企业工程技术人员的执业参考用书，也可作为中等职业教育、高等职业教育建筑工程技术专业，或大专、本科土木工程专业的教材。

图书在版编目（CIP）数据

工程质量事故案例分析与处理/汪绯主编．—北京：化学工业出版社，2021.2
ISBN 978-7-122-38176-7

Ⅰ.①工…　Ⅱ.①汪…　Ⅲ.①建筑工程-工程质量事故-事故分析②建筑工程-工程质量事故-事故处理　Ⅳ.①TU712.4

中国版本图书馆CIP数据核字（2020）第243689号

责任编辑：王文峡
责任校对：宋　玮　　　　装帧设计：王晓宇

出版发行：化学工业出版社（北京市东城区青年湖南街13号　邮政编码100011）
印　　装：三河市延风印装有限公司
850mm×1168mm　1/32　印张11　字数317千字
2021年4月北京第1版第1次印刷

购书咨询：010-64518888　　　　售后服务：010-64518899
网　　址：http://www.cip.com.cn
凡购买本书，如有缺损质量问题，本社销售中心负责调换。

定　　价：59.00元　　　　

前言

质量是兴国之道、富国之本、强国之策，国际市场的竞争本质上是质量的竞争。必须“坚持质量第一、效益优先”，从而实现质量强国目标。

土木工程质量事故具有多发、常见的特点，灵活地判断分析和正确地处理工程质量事故，是工程专业技术人员应具备的专业能力和水平。随着建筑产业化的升级，“框架结构体系”“装配式建筑体系”的涌现，近年来的工程质量事故的形式和处理方法也发生了一些变化。另外，工程技术标准、质量验收规范也在不断更新。因此，作者最大限度地保持本书知识内容的前沿性，以飨读者。

本书根据国家、行业及地方标准、规范的要求，结合土木工程施工技术的程序，特点，紧扣工程施工新技术、新材料、新工艺、新结构的发展特点，对涉及施工技术的专业知识，进行了科学、合理的划分，内容由浅入深，重点突出，理实交互，例证翔实。

本书由汪绯任主编、徐晓娜任副主编。其中第一章、第二章、第五章由汪绯编写，第三章、第四章由徐晓娜编写，第六章、第七章由于淑清编写。全书由汪绯统稿，张铭馥担任主审。限于作者水平，书中不妥之处敬请读者批评指正。

编　者

2021 年 1 月

目录

第一章

概述

第一节 术语及名词解释

1. 建筑工程

通过对各类房屋建筑及其附属设施的建造和与其配套线路、管道、设备等的安装所形成的工程实体。

2. 建筑工程质量

反映建筑工程满足相关标准规定或合同约定的要求，包括其在安全、使用功能及其在耐久性能、环境保护等方面所有明显和隐含能力的特性总和。

3. 验收

建筑工程质量在施工单位自行检查评定的基础上，由工程质量验收责任方组织，参与该工程活动的有关单位共同对检验批、分项、子分部、分部工程的质量进行抽样检查，根据现行相关标准以书面形式对工程质量达到合格与否做出确认。

4. 进场检查

对进入施工现场的加固材料、制品、构配件、连接件、锚固件、器具和设备等，按相关标准规定的要求进行检查或检验，以对其质量达到合格与否做出确认。

5. 复验

凡涉及安全或功能的加固材料、产品，在进场时，不论事先持有何种检验合格证书，均应按现行有关标准规范所指定项目进行的见证抽样检验活动。

6. 原构件

实施加固前的原有（已有）构件。

7. 检验

对被检验项目的特征、性能进行量测、检查、试验等，并将结果与标准规定的要求进行比较，以确定项目每项性能是否合格的活动。

8. 观感质量

通过观察和必要的量测所反映的工程外在质量。

9. 表面处理

为改善加固材料与原构件之间，或新旧基材之间的黏合能力，而对其表面进行的物理或化学处理。在结构加固工程中以物理处理为主。

10. 平整度

原结构构件经修整、处理后，尚允许表面存在的起伏、凹凸程度。

11. 垂直度

在设计规定的高度范围内，加固后构件表面轴线偏离重力线的程度。

12. 缺陷

混凝土结构工程施工质量检查中发现的不符合规定要求的检验项或检验点，按其程度可分为严重缺陷和一般缺陷。

严重缺陷对结构构件的受力性能、耐久性能或安装、使用功能有决定性影响的缺陷，一般缺陷则无决定性影响。

13. 返修

对施工质量不符合现行规范规定的结构加固工程部位采取的整修、补救措施。

14. 返工

对施工质量不合格且无法返修的结构加固工程部位采取的重新制作、重新施工的措施。

15. 重要结构

安全等级为一级的建筑物中的承重结构。

16. 一般结构

安全等级为二级的建筑物中的承重结构。

17. 重要构件

其自身失效将影响或危及承重结构体系整体工作的承重构件。

18. 一般构件

其自身失效为孤立事件，不影响承重结构体系整体工作的承重构件。

19. 增大截面加固法

增大原构件截面面积并增配钢筋，以提高其承载力和刚度，或改变其自振频率的一种直接加固法。

20. 外包型钢加固法

对钢筋混凝土梁、柱外包型钢及钢缀板焊成的构架，以达到共同受力并使原构件受到约束作用的加固方法。

21. 复合截面加固法

通过采用结构胶黏剂粘接或高强聚合物改性水泥砂浆（以下简称聚合物砂浆）喷抹，将增强材料粘合于原构件的混凝土表面，使之形成具有整体性的复合截面，以提高其承载力和延性的一种直接加固方法。根据增强材料的不同，可分为外粘型钢、外粘钢板、外粘纤维增强复合材料和外加钢丝绳网-聚合物砂浆面层等多种加固法。

22. 绕丝加固法

通过缠绕退火钢丝使被加固的受压构件混凝土受到约束作用，从而提高其极限承载力和延性的一种直接加固法。

23. 体外预应力加固法

通过施加体外预应力，使原结构、构件的受力得到改善或调整的一种间接加固法。

24. 植筋

以专用的结构胶黏剂将带肋钢筋或全螺纹螺杆种植于基材混凝土中的后锚固连接方法之一。

25. 结构加固

对可靠性不足或业主要求提高可靠度的承重结构、构件及其相关部分采取增强、局部更换或调整其内力等措施，使其具有现行设计规范及业主所要求的安全性、耐久性和适用性。

26. 结构加固工程质量

反映结构加固工程满足现行相关标准规定或合同约定的要求，包括其在安全性能、耐久性能、使用功能以及环境保护等方面所有明显和隐含能力的特性总和。

27. 混凝土结构

以混凝土为主制成的结构，包括素混凝土结构、钢筋混凝土结构和预应力混凝土结构等。

28. 钢筋混凝土结构

配置受力普通钢筋的混凝土结构。

29. 预应力混凝土结构

配置受力的预应力筋，通过张拉或其他方法建立预应力的混凝土结构。

30. 装配式混凝土结构

由预制混凝土构件或部件装配、连接而成的混凝土结构。

31. 装配整体式混凝土结构

由预制混凝土构件或部件通过钢筋、连接件或施加预应力加以连接，并在连接部位浇筑混凝土而形成整体受力的混凝土结构。

32. 叠合构件

由预制混凝土构件（或既有混凝土结构构件）和后浇混凝土组成，以两阶段成型的整体受力结构构件。

33. 砌体结构

由块体和砂浆砌筑而成的墙、柱作为建筑物主要受力构件的结构。是砖砌体、砌块砌体和石砌体结构的统称。

34. 钢结构

指用各种薄壁型钢，通过焊接、铆接、螺栓连接等方式制造的结构。

35. 地基

指直接承受建筑物荷载作用的土层或岩层。

36. 基础

基础是建筑物承受的各种荷载传递到地基土的下部结构。基础通常埋置于地下。

37. 普通混凝土

干表观密度为 2000～2800kg/m^3 的混凝土。

38. 抗渗混凝土

抗渗等级不低于 P6 级的混凝土。

39. 抗冻混凝土

抗冻等级不低于 F50 级的混凝土。

40. 高强混凝土

强度等级不低于 C60 的混凝土。

41. 泵送混凝土

可在施工现场通过压力泵及输送管道进行浇筑的混凝土。

42. 大体积混凝土

体积较大的、可能由胶凝材料水化热引起的温度应力导致有害裂缝的结构混凝土。

第二节　建筑工程质量事故原因综述

一、工程质量不合格、质量问题和质量事故

根据国际标准化组织（ISO）和中国有关质量、质量管理和质量保证标准的定义，凡工程产品质量没有满足某个规定的要求，就称之为质量不合格。

根据有关规定：凡是工程质量不合格，必须进行返修、加固或报废处理，由此造成的直接经济损失低于 5000 元的称为质量问题；直接经济损失 5000 元（含 5000 元）以上的称为工程质量事故。

对工程质量事故通常按造成损失的严重程度等进行分类，其基本分类如下。

1. 一般质量事故

凡具备下列条件之一者为一般质量事故。

① 直接经济损失 5000 元以上，不满 5 万元的（以上包括本数，不满不包括本数，下同)；

② 影响使用功能和工程结构安全，造成永久质量缺陷的。

2. 严重质量事故

凡具备下列条件之一者为严重事故。

① 直接经济损失 5 万元以上，不满 10 万元的；

② 严重影响使用工程或工程结构安全，存在重大质量隐患的；

③ 事故性质恶劣或造成 2 人以下重伤的。

3. 重大质量事故

凡具备下类条件之一者为重大事故，属建设工程重大事故范畴。

① 工程倒塌或报废；

② 由于质量事故，造成人员伤亡或重伤 3 人以上；

③ 直接经济损失 10 万元以上。

重大质量事故分为四个等级：凡造成死亡 30 人以上，或直接经济损失 300 万元以上为一级；凡造成死亡 10 人以上 29 人以下，或直接经济损失 100 万元以上，不满 300 万元为二级；凡造成死亡 3 人以上 9 人以下，或重伤 20 人以上，或直接经济损失 30 万元以上，不满 100 万元为三级；凡造成死亡 2 人以上，或重伤 3 人以上，或直接经济损失 10 万元以上，不满 30 万元为四级。

4. 特别重大事故

凡具有《特别重大事故调查程序暂行规定》所列情形，发生一次死亡 30 人及以上，或直接经济损失 500 万元及以上，或其他性质特别严重，上述影响三个之一均属特别重大事故。

二、质量事故原因要素

影响工程的因素很多，但归纳起来主要有五个方面，即人、材料、机械、方法和环境，简称 4ME。

1. 人员素质

人是生产经营活动的主体，也是工程项目建设的决策者、管理者、操作者，工程建设的规划、决策、勘察、设计、施工与竣工验收等全过程，都是通过人的工作来完成的。人员的素质，即人的文化水平、技术水平、决策能力、管理能力、组织能力、作业能力、控制能力、身体素质及职业道德等，都将直接或间接地对规划、决策、勘察、设计和施工的质量产生影响，而规划是否合理、决策是否正确、设计是否符合所需要的质量和功能、施工能否满足合同、规范、技术标准的需要等，都将对工程质量产生不同程度的影响。人员素质是影响工程质量的一个重要因素。因此，建筑行业实行资质管理和各类专业从业人员持证上岗制度，是保证人员素质的重要管理措施。

2. 工程材料

工程材料是指构成工程实体的各类建筑材料、构配件、半成品等，它是工程建设的物质条件，是工程质量的基础。工程材料选用是否合理、产品是否合格、材质是否经过检验、保管使用是否得当等，都将直接影响建设工程的结构刚度和强度，影响工程外表及观感，影响工程的使用功能，影响工程的使用安全。

3. 机械设备

机械设备可分为两类：一类是指组成工程实体及配套的工艺设备和各类机具，如电梯、泵机、通风设备等，它们构成了建筑设备安装工程或工业设备安装工程，形成完整的使用功能；另一类是指施工过程中使用的各类机具设备，包括大型垂直与横向运输设备、各类操作工具、各种施工安全设施、各类测量仪器和计量器具等，简称施工机具设备，它们是施工生产的手段。施工机具设备对工程质量也有重要的影响。工程所用机具设备，其产品质量优劣直接影响工程使用功能质量。施工机具设备的类型是否符合工程施工特点，性能是否先进稳定，操作是否方便安全等，都将会影响工程项目的质量。

4. 方法

方法是指工艺方法、操作方法和施工方案。在工程施工中，施工方案是否合理，施工工艺是否先进，施工操作是否正确，都将对工程质量产生重大的影响。采用新技术、新工艺、新方法，不断提高工艺技术水平，是保证工程质量稳定提高的重要因素。

5. 环境条件

环境条件是指对工程质量特性起重要作用的环境因素：包括工程技术环境，如工程地质、水文、气象等；工程作业环境，如施工环境作业面大小、防护设施、通风照明和通信条件等；工程管理环境，主要指工程实施的合同环境与管理关系的确定，组织体制及管理制度等；周边环境，如工程邻近的地下管线、建（构）筑物等。环境条件往往对工程质量产生特定的影响。加强环境管理，改进作业条件，把握好技术环境，辅以必要的措施，是控制环境对质量影响的重要保证。

三、质量事故成因分析

1. 违反基本建设程序

基本建设程序是中国几十年基本建设的经验总结，它正确地反映了客观存在的自然规律和经济规律，是基本建设工作必须遵循的先后顺序。

建设前期的某些工作是极其重要的工作，如项目可行性研究、建设地点的选择等，这些工作做得不好，很容易造成工程质量事故，有时造成的损失是十分严重的。如因建设地点选择不当，会造成建筑物开裂、位移、倒塌等事故。

《中华人民共和国建筑法》第二章第十三条明确指出："从事建筑活动的建筑施工企业、勘察单位、设计单位和工程监理单位，……，经资质审查合格，取得相应等级的资质证书后，方可在其资质等级许可的范围内从事建筑活动"。但是，有些企业单位不遵守国家法律，超越许可范围承接工程任务，造成重大质量事故。

从大量建筑工程质量事故分析中发现，因施工顺序错误造成的事故，不仅次数多、频率高，而且后果比较严重。违反施工顺序的问题有：下部结构未达到强度与稳定的要求，就施工上部结构；地下工程未全部完成，就开始地上结构的施工；结构安装工程与砌墙的先后顺序颠倒；现浇结构尚不能维持其稳定时，就拆除模板；地下施工完成后，不及时回填土；相邻的工程施工先后顺序不当等。

《中华人民共和国建筑法》第六章第六十一条规定"……，建筑工程竣工经验收合格后，方可交付使用；未经验收或者验收不合格的，不得交付使用"。但是，使用单位往往未经质量验收就开始使用，使建筑工程存在着重大隐患，以致造成房屋倒塌等严重质量事故，有的造成巨大的生命财产损失。

2. 勘察设计方面的问题

搞好勘察设计工作，是确保建筑工程质量的基础，必须认真对待。不按国家的有关规范认真地进行地质勘察，盲目估计地基承载力；地质勘察报告不详细、不准确，甚至出现重大错误；勘察精度不足，不能满足设计的要求；有的地质勘察的钻孔间距太大，不能准确反映地基的实际情况，这些是造成工程质量事故非常重要的原因。

礼堂等建筑物，底层为大开间、楼层为小开间的多层房屋结构。这类建筑物的跨度较大，上层墙与钢筋混凝土大梁的荷载很大，若不采用钢筋混凝土框架结构，设计时考虑不周全，加上缺少抵抗水平力的建筑结构措施，就会在一定的外力作用下（如基础不均匀沉降、大风等），薄弱构件首先遭到破坏，从而使此类建筑发生倒塌。

悬挑结构稳定性严重不足，造成整体倾覆坠落。阳台、雨篷、挑檐、天沟、遮阳板等悬挑结构，必须有足够的平衡重和可靠的连接构造方能保证结构的稳定性。如果设计抗倾覆能力不足，就会造成悬挑结构倒塌。

设计假设与计算简图出现的常见问题有：静力计算方案假设有误，埋入地下的连续梁设计假设错误，管道支撑设计假设与实际不符等。

建筑构造设计不合理的问题包括：沉降缝、伸缩缝设置不当，钢筋混凝土的高跨比不适宜，箍筋间距过大，纵向受力钢筋截断位置不当，局部缺少附加吊筋、箍筋及纵向钢筋。另外，砌体的拐角处、不同材料连接处构造如处理不当，很容易使墙体开裂，甚至倒塌。

设计计算错误出现的问题有：不计算或不进行认真计算；荷载计算工作不够细致，如有的设计漏算结构自重，有的屋面荷载在考虑找坡层的不同厚度时，少算了厚度较大部分的荷载；采用钢筋混凝土挑檐时，未计算对砖墙产生的弯矩；砖混结构采用木屋盖，当屋架跨度较大时，对屋架受荷后，下弦拉伸、屋架下垂对外墙产生的水平推力考虑不周。以上这些荷载计算错误，都会使墙体出现裂缝和倾斜，甚至遭到破坏倒塌。另外，内力计算错误、结构构件的安全度不足、构件的刚度不足、设计时不考虑施工的可能性等也是常有的现象。

3. 建筑材料及制品的质量问题

建筑材料是构成建筑结构的物质基础，建筑材料的质量好坏，决定着建筑物的质量。因此，在进行建筑工程设计和施工中，认真科学地选择适宜的建筑材料是极其重要的。

（1）水泥

水泥安定性不合格、强度等级不足、袋装水泥量不足造成水泥用量不足、错用水泥或混用水泥、水泥受潮或存放过期等，都会造成混凝土或砂浆强度严重不足。

（2）钢材

钢材是建筑工程中三大主材之首，在各类建筑均有广泛应用。如果在选材、使用、保护不当时，会发生如下各种质量问题。

① 强度不合格。在钢筋混凝土工程中，所用的钢筋材质证明与材料不配套，进场钢筋不按照施工规范的规定进行检验而被用到工程上。

② 钢材出现裂缝。不仅有材质本身的问题，而且还有加工质量问题。施工规范明确规定有冷弯裂缝的钢筋不予验收，对于出现裂缝的钢筋应退出或降级使用。

③ 钢材发生脆断。其原因既有材质的问题，也有施工不当的问题。工程实践证明，低质钢和沸腾钢很容易发生脆断，钢筋的脆断经常发生在钢筋电弧点焊后。

（3）普通混凝土

普通混凝土由水泥、砂、石、水和外加剂按一定比例配制而成。在一般情况下，砂、石的强度明显超过混凝土的强度。从混凝土破坏试验中可看出，破裂面主要出现在骨料与水泥的粘接面上。当水泥强度较低时，破坏也可能发生在水泥本身。因此，混凝土的强度通常取决于水泥强度及其骨料表面的粘接强度。决定这些强度的因素有三个方面：原材料质量、混凝土配合比和混凝土施工质量。

不根据设计要求的强度等级、质量检验标准以及施工和易性的要求确定配合比。不按国家现行标准进行计算确定配合比，不少施工企业随意套用经验配合比，这是造成混凝土强度不足事故的常见原因。

商品混凝土技术在建筑行业已得到应用和普及。商品混凝土以其进度快、质量好、劳力省、消耗低、技术先进、现场整洁等诸多优点，已成为城市建筑业不可缺少的重要组成部分，越来越受到人们的欢迎，是重点推广项目。目前我国许多城市都已采取限制现场搅拌、推广使用商品混凝土的强制性措施，有的城市甚至已经取消了预制楼板，这给商品混凝土的发展带来了大好的机遇。但是，目前使用商品混凝土施工的工程出现质量事故的现象也很多，其中最常见的问题是裂缝。由于商品混凝土具有大流动性、大砂率及较高的水泥用量，故出现了混凝土表面产生裂缝、混凝土收缩值较大等问题，影响了混凝土的耐久性。

（4）墙体材料

墙体材料的强度不足、尺寸形状及体积稳定性等问题，会对砌体的承载力、变形等产生不利影响。

（5）外加剂

混凝土和砂浆中掺加的外加剂不当，会给其性能带来异常的作用。其掺量不适宜，也会带来不同的效果。因此，对混凝土外加剂的掺加，应特别注意其种类和掺量两个方面。

（6）防水、保温隔热及装饰材料

选用的沥青油毡柔性和韧性较差，将使卷材出现裂缝，导致渗漏；沥青标号太低、耐热度差而发生流淌。保温隔热材料的密度、热导率达不到设计要求；在运输保管中，保温隔热材料受潮，由于湿度加大，使材料的重量加大，一方面影响建筑保温隔热功能，另一方面导致结构超载，影响结构的安全。装饰材料的质量问题很多，最常见的有：石灰膏熟化不完全，使抹灰层产生鼓包；在水泥地面中因砂子太细、含泥量太大、水泥强度等级低，很容易造成地面起灰；抹灰面未干即进行油漆作业，使漆膜起鼓或变色，抹灰面出现泛碱；涂刷漆料太稀、含重质颜料过多、涂漆附着力差，使漆面流坠；木装饰的材质差，含水率高，容易产生翘曲变形。

（7）钢筋混凝土制品

制品的强度尚未达到规定值就出厂。钢筋出现错位，如焊接骨架产生变形，主筋发生移位，预埋钢筋错位等。尺寸、形状、外观问题，如尺寸偏差超过施工验收规范的规定。构件超厚、超重，构件扭曲、翘曲、缺棱，混凝土出现蜂窝、孔洞、露筋，在预应力楼板中，由此而导致预应力值降低，影响钢筋与混凝土共同工作，降低了构件的承载能力，甚至引起楼板突然断塌。混凝土制品出现裂缝是最常见的质量问题，除影响构件的外观外，有相当多的裂缝可能影响构件的承载力和耐久性。

4. 施工质量方面的问题

（1）施工顺序方面的错误

① 土方与基础工程　在深浅不等、间距较小的基础群施工时，采用了错误的施工顺序，先做浅基础，然后施工深基础。这样在开挖深基础土方时，破坏了浅基础的地基，当无适当的技术措施时，就容易产生问题。在已有建筑物附近施工时，缺少保护性措施。有的采用人工降低地下水位的方法，造成已有建筑物地基下沉加大。有的工程打桩振动导致原有建筑物产生裂缝。在基槽（坑）回填土工程中，往往因单侧回填引起基础倾斜，甚至造成基础断裂等质量事故。

② 结构吊装工程　构件吊装顺序发生错误，没有及时吊装和固定支撑构件，下部构件吊装后未经认真检查校正，在误差超过规定值较大的情况下即进行最后固定，并吊装上部构件，因而造成事故。

③ 结构工程与砌墙顺序发生错误　如单层工业厂房施工时先砌墙，后浇柱，结果墙被刮倒。先吊装柱，再砌筑砖墙，然后再吊装屋盖，这一错误的施工顺序，可能导致砖墙突然失稳倒塌，造成砸断楼板的后果。

在混合结构中，先砌墙后安装踏步板，易使墙身沿预留槽处突然倒塌。

现浇混凝土结构强度未达到拆模的要求就过早拆模。悬挑雨篷的拆模时间，不仅取决于雨篷混凝土的强度，而且还与雨篷板梁上的压重、雨篷的稳定性有关。

预应力张拉过早或偏心张拉，可能造成构件的旁弯或裂缝；双向配筋的构件，如果不交错张拉，也易造成过大变形或裂缝。

房屋的平屋面上常采用架空隔热板，这不仅是为了改善顶层房屋的使用条件，同时对防止顶层砖墙和屋盖结构的裂缝有明显的作用。完成屋面防水层工程后，迟迟不进行架空隔热板的施工，使屋面受到温度的剧烈变化影响，造成屋盖结构产生较大的变形，最终导致砖墙或钢筋混凝土梁出现裂缝。

在钢筋混凝土烟囱施工中，如果在浇筑混凝土后不及时施工内衬和隔热层，而且不封堵烟道与囱身的连接处，使空气得以在烟囱内强烈流动，促使筒壁混凝土的水分加快蒸发，也会导致筒壁产生裂缝。

（2）施工结构理论问题

① 土压力与边坡稳定问题。单侧回填问题。如施工中土方大量集中堆积在已有建筑物附近，使已有建筑物产生附加的不均匀沉降、土方边坡失稳等。以上会造成土方塌方或滑坡。

② 施工阶段钢筋混凝土梁、板类构件受力性质变化，极易造成构件严重裂缝。

③ 施工阶段的强度问题。现浇钢筋混凝土结构施工各阶段的强度问题。例如，成型阶段各种临时结构的可靠性，拆模时混凝土应达到的最低强度，拆模后结构承受各种荷载的强度等。装配式结构在施工各阶段的强度问题，例如，大型构件拆除底模时，混凝土应达到最低强度、构件起吊运输的强度、构件安装后的实际强度等，这些强度如果不能满足一定的要求，均可能出现工程质量事故。砌体的施工强度问题，例如，毛石砌体如果砌筑速度过快，或一次砌筑高度过高时，因砂浆尚无强度，很容易产生垮塌；砖砌体，特别是灰砂砖砌体，一次砌筑高度太大时，同样也会造成砌体变形。砖砌体采用冻结法施工后，在解冻期间的砌体强度也应引起足够的重视。

④ 施工阶段的稳定性问题　柱子吊装后，未设置足够的支撑而产生倒塌；有的山墙未及时施工屋盖，遇到大风而倒塌；有的地下工程用砖墙代替模板，由于施工荷载或土压力造成其失稳倒塌。

悬挑结构施工中失稳倒塌是常见的事故。

屋盖施工中失稳倒塌，原因是：有的是施工中临时支撑或缆风绳不足，有的是没有及时安装永久性支撑或安装后未进行最后固定，有的是屋面板或檩条未与屋架焊牢等。近几年，在山西、山东、安徽、江苏、浙江、湖南等地都发生过类似问题。

其他施工原因导致的失稳倒塌事故。例如：装配式框架支撑不足和施工顺序错误失稳倒塌；在升板工程施工中群柱失稳倒塌；在滑模工程施工中支撑杆失稳倒塌。

⑤ 施工荷载方面的问题　施工荷载不进行严格控制。不了解施工荷载的特点造成工程事故。

⑥ 施工临时结构可靠性问题　模板及支架不按照施工规范的要求进行设计与施工，酿成工程事故。出现事故主要有两个方面的问题：一是模板构造不合理，模板构件的强度、刚度不足，往往造成混凝土出现裂缝，或产生部分破坏；二是模板的支撑构件强度、刚度不足，或整体稳定性差，往往造成模板工程的倒塌。

脚手架发生垮塌是严重的工程事故，会造成人员伤亡和巨大经济损失。脚手架事故大多是因为稳定性不足，特别是整体稳定性差而造成的。

井架等简易提升机械倒塌，主要原因是机械设计计算不对，稳定性较差，或零件配件质量有问题。例如，缆风绳失效，井架拔杆发生折断，或拔杆顶上拉紧的钢丝绳断裂，或出现钢丝绳松脱等。

（3）施工技术管理问题

① 不严格按图纸施工　包括：无图纸施工；图纸不进行会审就盲目施工；不熟悉图纸就仓促施工；不了解设计意图就盲目施工；未经设计人员同意，擅自修改设计等。

② 不遵守施工规范的规定　包括：不遵守施工规范方面的规定；违反材料使用的有关规定；不按规定校验计量器具，例如，磅秤、电子秤没有定期进行校验，造成配料不准；弹簧测力计没有检验，造成钢筋冷拉应力失控；滑模施工的千斤顶油泵油压表没有按规定检验等。

③ 施工方案和技术措施不当　包括：施工方案、专项施工方案考虑不周，技术组织措施不当，缺少可行的季节性施工措施，不认真执行施工组织设计等。

④ 技术管理制度不完善　包括：不建立各级技术责任制；主要技术工作无明确的管理制度；安全技术交底存在问题。据统计，2010 年建筑生产安全事故中，高处坠落事故占总数的 48%，主要

原因是安全管理不够到位造成。

5. 使用与其他方面的问题

（1）使用方面的问题

使用中任意加层；荷载加大；积灰过厚；维修改造不当；高温、腐蚀环境影响；碳化的影响。

（2）科研方面存在的问题

从科研成果到推广应用，需要长期实践过程。在推广应用的初期，科研成果并不一定成熟，存在着这样或那样的缺陷和不足。例如，门式刚架使用初期，由于对转角处的应力状况不清楚，刚架结构转角处普遍出现裂缝；由于对横梁铰接点的实际受力状态考虑不周，或铰接点短悬臂受力钢筋锚固长度不够等原因，造成横梁铰接点附近出现裂缝；对刚架受拉区未进行抗裂验算，刚架使用后普遍开裂，事后进行验算，门式刚架实际的抗裂安全系数在 0.4～0.6 之间。

个别工程使用了进口钢筋，由于对这些进口钢材的性能研究不够，曾发生了一些工程质量事故。

对结构内力分析研究不够。这方面的问题较多，如在砖混结构中，当大梁支撑在窗间墙上，在何种条件下不能按铰接计算，因这个问题研究不够，曾发生过房屋倒塌的事故。

（3）其他方面的问题

① 地面荷载过大　工程界曾经报道，因地面荷载过大而造成单层厂房柱严重裂缝，吊车出现卡轨，构件变形后影响使用等问题。

② 异常环境条件

a. 大风对建筑物的影响。建筑物在施工过程中，因遇到大风天气而使建筑物倒塌的实例较多，江苏、辽宁、山西、江西、湖南等地就曾多次发生过。

b. 大雪对建筑物的影响。遇到大雪天气，雪积于屋顶上，因屋盖设计标准较低，雪荷载较大，使屋盖倒塌。

c. 干燥对建筑物的影响。如果气候异常干燥，会使混凝土的早期收缩加大，若施工中没有采取适当技术措施，因此产生严重裂缝的情况很多。

第三节 建筑工程质量事故的特点及处理

一、工程质量的特点

建筑工程质量的特点是由建设工程本身和建筑生产的特点决定的。建筑工程（产品）及其生产的特点：一是产品的固定性，生产的流动性；二是产品多样性，生产的单件性；三是产品形体庞大、投入高、生产周期长，具有风险性；四是产品的社会性，生产的外部约束性。正是由于上述建筑工程的特点而形成了工程质量本身的以下特点。

1. 影响因素多

建筑工程质量受到多种因素的影响，如决策、设计、材料、机具设备、施工方法、施工工艺、技术措施、人员素质、工期、工程造价等，这些因素直接或间接地影响工程项目质量。

2. 质量波动大

由于建筑生产的单件性、流动性，不像一般工业产品的生产，有固定的生产流水线，有规范化的生产工艺和完善的检测技术，有成套的生产设备和稳定的生产环境，所以工程质量容易产生波动且波动大。同时由于影响工程质量的偶然性因素和系统性因素比较多，其中任一因素发生变动，都会使工程质量产生波动。

3. 质量隐蔽性

建筑工程在施工过程中，分项工程交接多、中间产品多、隐蔽工程多，因此质量存在隐蔽性。若在施工中不及时进行质量检查，事后只能从表面检查，就很难发现内在的质量问题，这样容易产生判断错误，即将不合格品误认为合格品。

4. 终检的局限性

工程项目建成后不可能像一般工业产品那样依靠终检来判断产品质量，或将产品拆卸、解体来检查其内在质量，或对不合格零部件进行更换。而工程项目的终检（竣工验收）无法进行工程内在质量的检验，从而发现隐蔽的质量缺陷。因此，工程项目的终检存在一定的局限性。这就要求工程质量控制应以预防为主，防患于未然。

5. 评价方法的特殊性

工程质量的检查评定及验收是按检验批、分项工程、分部工程、单位工程进行的。隐蔽工程在隐蔽前要检查合格后验收，涉及结构安全的试块、试件以及有关材料，应按规定进行取样检测，涉及结构安全和使用功能的重要分部工程要进行抽样检测。工程质量是在施工单位按合格质量标准自行检查评定的基础上，由项目监理机构组织有关单位、人员进行检验确认验收，这种评价方法体现了“验评分离、强化验收、完善手段、过程控制”的指导思想。

二、事故的特点

1. 工程质量事故的复杂性

为满足各种特定使用功能的要求，建筑工程的种类繁多。同种类型的建筑工程，由于所处地区不同、施工条件不同，也可形成诸多复杂的技术问题。尤其需要注意的是，造成工程质量事故的原因往往错综复杂，同一形态的事故，其原因也可能截然不同，因此对其处理的原则和方法也不相同。此外，建筑物在使用中也存在各种问题，所有这些复杂的影响因素，必然导致工程质量事故的性质、危害和处理等均比较复杂。例如，建筑物的开裂，其原因是多方面的：可能是设计构造不良，或计算出现错误，或地基沉降过大，或出现不均匀沉降，或温度变形，或干缩过大，或材料质量低劣，或施工质量较差，或使用不当，或周围环境变化等。也可以是诸多原因中的一个或几个。

2. 工程质量事故的严重性

发生工程质量事故，往往会带来很多不利因素。有的会影响工程施工的顺利进行，有的会给工程留下隐患，有的会缩短建筑物的使用年限，有的会使建筑物成为危房，影响建筑物的安全使用甚至不能使用，最为严重的是使建筑物发生倒塌，造成人员伤亡和巨大的经济损失。如 2009 年 6 月 27 日，上海某小区 7 号楼发生整体倾倒，造成 1 人被压死亡和直接经济损失 1946 万余元的特大事故。

所以，已发现的工程质量问题，应当引起高度重视，千万不能掉以轻心，务必及时进行分析，提出相应的处理措施，以确保建筑物的安全。

3. 工程质量事故的可变性

建筑工程的质量问题，多数随时间、环境、施工条件等变化而发展变化。例如，钢筋混凝土大梁上出现的裂缝，其数量、宽度和长度会随着周围环境温度、湿度的变化而变化，或随着荷载大小和持荷时间而变化，甚至有的细微裂缝也可能逐步发展成构件的断裂，以致造成构筑物的倒塌。

因此，一旦发现工程存在质量问题，就应当及时进行调查分析，作出正确的判断：对那些不断发生变化，而可能发展成为断裂倒塌的部位，要及时采取应急补救措施；对表面的质量问题，要进一步查清内部情况，确定质量问题的性质是否会转化；对随着时间和温度、湿度条件变化的变形、裂缝，要认真做好观测记录，寻找事故变化的特征与规律，供分析与处理参考，如发现恶化，应及时采取相应的技术措施。

4. 工程质量事故的多发性

工程质量事故的多发性有两层含义：一是有些工程质量事故像“常见病”“多发病”一样经常发生，被称为工程质量通病，例如混凝土、砂浆强度不足、预制构件裂缝等；二是有些同类工程质量事故重复发生，例如 2010 年前三季度全国建筑生产安全事故统计，发生坍塌事故 63 起，占事故总数的 15.29%。造成了巨大的经济损失。

三、事故处理的一般程序

事故发生后，尤其是大事故、倒塌事故发生后，必须要进行调查、处理。对于事故处理，因为涉及单位信誉、经济赔偿及法律责任，为各方所关注。事故有关单位或个人常常企图影响调查人员，甚至干扰调查工作。所以，参加事故调查分析，一定要排除各种干扰，以规范、标准为准绳，以事实为依据，按正确、公正的原则进行。下面就几个主要步骤加以说明。

1. 基本情况调查

基本情况调查包括对建筑的勘察、设计和施工有关资料的收集，对事故现场的调查及对有关人员的访问。为了提高调查效率，避免发生遗漏，在调查前应列出提纲，并尽可能地做好调查表格，按所列项目一一落实。事故情况的收集和调查内容列于表 1-1。

表 1-1 调查项目

工程情况	建筑所在场地特征（如地形、地貌），气象，环境条件（酸、碱、盐腐蚀性条件等）。建筑结构主要特征（结构类型、层数、基础形式等）；事故发生时工程进度情况或使用情况
事故情况	发生事故的时间、经过、事故见证人及有关人员，人员伤亡和经济损失情况。可以采用照相、录像等手段取得现场实况资料
地质水文资料	主要看有关勘察报告，并重点查看勘察情况与实际情况是否相符，有无异常情况
设计图档	任务委托书、设计单位主要负责人及设计人员水平、资历，设计依据的有关规范、规程、设计文件及施工图。重点看计算简图是否妥当，各种荷载取值及不利组合是否合理，计算是否正确，构造处理是否合理
施工记录	施工单位及其等级水平，具体技术负责人水平及资历。施工时间、气温、风雨、日照等记录，施工方法，施工质检记录，施工日记（如打桩记录，地基处理记录，混凝土施工记录，预应力张拉记录，设计变更洽商记录、特殊处理记录等），施工进度，技术措施，质保体系
使用情况调查	房屋用途，使用荷载，腐蚀性条件，使用变更、维修记录，有无发生过灾害荷载等

当然，调查时要根据事故情况和工程特点确定重要调查项目，如对砌体结构应重点查看砌筑质量。对混凝土结构则应重点检查混凝土的质量，钢筋配置的数量及位置，对构件缺陷应列为重点调查项目。对钢结构应侧重检查连接处，如埋接质量、螺栓质量及杆件加工的平直度等。有时，调查可分两步进行。在初步调查以后，先做分析判断，确定事故最可能发生的一种或几种原因。然后，进一步有针对性地做深入细致的调查和检测工作。

2. 结构及材料检测

在初步调查研究的基础上，往往需要进一步做必要的检验和测试工作，甚至要做模拟试验。测试工作包括以下几个方面。

① 对没有直接钻孔的地层剖面而又有怀疑的地基应进行补充

勘察。基础如果用了桩基，则要进行测试，检测是否有断桩、孔洞等不良缺陷。

② 测定建筑物中所用材料的实际性能，对构件所用的原材料（如水泥、钢材、焊条、砌块等）可抽样复查；对无产品合格证明或持假证明的材料，更应从严检测；考虑施工中采用混凝土强度等级及预留的试块未必能真实反映结构中混凝土的实际强度，可用回弹法、声波法、取芯法等非破损或微破损的方法测定构件中混凝土的实际强度。对于钢筋，可从构件中截取少量样品进行必要的化学成分分析和强度试验。对砌体结构要测定砖或砌块及砂浆的实际强度。

③ 建筑物表面缺陷的观测。对结构表面裂缝，要测量裂缝宽度、长度及深度，并绘制裂缝分布图。

④ 对结构内部缺陷的检查。可用锤、超声探伤仪、声发射仪等检查构件内部的孔洞、裂纹等缺陷。可用钢筋探测仪测定钢筋的位置、直径和数量。对砌体结构应检查砂浆饱满程度、砌体的搭接错缝情况，遇到砖柱的包芯砌法及砌体、混凝土组合构件，尤应重点检查其芯部及混凝土部分的缺陷。

⑤ 必要时应做模型试验或现场加载试验，通过试验检查结构或构件的实际承载力。

3. 复核分析

在一般调查及实际测试的基础上，选择有代表性的、或初步判断有问题的构件进行复核计算。这时应注意按工程实际情况选取合理的计算简图，按构件材料的实际强度等级，断面的实际尺寸和结构实际所受荷载或外加变形作用，按有关规范、规程进行复核计算。这是评判事故的重要根据，必须认真进行。

4. 专家会商

在调查、测试和分析的基础上，为避免偏差，可组织专家会商，对事故发生原因进行认真分析、讨论，然后得出结论。会商过程中专家应听取与事故有关单位人员的申诉与答辩，综合各方面意见后得出最后结论。

5. 调查报告

事故调查必须真实地反映事故的全部情况，要以事实为根据，以规范、规程为准绳，以科学分析为基础，实事求是地写好调查报告。报告内容一定要准确可靠，重点突出，抓住要害，让各方面专家信服。调查报告一般包括以下内容。

① 工程概况 重点介绍与事故有关的工程情况。

② 事故情况 事故发生的时间、地点、事故现场情况及所采取的应急措施；与事故有关的人员、单位情况。

③ 事故调查记录。

④ 现场检测报告（如有模拟试验，还应有试验报告）。

⑤ 复核分析，事故原因推断，明确事故责任。

⑥ 对工程事故的处理建议。

⑦ 必要的附录（如事故现场照片、录像资料、实测记录、专家会商记录、复核计算书、测试记录、试验原始数据及记录等）。

第四节 常用处理方法与适用范围

一、表面处理

表面处理主要应用于建筑物外表的修复，常用的方法有以下三种。

（1）表面修补

用于装饰层空鼓、脱落、变色等的修补。

（2）填缝封闭

混凝土或砌体中的温度收缩裂缝，用水泥浆或水泥砂浆进行填缝封闭。

（3）表面覆盖

有的表面缺陷影响外观，而修补效果又不良时，常采用增加表面覆盖层的方式来处理。

二、局部修复

局部修复主要指结构或构件出现局部缺陷而进行的修复。除了起修补作用外，还可防止缺陷再出现，有的可达到结构补强的效果。常用的方法有以下几种。

（1）孔洞填补

结构材料或连接材料施工中，对表面出现的孔洞，在清理后做填补修复。如对混凝土孔洞，可采用清除松动部分后用强度高一级的混凝土修补，或用环氧树脂浆液修补。

（2）加筋嵌缝

如砌体开裂后，在砖缝内埋设钢筋进行修补。

（3）预应力钢筋挤缝

混凝土构件开裂后，在垂直裂缝方向钻孔、安装螺栓，用施加预应力的方式进行修补。

（4）孔洞及裂缝灌浆

混凝土结构的内部孔洞，或混凝土、砌体产生裂缝，可用灌浆法处理，灌浆材料可用水泥或化工类材料。

（5）补做预埋件或预留洞

对施工中遗漏的或错位严重的预埋件、预留洞，按设计图纸要求补做。

（6）其他处理

钢结构的装配式节点或钢筋焊接，出现焊缝尺寸不足、气孔、夹渣、焊接裂缝、明显烧伤、焊瘤等缺陷时，需采用补焊或其他措施进行局部修复。

三、复位纠偏

复位纠偏主要用于基础、结构或构件、预埋件乃至整个建筑物发生错位、变形事故的处理，常用的方法有以下几种。

（1）机械复位

基础错位后用千斤顶推移或吊车吊移到正确位置；柱墙或建筑物倾斜后，用机械方法拉正扶直；建筑物整体错位可用机械推拉整体平移复位。

（2）施工中逐步纠正

例如现浇框架柱出现较大偏斜后，在经验算证明不影响结构安全的前提下，可以在后续施工中逐步纠正。

（3）处理地基纠偏

通过减少地基沉降或调整地基不均匀沉降，从而达到建筑物纠偏的目的。

(4) 扩大基础或构件

例如基础错位可采用加大基础的方法，使上部结构仍能按原设计要求连接。上部结构或构件错位不太大时，也可采用扩大构件尺寸达到复位纠偏的目的。

(5) 增加连接件

装配式构件制作、安装中发生较大偏差，节点连接构造达不到设计要求或规范规定时，常采用增加或加大连接件尺寸的方法处理。

(6) 地脚螺栓错位处理

偏差不大时，常用慢弯法纠正；偏差较大时，常用重埋或利用原螺栓作锚脚，加焊型钢后，在型钢上按正确位置重新焊接新的螺栓。

(7) 其他处理

装配式结构偏差太大，可改为现浇结构；屋架倾斜值超过规定，而且纠正困难，可采用增设支撑的方法处理。

四、地基基础托换技术

地基基础托换有以下几种方式。

(1) 加深或加大基础

目的在于增加基础承载力。

(2) 桩式托换

包括用混凝土预制桩或灌注桩、钢管桩以及灰土、石灰、砂、石等材料的挤密桩等。

(3) 灌浆托换

根据灌浆材料的不同，有硅化、水泥硅化、碱液加固、碱液混合等方法。根据灌浆工艺的不同，有气压、液压、电化学法以及高压喷射注浆法等。

(4) 纠偏技术

可分为以下四类。

① 迫降纠偏 如加载、锚桩加压、降水、注水、排水或掏土(砂)，以及解除地基应力等。

② 顶升纠偏 如静压桩顶升纠偏、托梁顶升纠偏等。

③ 压桩掏土纠偏　在建筑物一侧压桩，另一侧掏土，调整不均匀沉降。

④ 其他纠偏方法　如采用排水、支挡、减重和增设护坡等综合治理措施。

五、桩基事故处理

主要用于打入桩、灌注桩、挤密桩的质量事故处理，常用的方法有以下几类。

（1）补桩

桩尖未达到设计要求的持力层，桩入土深度明显不足，桩位偏差过大，灌注桩垂直度偏差过大等，以上情况通常采用在事故桩附近补设一根或数根桩的方法处理，有时还需扩大桩基承台。

（2）改变打桩工艺

桩或桩管没有沉到设计深度，常采用改变打桩工艺的方法处理。如震动沉管灌注桩在桩管通过细砂层时，可能因细砂层凝聚效应而导致桩管沉不下去，对活瓣桩尖可采用拔管后灌水 20～30kg，再进行震动沉管；对预制桩尖，可暂停 2～3h 后再继续沉管。灌注桩伸缩颈，可采用复打法处理。预制桩沉不下去时，可改用大桩锤低击法施打。

（3）清除沉渣，压浆填实

检查发现灌注桩底沉渣或虚土厚度超过规范规定时，可利用检查孔或新钻孔深入至桩孔底，先用内外套筒的套管通入 0.4～0.6MPa 压力水，将桩底沉渣清空，然后再以 0.4～0.6MPa 压力用压浆机将 1∶2 水泥浆压入桩底，分数次进行，直至全部填实为止。

（4）静压

成桩后发现单桩承载力严重不足，有时可采用静压法将桩压到需要的深度。如某地用此法处理上百根爆扩桩载承力不足的事故，取得了较好的效果。

（5）加强基础承台

如个别桩承载能力有问题，有时也可采用加强基础承台的方法处理。

（6）其他

包括：减轻上部结构荷载；底层地面做架空楼板，以减少填土荷重；利用桩与天然地基共同作用；灰土挤密桩质量不合格返工重做。

六、防渗堵漏

主要用于建筑物渗漏的处理，常用的方法有以下几种。

（1）修复缺陷

如墙面因裂缝导致渗漏，可采用凿缝、嵌缝的方法处理。材料可选用聚氯乙烯胶泥条、建筑密封膏、防水胶石棉绒、防水胶水泥等。

（2）灌浆堵漏

如地下工程渗漏常用氰凝或丙凝灌浆堵漏。

（3）增加防水层

如屋面或墙面渗漏，可用喷涂多层防水涂料的方法进行防水层处理；也可采用增加钢筋网水泥面层的处理方法。

（4）提高结构材料的抗渗能力

如混凝土内部采用压力灌浆，可提高密实度和抗渗能力

（5）消除渗漏原因

如采用引水、排水措施，以消除渗漏水源；又如屋面板因温度变化形成的裂缝可增设隔热层，消除屋面板再次开裂的可能性后再进行防水修复。

七、改变施工工艺

可通过改变以下施工工艺处理事故。

（1）改变预应力张拉工艺

例如，后张预应力屋架下弦混凝土出现质量问题，为减小张拉时下弦混凝土截面中的压应力，可采用分批张拉措施，即在屋架平卧位置张拉部分钢筋，然后扶直屋架再张拉另一部分钢筋。

（2）调整预应力值

如屋架预留孔出现偏心，为防止张拉时出现过大的旁弯，可调整每根（束）钢筋的张拉力，以减小偏心弯矩。但应注意调整后的张拉应力不得超过控制应力，总预应力值也应保持不变。

(3) 滑模工程平台扭转错位纠偏

常用千斤顶行程调整法、钢丝绳牵引法、爬杆导向法、平台倾斜法以及加荷纠偏法等方法处理。

(4) 升板工程楼板高差大或产生水平位移的纠偏

可重新将板提起，用垫铁或木楔的方法进行调整。

(5) 沉井偏斜、裂缝的处理方法

常采用调整下沉措施、控制沉降差的方法处理。

八、减小荷载

主要用于地基基础、结构或构件承载能力不足事故的处理，常用的方法有以下几种。

(1) 底层地面架空

取消回填土，减轻地基荷载。

(2) 减轻结构自重

将砖或混凝土墙改为轻质隔墙；钢筋混凝土屋盖改为轻钢石棉瓦屋盖。

(3) 改善建筑物使用条件

防止屋面积灰过多等。

(4) 改变建筑物用途，减小活荷载

(5) 合理使用有缺陷的构件

如将有缺陷的构件使用在建筑物端部或伸缩缝处。

九、改变结构方案或构造而减小内力

改变结构方案或构造而减小内力指通过改变结构构造或计算简图，从而达到减小结构内力的方法，主要适用于因承载能力不足而发生的事故的处理，常用方法有以下几种。

(1) 增设支点

例如梁板等受弯构件，增设新的支座或支柱后，计算跨度减小，并由静定结构变为超静定结构，内力明显减小。

(2) 增设支撑

屋架、柱、墙采用新增设的支撑、支柱或支点，减小构件的计算长度，提高承载能力和结构稳定性。

（3）增设卸荷结构

如楼板、屋面板下增设型钢，梁下增设托梁或框架，墙、柱承载能力不足时，增设附墙柱或独立柱等。

（4）改变节点构造

改变钢屋架与钢柱、柱与基础的节点构造，可改变结构内力。

（5）改变结构方案

砌体结构中，如空旷房屋通过内增设横墙，改弹性方案为刚性方案；又如砌体排架结构房屋一侧扩建刚性方案房屋，原建筑可不按排架结构设计计算，因而内力减小。

十、加固补强

主要用于结构或构件承载力不足事故的处理。

1. 加固补强方法

总结我国建筑结构加固工程的施工经验，并将国外先进的标准、规范进行了分析和借鉴。《建筑结构加固工程施工质量验收规范》（GB 50550—2010）作了明确规定，有以下加固补强方法。

① 混凝土构件增大截面法；

② 局部置换构件法；

③ 混凝土构件绕丝法；

④ 混凝土构件外加预应力法；

⑤ 外粘或外包型钢法；

⑥ 外粘纤维复合材料法；

⑦ 外粘钢板法；

⑧ 钢丝绳网片外加聚合物砂浆面层法；

⑨ 砌体或混凝土构件外加钢筋网-砂浆面层法；

⑩ 砌体柱外加预应力撑杆法；

⑪ 钢构件增大截面法；

⑫ 钢构件焊缝补强法；

⑬ 钢结构裂纹修复法；

⑭ 混凝土及砌体裂缝修补法；

⑮ 植筋法；

⑯ 锚栓法；

⑰ 灌浆法。

2. 加固补强设计与施工注意事项

加固补强设计与施工应注意以下事项。

① 对原有构件进行正确鉴定，以确定其可否利用或利用率。

② 后加补强部分参与结构或构件的承载时，往往存在应力滞后现象，因此在设计时应考虑适当的强度折减系数。

③ 正确处理原有结构与加固部分的连接构造，确保两者能共同工作。例如将老混凝土凿毛、清洗与充分湿润；又如将原有钢结构或构件的油漆、锈污清理等。

④ 对原有结构或构件采用适当的保护措施。例如采取临时支护、控制处理阶段荷载、规定局部拆除方法与要求等。

⑤ 明确规定加固补强后允许加荷载的时间和其他要求。

十一、提高建筑物整体性

主要适用于空旷房屋、或一般房屋整体性受到损害后的处理，常用方法有以下几种。

① 增设钢筋混凝土构造柱。

② 增设钢筋混凝土圈梁。

③ 增设螺栓拉杆。

④ 采用隔板深梁，提高框架结构整体性。

⑤ 屋架、屋盖增设支撑。

⑥ 楼盖增加混凝土整浇层。

⑦ 空旷房屋增设具有足够刚度的横墙等。

十二、其他处理方法

常见的其他处理方法有以下几种。

① 修改设计　如：改变结构类型；砖混结构大梁下增加梁垫；将砖墙上裂缝改为伸缩缝；改变隔热保温及其他建筑构造；将底层大房间改为小房间，改变结构传力路线等。

② 局部拆除重建　除了常规方法拆除重建外，还可在后张法预应力构件中调换不合格或出事故的钢筋；将上部结构临时支撑后的局部拆换，如托梁换柱等。

③ 降低预制构件等级后使用。

④ 利用混凝土后期强度。

⑤ 设备基础振动过大时可增设配重。

⑥ 用热处理法改善钢筋点焊时可能产生的脆断。

⑦ 测定材料实际强度，并按照结构的实际尺寸、荷载等进行分析验算，提出不用专门处理的依据。

⑧ 控爆拆除部分建筑，减轻地基基础荷载。当地基基础出现明显的不均匀沉降，纠偏无效或见效太慢，并可能因此引发恶性事故时，只能采用控爆拆除的方式。

1. 工程质量不合格、质量问题、质量事故的概念分别是什么？
2. 工程质量事故如何分类？
3. 工程质量问题常用的处理方法有哪些？

第二章 地基工程事故处理

建筑物事故的发生，不少与地基问题有关。而地基工程事故主要是由勘察、设计、施工不当或环境和使用情况改变引起的，其最终反映是产生过量的变形或不均匀变形，从而使上部结构出现裂缝、倾斜，削弱和破坏了结构的整体性、耐久性，并影响建筑物的正常使用。严重者，可造成地基失稳，导致建筑物倒塌。

地基事故可分为天然地基上的事故和人工地基上的事故两类。无论是天然地基上的事故还是人工地基上的事故，按其性质都可概括为地基强度和变形两大问题。地基强度问题引起的事故主要表现是地基承载力不足或地基丧失稳定性或斜坡丧失稳定性。

地基变形问题引起的地基事故经常发生在软土、湿陷性黄土、膨胀土、季节性冻土等地区。

第一节 地基工程事故原因分析

一、地质勘察问题

地质勘察方面存在的主要问题如下。

① 地质勘察工作欠认真，所提供的土性指标及地基承载力不确切。

② 地质勘察时，钻孔间距太大，不能全面准确地反映地基的实际情况。在丘陵地区的建筑中，由于这个原因造成的事故实例比平原地区多。

③ 地质勘察时，钻孔深度不够。如有的工程在没有查清较深地基中有无软弱层、暗浜、墓穴、孔洞等情况下，仅根据勘察资料提供的地表面或基础底面以下深度不大的地基情况进行地基基础设

计，因而造成地基的不均匀沉降，导致建筑物裂缝。

④ 地质勘察报告不详细、不准确，造成地基基础设计方案的错误。如四川某地一工程，根据建筑物两端钻孔提供的岩石埋藏深度在基础底面以下 5m 的资料，采用了 5m 长的爆扩桩基础。建成后，在建筑物中部产生了较大沉降，墙体开裂。经补充勘察，发现建筑物基础到岩石层表面深度达 15～17m，爆扩桩悬浮在软土中，是造成不均匀沉降的根源。

二、设计方案及计算问题

1. 原设计方案不尽合理

有些工程的地质条件差、变化复杂，由于设计方案选择不合理，不能满足上部结构与荷载的要求，因而引起建筑物开裂或倾斜。

如厦门市某大楼为七层框架结构（局部八层），片筏基础，地基为软土，采用砂井处理方案，而未采用顶压措施，大楼建成后，差异沉降达 56.6cm，最大倾斜达 1.69%。规范规定的允许倾斜值为 0.004，大楼的倾斜值超过规范的允许值，导致电梯无法安装。

2. 盲目套用图集设计，不因地制宜

由于各地的工程地质条件千差万别，错综复杂，即使同一地点也不尽相同，再加上建筑物的结构型式、平面布置及使用条件也往往不同，所以很难找到一个完全相同的例子，也无法做出一套包罗万象的标准图。因此，在考虑地基基础问题时，必须在对具体问题充分分析的基础上，正确地灵活运用土力学地基基础与工程地质知识，以获得经济合理的方案。如果盲目地进行地基基础设计，或者死搬硬套的“标准图”，将贻害无穷。

如湖北某磷肥厂熟化车间，基础没按实际地基条件设计，而是套用标准图设计图纸，建成后厂房柱子内倾并开裂，影响正常生产。

3. 设计计算错误，荷载不准确

这类事故多数因设计者不具备相应的设计水平，未取得可靠的地质资料，就盲目进行设计，设计又没有经过相应的复核审查，使错误设计计算得不到及时纠正而酿成。如广东某旅店建筑，就是因

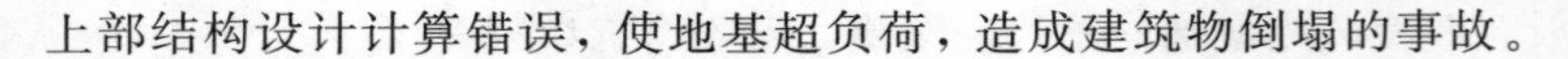

上部结构设计计算错误，使地基超负荷，造成建筑物倒塌的事故。

三、施工问题

工程管理不善，未按建设要求与设计施工程序办事。如洛阳市某宿舍楼工程，地基采用灰土挤密桩处理。因管理混乱，工地上没有一个技术人员自始至终进行技术把关，缺乏细致认真的技术交底和质量检查。施工严重违反操作规程，使灰土挤密桩质量低劣，最后不得不全部返工重做，造成较大的经济损失。

四、环境及使用问题

1. 基础施工的环境效应

打桩、钻孔灌注桩及深基坑开挖对周围环境所引起的不良影响，是当前城市建设中反映特别突出的问题，主要是对周围已有建筑物的危害。如南京市某书店，在桩基施工中，因打桩振动影响，引起附近某部队家属宿舍墙体开裂，地面、楼板裂缝。钻孔灌注桩可以避免打入桩振动的不良影响，但钻孔灌注桩当穿过砂层施工时，若未能及时用泥浆护孔，则会造成孔中涌砂、塌孔，对周围已有建筑物构成威胁。如某市一幢 12 层的大楼，采用贯穿砂砾石层直达基岩的钻孔灌注桩施工方案。桩长 30m，桩径 700mm，全场地共 73 根桩，从开始施工到施工结束历时两个月。在施工完 20 多根桩时，东西两侧相邻两幢三层办公楼严重开裂，邻近两幢五层和六层建筑物也受到不同程度的影响，周围地面和围墙裂缝宽达 3～4cm。当 50 根桩施工完时，相邻两幢三层办公楼不得不拆除。这是钻孔灌注桩在复杂地质条件下碰到砂层，而未用泥浆护孔造成的严重工程事故。

2. 地下水位变化

由于地质、气象、水文、人类的生产活动等因素的作用，地下水位经常会有很大的变化，这种变化对已有建筑物可能引起各种不良的后果。特别是当地下水位在基础底面以下变化时，后果更为严重。当地下水位在基础底面以下压缩层范围内上升时，水能浸湿和软化岩土，从而使地基的强度降低，压缩性增大，建筑物就会产生过大的沉降或不均匀沉降，最终导致其倾斜或开裂。对于结构不稳定的基土，如湿陷性黄土、膨胀土等影响尤为严重。若地下水位在基础底面以下压缩层范围内下降时，水的渗流方向与土的重力方向一致，地基中的有效应力增加，基础就会产生附加沉降。如果地基土质不均匀，或者地下水位不是缓慢而均匀地下降，基础就会产生不均匀沉降，造成建筑物倾斜，甚至破坏。

在建筑地区，地下水位变化常与抽水、排水有关。因为局部的抽水或排水，能使基础底面以下地下水位突然下降，从而引起建筑物变形。

3. 使用条件变化所引起的地基土应力分布和性状变化

大面积堆载会引起邻近浅基础的不均匀沉降，此类事故多发生于工业仓库和工业厂房。厂房与仓库的地面堆载范围和数量经常变化，而且堆载很不均匀。因此，容易造成基础向内倾斜，对上部结构和生产使用带来不良的后果。主要表现有：柱、墙开裂；桥式吊车产生滑车和卡轨现象；地坪及地下管道损坏等。

上下水管漏水长期未进行修理，引起地基湿陷事故。在湿陷性黄土地区此类事故较为多见，如华北有色矿山公司的宿舍区坐落在湿陷性黄土地区，因单身宿舍水管损坏漏水，长期无人过问，引起9幢房屋开裂，一幢最严重的裂缝已达2～3cm，危及安全，导致不能入住。

第二节　地基失稳事故

对于一般地基，在局部荷载作用下，地基的失稳过程，可以用荷载试验的 p-S 曲线来描述。图2-1表示由静荷载试验得出的荷载 p 和沉降 S 的关系曲线。当荷载大于某一数值时，曲线1有比较明显的转折点，基础急剧地下沉。同时，在基础周围的地面有明显的隆起现象，基础倾斜，甚至建筑物倒塌，地基发生整体剪切破坏。图2-2所示为国外一个水泥厂料仓的地基破坏情况，是地基发生整体滑动、建筑

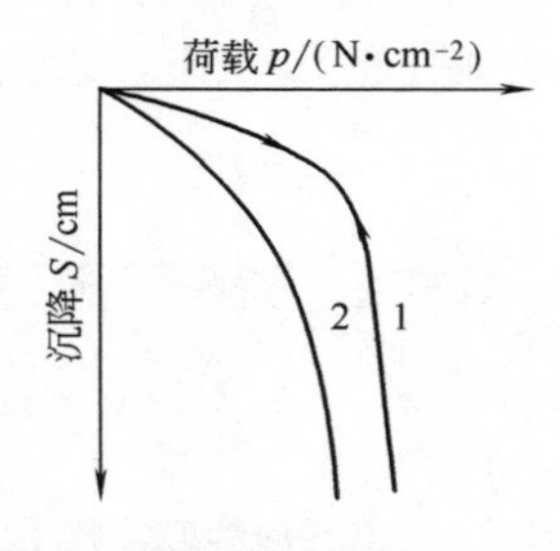

图2-1　静荷载试验的 p-S 曲线

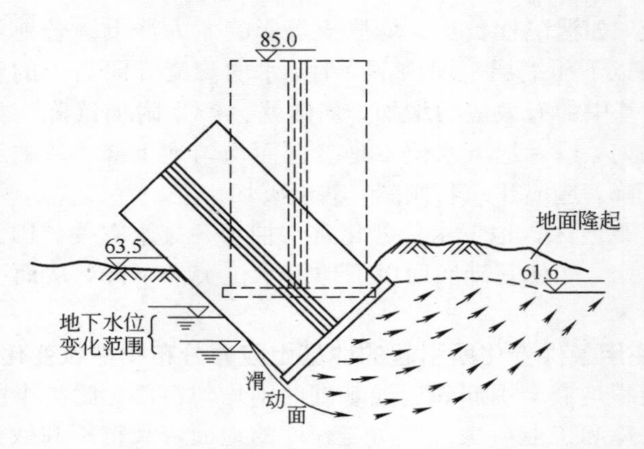

图 2-2 某水泥厂料仓的地基事故

物丧失了稳定性的典型例子。曲线 2 没有明显的转折点，地基发生局部剪切破坏。软黏土和松砂地基属于这一类型（见图 2-3），它类似于整体剪切破坏，滑动面从基础的一边开始，终止于地基中的某点。只有当基础发生相当大的竖向位移时，滑动面才发展到地面。破坏时，基础周围的地面也有隆起现象，但是基础不会明显倾斜，也不会导致建筑物倒塌。

对于压缩性比较大的软黏土和松砂，其 p-S 曲线也没有明显的转折点，但地基破坏是由于基础下面弱土层的变形使基础连续地下沉，产生了过大的不能容许的沉降，基础就像“切入”土中一样，故称为冲切剪切破坏，如图 2-4 所示。如建在软土层上的某仓库，由于基底压力超过地基承载力近一倍，建成后，地基发生冲切剪切破坏，造成基础过量的沉降。

地基究竟发生哪一种形式的破坏，除了与土的种类有关以外，

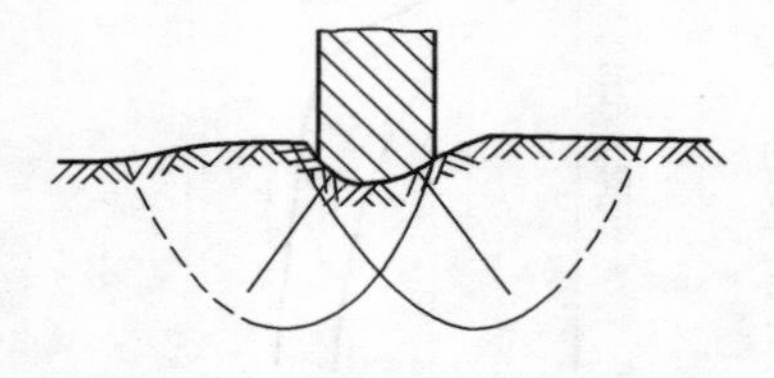

图 2-3 地基局部剪切破坏

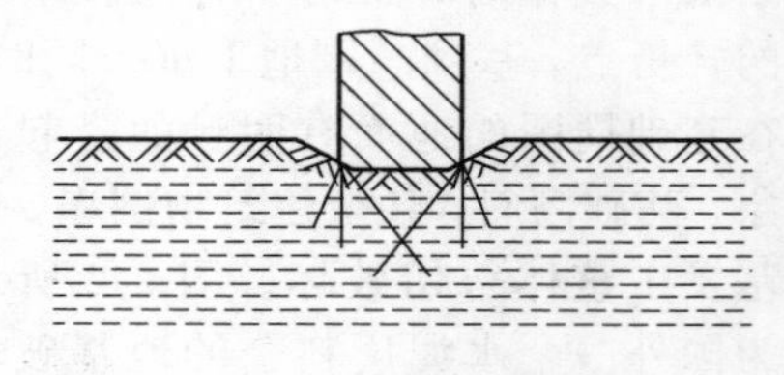

图 2-4 地基冲切剪切破坏

还与基础的埋深、加荷速率等因素有关。例如当基础埋深较浅，荷载为缓慢施加的恒载时，将趋向于形成整体剪切破坏；若基础埋深较大，荷载是快速施加的，或是冲击荷载，则趋向于形成冲切或局部剪切破坏。

在建筑工程中，由于对地基变形要求较严，因此，地基失稳事故与地基变形事故比较，相对较少。但地基失稳的后果常很严重，有时甚至是灾难性的破坏。

【实例 2-1】 美国纽约某水泥筒仓地基失稳破坏

该水泥筒仓地基土层如图 2-5 所示，共分 4 层：地表第①层为黄色黏土，厚 5.5m 左右；第②层为层状青色黏土，标准贯入试验 $N=8$ 击，厚 17m 左右；第③层为棕色碎石黏土，厚度较小，仅厚 1.8m 左右；第④层为岩石。水泥筒仓上部结构为圆筒形结构，直径 13.0m，基础为整板基础，基础埋深 2.8m，位于第①层黄色黏土层中部。

因水泥筒仓严重超载，引起地基整体剪切破坏。地基失稳破坏使一侧地基土体隆起高达 5.1m，并使净距 23m 以外的办公楼受地基土体剪切滑动影响产生倾斜。地基失稳破坏引起水泥筒仓倾倒成 45°左右。地基失稳破坏示意如图 2-5 所示。

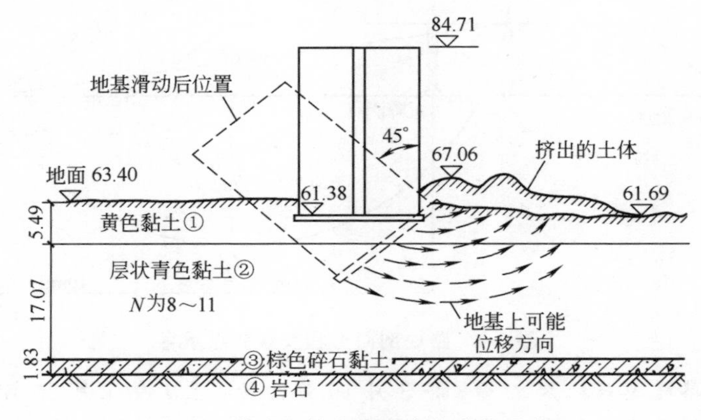

图 2-5 某水泥筒仓地基失稳破坏示意

当这座水泥筒仓发生地基失稳破坏预兆，即发生较大沉降速率时，未及时采取任何措施，结果造成地基整体剪切滑动，筒仓倒塌破坏。

【实例 2-2】 某高速公路路堤地基失稳破坏

该路段属沼湖和丘陵交界地段，工程地质勘察报告表明硬壳层下有 16～20m 的淤泥、淤泥质黏土，含水量为 58.9%～59.7%，孔隙比为 1.42 ～1.66，塑性指数为 24.3～24.5。天然地基标高 2.1～2.2m，路面设计标高 7.05m，加上地基沉降后的补填量，路堤需填筑 6.5m 左右。原设计路堤采用粉煤灰填筑，地基处理采用排水固结法，排水系统采用塑料排水带，埋深 16m，平面正方形布置，间距 1.2m。控制路堤填筑速度，利用路堤自重堆载顶压，达到提高地基承载力、减小工后沉降的目的。考虑到粉煤灰来源及运输费用，经比较分析决定路堤改用石碴填筑。石碴路堤比粉煤灰路堤作用在软土地基上的荷载大，经论证在原排水固结法处理地基基础上，增加铺设 2 层土工布，并加强观测以保证路堤填筑时地基稳定。路堤剖面形状及观测点示意如图 2-6 所示。

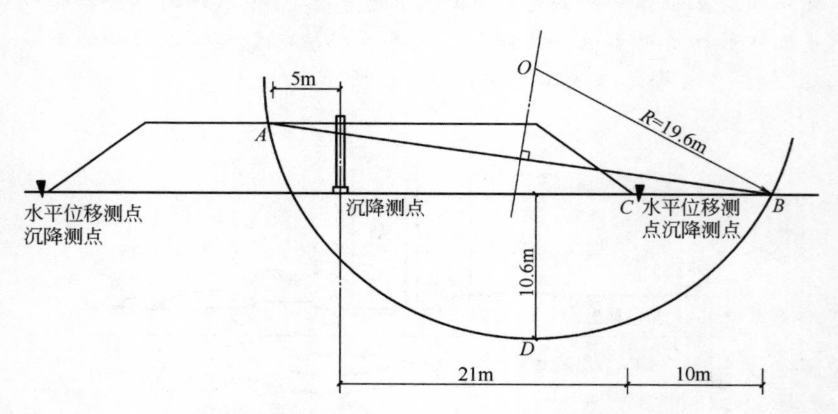

图 2-6 路堤剖面形状及观测点示意

路堤填筑从××××年 3 月 19 日开始，至次年 1 月 20 日分 21 层填筑至设计标高。该路段共设 8 块沉降板和 16 个侧向位移桩。

填筑前一天观测，固结沉降合格后再填筑下一层。路堤填筑至天然地基路堤填筑临界高度以上时每天观测。从1月5日至次年1月20日的沉降位移资料分析，次年1月16日两侧的沉降和位移都属正常。在1月20日填筑完最后一层后，对1月21日上午的观测资料在当天晚上计算时，发现侧向位移达63mm和71mm，严重超过控制值。观测人员以为观测错误，准备第二天复测，没有及时报告，失去抢救时间。路堤于1月22日凌晨6时发生整体剪切破坏。

事故原因分析可能与排水固结法与土工布垫层联合作用效果不佳有关。众所周知，采用排水固结处理可以有效地提高土的抗剪强度，提高地基稳定性，铺设土工布垫层也可提高地基的整体稳定性。如果土工布垫层在荷载作用下，在荷载较小时，变形很小，而达到极限荷载时，呈脆性破坏，则土工布垫层与排水固结法改良土体两者能否联合作用提高整体稳定性就值得怀疑。在这种情况下，当路堤填筑高度较小时，土工布垫层变形很小，压力扩散效果较好。当土工布垫层遭到破坏时，软黏土地基难以承担路堤荷载，地基发生整体滑动。由于存在土工布垫层，起初压力扩散效果较好，与无土工布垫层情况相比，地基中附加应力较小，土体固结引起抗剪强度提高也较小。因此，在土工布垫层产生脆性破坏情况下，土工布垫层和排水固结法改良土体两者不仅不能联合作用提高地基稳定性，而且土工布垫层的存在可能减少地基土体由于排水固结抗剪强度提高的幅度。

该工程事故处理采用延长桥的长度跨越整体剪切破坏路段，即采用路改桥方案。

第三节　地基变形事故

一、软土地基的不均匀沉降

1. 软土地基变形特征

软土地基的变形问题主要反映在以下三个方面。

(1) 沉降量大而不均匀

软土地区大量沉降观测资料统计表明，如以层数表示地基受荷

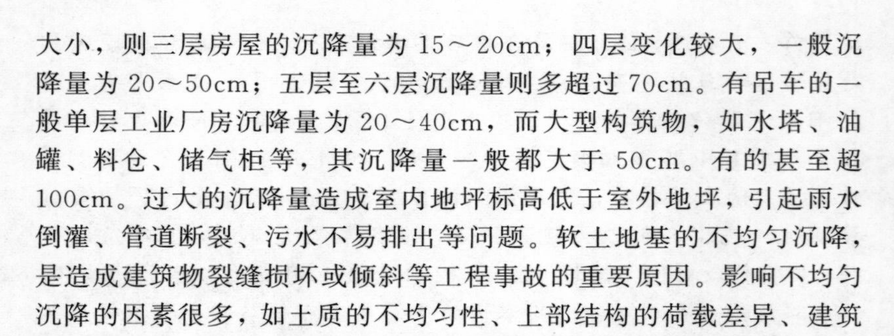

大小，则三层房屋的沉降量为 15～20cm；四层变化较大，一般沉降量为 20～50cm；五层至六层沉降量则多超过 70cm。有吊车的一般单层工业厂房沉降量为 20～40cm，而大型构筑物，如水塔、油罐、料仓、储气柜等，其沉降量一般都大于 50cm。有的甚至超 100cm。过大的沉降量造成室内地坪标高低于室外地坪，引起雨水倒灌、管道断裂、污水不易排出等问题。软土地基的不均匀沉降，是造成建筑物裂缝损坏或倾斜等工程事故的重要原因。影响不均匀沉降的因素很多，如土质的不均匀性、上部结构的荷载差异、建筑物体型复杂、相邻影响、地下水位变化及建筑物周围开挖基坑等。

（2）沉降速率大

建筑物的沉降速度是衡量地基变形发展程度与状况的一个重要标志。软土地基的沉降速度是较大的，一般在加荷终止时沉降速度最大，沉降速度也随基础面积与荷载性质的变化而有所不同。一般民用或工业建筑活荷载较小时，其竣工时沉降速度为 0.5～1.5mm/d；活荷载较大的工业建筑物和构筑物，其最大沉降速度可达 45.3mm/d。随着时间的推移，沉降速度逐渐衰减，但大约在施工期半年至一年左右的时间内，是建筑物差异沉降发展最为迅速的时期，也是建筑物最容易出现裂缝的时期。在正常情况下，如沉降速度衰减到 0.05mm/d 以下时，差异沉降一般不再增加。如果作用在地基上的荷载过大，则可能出现等速下沉，长期的等速沉降就有导致地基丧失稳定性的危险。

（3）沉降稳定历时长

建筑物沉降主要是由于地基受荷后，孔隙水压力逐渐消散，而有效应力不断增加，导致地基土固结作用所引起的。因为软土的渗透性低，孔隙水不易排除，古老建筑物沉降稳定历时均较长。有些建筑物建成后几年、十几年甚至几十年，沉降尚未完全稳定。

例如上海展览馆的中央大厅为箱形基础，基础面积为 46.5m×46.5m，半地下室，基底压力为 130kPa，附加压力约 120kPa。该建筑于 1954 年建成，30 年后累计沉降量已超过 1.8m，沉降影响范围超过 30m，使相邻两侧展览厅墙体严重开裂，直至目前沉降才基本稳定。

2. 不均匀沉降对上部结构产生的效应

单层钢筋混凝土柱的排架结构，常因地面上大面积堆料造成柱基倾斜。由于刚性屋盖系统的支撑作用，在柱头产生较大的附加水平力，使柱身弯矩增大而开裂，裂缝多为水平缝，且集中在柱身变截面处及地面附近。露天跨柱的倾斜虽不致造成柱身裂损，但会影响吊车的正常运行，引起滑车或卡轨现象。

如上海某厂铸钢车间露天跨，堆载为100kPa，压于基础上，造成轨顶最大位移值达 125cm ；柱基最大内倾值达 0.0125，导致吊车卡轨、滑车，工字形柱倾斜、裂缝。

建在软土地基的烟囱、水塔、筒仓、立窑、油罐和储气柜等高耸构筑物，如采用天然地基，则产生倾斜的可能性较大。

二、湿陷性黄土地基的变形

1. 湿陷性黄土地基变形特征

湿陷性黄土地基，其正常的压缩变形通常在荷载施加后立即产生，随着时间增加而逐渐趋向稳定。对于大多数湿陷性黄土地基(新近堆积黄土和饱和黄土除外)，压缩变形在施工期间就能完成一大部分，在竣工后 3～6 个月即可基本趋于稳定，而且总的变形量往往不超过 5～10cm。而湿陷变形与压缩变形性质是完全不同的。

(1) 湿陷变形特点

湿陷变形只出现在受水浸湿部位，其特点是变形量大，常常超过正常压缩变形几倍甚至十几倍；发展快，受水浸湿后 1～3h 就开始湿陷。对一般事故来说，往往 1～2d 就可能产生 20～30cm 变形量。这种量大、速度快而又不均匀会导致建筑物发生严重的变形甚至破坏。

湿陷的出现完全取决于受水浸湿的概率。有的建筑物在施工期间即产生湿陷事故，有的则在正常使用几年甚至几十年后才出现湿陷事故。

(2) 外荷湿陷变形特征

湿陷变形可分为外荷湿陷变形与自重湿陷变形。前者是由于基础荷载（或称为基底附加压力）引起的；后者是在土层饱和自重压力作用下产生的。两种变形的产生范围与发展是不同的。

外荷湿陷只出现在基础底部以下一定深度范围的土层内，该深度称为外荷湿陷影响深度。它一般小于地基压缩层深度。无论是自重湿陷性黄土地基，还是非自重湿陷性黄土地基都是如此。试验表明，外荷湿陷影响深度与基础尺寸、压力大小及湿陷类型有关。对于方形基础，当浸水压力为 200kPa 时，对于非自重湿陷性黄土地基的外荷湿陷影响深度为基础宽度的 1～2.4 倍；对于自重湿陷性黄土地基为基础宽度的 2.0～2.5 倍；当压力增大到 300kPa 时，影响深度可达基础宽度的 3.5 倍。

外荷湿陷变形的特点之一是发展迅速，特点之二是湿陷稳定快。

（3）自重湿陷变形特征

自重湿陷变形是在饱和自重压力作用下引起的。它只出现在自重湿陷性黄土地基中，而且它的范围是在外荷湿陷影响深度以下，也就是说自重湿陷性黄土地基变形由两部分组成。直接位于基底以下土层产生的是外荷湿陷，它只与附加压力有关；外荷湿陷影响深度以下产生的是自重湿陷，它只与饱和自重压力大小有关。

自重湿陷变形的产生与发展比外荷湿陷要缓慢，其稳定历时较长，往往要三个月甚至半年以上才能完全稳定。自重湿陷变形的产生与发展是有一定条件的，浸水面积较大时（超过湿陷性黄土层厚度），自重湿陷才能充分发展；而浸水面积较小时，自重湿陷就很不充分，甚至完全不产生湿陷。

2. 湿陷变形对上部结构产生的效应

（1）基础及上部结构开裂

黄土地基湿陷引起房屋下沉量大。

（2）倾斜

湿陷变形只出现在受水浸湿部位，而没有浸水部位则基本不动，从而形成沉降差，因而整体刚度较大的房屋和构筑物，如烟囱、水塔等则易发生倾斜。

（3）折断

当地基遇到多处湿陷时，基础往往产生较大的弯曲变形，引起房屋基础和管道折断。当给、排水干管折断时，对周围建筑物还会构成更大的危害。

三、膨胀土地基膨胀或收缩

1. 膨胀土地基胀缩变形特征

（1）胀缩变形的不均匀性与可逆性

随着季节气候的变化，由于反复失水吸水，会使膨胀土地基变形不均匀，而且长期不能稳定。中国膨胀土多位于亚干旱和亚湿润区，土的天然含水量多在塑限上下波动。如安徽合肥地区某建筑物，经过 5 年观测，在每年 4～8 月会出现下沉，其他月份则上升，随着季节出现周期性变化。

（2）坡地变形特征

现场实地观测表明，边坡不但有升降变形，而且还有水平位移。升降变形幅度和水平位移量都以坡面上的点为最大，随着离坡面距离的增大而逐渐减小。

位于斜坡地段的膨胀土地基，问题较平坦场地更为复杂。在斜坡上建造时，整平场地必然有挖有填，因土的含水量不同，使土的胀缩变形不均匀。在切坡整平后，场地前缘形成陡坎或土坡，这时地面蒸发加快，既有坡肩蒸发，也有临空的坡面蒸发，其含水量变化幅度较坡面部分高出 1～2 倍，致使房屋临坡面变形增大。此外，边坡平整过程中，坡体内应力产生重分布，坡肩处形成张力带，坡脚处形成最大剪应力区，再加上膨胀引起的侧向膨胀力作用，坡体变形便向外发展，形成较大的水平位移，甚至演变成蠕动。

膨胀土地基上建筑物地基变形允许值见表 2-1。

表 2-1　膨胀土地基上建筑物地基变形允许值

<table>
<tr><th colspan="2" rowspan="2">结构类型</th><th colspan="2">相对变形</th><th rowspan="2">变形量/mm</th></tr>
<tr><th>种类</th><th>数值</th></tr>
<tr><td colspan="2">砌体结构</td><td>局部倾斜</td><td>0.001</td><td>15</td></tr>
<tr><td colspan="2">房屋长度为三至四开间，四角有构造柱或配筋砌体承重结构</td><td>局部倾斜</td><td>0.0015</td><td>30</td></tr>
<tr><td rowspan="3">工业与民用建筑相邻柱基</td><td>框架结构无填充墙时</td><td>变形差</td><td>0.001l</td><td>30</td></tr>
<tr><td>框架结构有填充墙时</td><td>变形差</td><td>0.0005l</td><td>20</td></tr>
<tr><td>当基础不均匀升降时不产生附加应力的结构</td><td>变形差</td><td>0.003l</td><td>40</td></tr>
</table>

注：l 为相邻柱基的中心距离，m。

2. 胀缩变形对上部结构产生的效应

排架、框架结构房屋，其变形开裂破坏的程度和破坏率均低于砖混结构。体型复杂的房屋，由于失水和得水的临空面大，受大气的影响也大，故变形开裂破坏较体型简单的严重。地裂通过处的房屋，必定开裂。

室内地坪开裂，特别是空旷的房屋或外廊式房屋的地坪易出现纵向裂缝。

根据膨胀土地基上建筑物变形开裂破坏程度及最大变形幅度，可将建筑物变形破坏程度分为四级（表 2-2）。

表 2-2 建筑物变形破坏程度分级

变形破坏等级	事故程度	承重墙裂缝宽度/cm	最大变形幅度/mm
Ⅰ	严重	＞7	＞50
Ⅱ	较严重	7～3	50～30
Ⅲ	中等	3～1	30～15
Ⅳ	轻微	＜1	＜15

四、季节性冻土地基冻胀

1. 季节性冻土地基变形特征

季节性冻土地基变形大小与土的颗粒粗细、土的含水量、水文地质条件、土的温度等密切相关，其中土的温度变化起控制作用。

（1）有规律的季节性变化

冬季冻结、夏季融化，每年冻融交替一次。而季节性冻土地基在冻结和融化的过程中，往往产生不均匀的冻胀，若不均匀冻胀过大，将导致建筑物破坏。

（2）与气温有关

地面下一定深度范围内的土温，随大气温度而改变。当地层温度降至摄氏零度以下时，主体便发生冻结。若地基土为含水量较大的细粒土，则土的温度越低，冻结速度越快，且冻结期越长，冻胀越大，对建筑物造成的危害也越大。

2. 冻胀、融陷变形对上部结构的效应

当基础埋深浅于冻结深度时，在基础侧面作用着切向冻胀力

T，在基底作用着法向冻胀力 N，如图 2-7 所示。如果基础上荷载 F 和自重 G 不足以平衡法向和切向冻胀力，基础就要被抬起来。融化时，冻胀力消失，冰变成水，土的强度降低，基础产生融陷。不论上抬还是融陷，一般是不均匀的，其结果必然造成建筑物的开裂破坏。

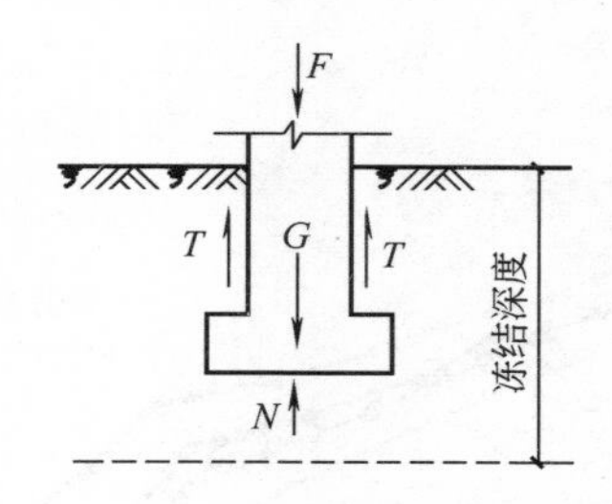

图 2-7 作用在基础上的冻胀力

【实例 2-3】 江苏某银行营业综合楼事故

江苏某银行营业综合楼地处长江三角洲，经地质勘探揭示，场地在埋深 30mm 深度以内地层主要为填土、粉质黏土、粉砂、黏质粉土、淤泥质黏土等。

综合楼由主楼和裙房组成，主楼为地上十七层，地下两层。基础为天然地基上的箱形基础，底平面尺寸为 25.8m×17.4m，基础外尺寸为 27.8m×19.4m，底面积为 539.32m^2。

主楼西部与南部连有两幢二层裙房，框架结构，建筑面积一幢为 544m^2，另一幢为 514m^2。裙房为半地下室，地上 1.2m，地下 4.5m，筏板基础，综合楼总荷载为 152869kN。主楼以土层灰粉砂层为持力层，设计取 f=190kPa，埋深为 4.73m，箱形基础基底相对标高为－5.930，裙房以土层灰粉砂夹黏土为持力层，设计取 f_s=120kPa，埋深为 2.43m，基底标高为－3.630，±0.000 相当于标高 1.400，主楼箱基础混凝土为 C50。

综合楼沉降观测点布置及沉降发展情况如图 2-8 所示，综合楼建设过程沉降观测表明：主体结构完成后，1996 年 6 月 2 日，最大沉降点为 2 号测点，沉降量为 314.87mm，最小沉降点为 6 号测点，沉降量为 217.06mm。两点不均匀沉降为 97.81mm，综合楼已产生明显倾斜，并呈发展趋势，各观测点的沉降速率尚未减小，也在发展中。为了有效制止沉降和不均匀沉降进一步发展，经研究决定进行加固纠倾。

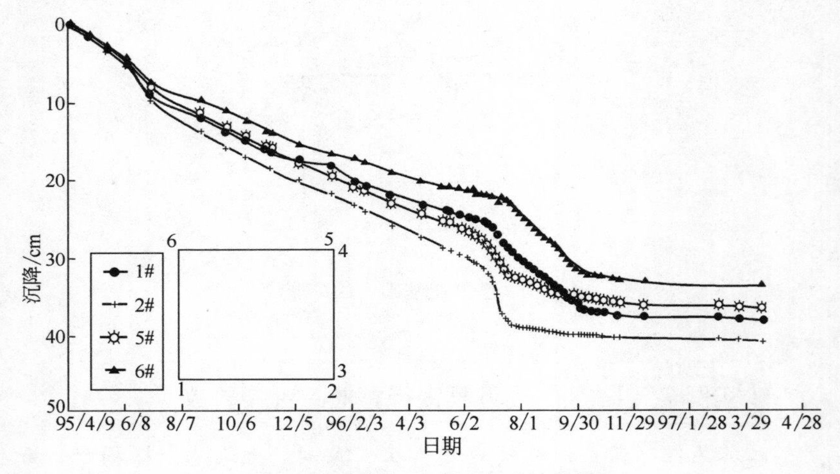

图 2-8 测点布置及沉降时间曲线

采用综合加固纠倾方案，主要包括下述几方面。

① 采用锚杆静压桩加固，以形成复合地基，提高承载力，减小沉降。桩断面取 200mm×200mm，桩长计划取 26m，单桩承载力取 220kN。布桩密度视各区沉降量确定，沉降较大一侧多布桩，沉降较小一侧少布桩。沉降较大一侧先压桩，并立即封桩，沉降较小一侧后压桩，并在掏土纠倾后再封桩。计划采用钢筋混凝土方桩，后因施工困难，部分采用无缝钢管桩。共压桩 117 根。

② 在沉降量较大、沉降速率较快的一侧外围基础 20m 范围内加宽底板，与原基坑水泥土围护墙连成一体，减少底板接触压力。

③ 在沉降量相对较小、沉降速率较慢的一侧，采用钢管内冲水掏土，在地基深部掏土，适当加大沉降速度。掏土量根据每天的沉降观测资料决定，掏土过程中有专人负责，详细记录。定期会诊

分析，原则上每天沉降量控制在2.0mm以内。

在加固纠倾过程中加强监测。在进行地基基础加固过程中2d观测1次，在掏土纠倾过程中1d观测2次。

在地基加固过程中，附加沉降应予以重视。从图2-8中可以看到，在施工初期不均匀沉降发展趋势加快。在加固和纠倾后期，沉降发展趋势得到有效遏制，不均匀沉降明显减小，原先沉降较大的一侧，沉降已稳定。加固纠倾完成后，不均匀沉降进一步减小，沉降观测资料表明所采用综合加固纠倾方案是合理有效的。

第四节　斜坡失稳引起地基事故

一、斜坡失稳的特征

斜坡失稳具有以下特征。

① 斜坡失稳常以滑坡形式出现，滑坡规模差异很大，滑坡体积从数百立方米到数百万立方米，对工程危害极大。

② 滑坡可以是缓慢的、长期的，也可以是突然发生的，以每秒几米甚至几十米的速度下滑。古滑坡可以因外界条件变化而激发新滑坡。例如某工程，建于江岸边转角处的一个古滑坡体上，由于江水冲刷坡脚，以及工厂投产后排水和堆放荷载的影响，先后在古滑坡体上发生了十个新滑坡，严重影响了该厂的正常生产，迫使铁路改线重建。该厂经过十多年的整治滑坡工作，耗费大量人力、物力和资金，整治工作才结束。

二、斜坡上房屋稳定性破坏类型

由于房屋位于斜坡上的位置不同，因此斜坡出现滑动，对房屋产生的危害也不同，大致可分为以下三类。

① 房屋位于斜坡顶部时，顶部形成滑坡，土从房屋下挤出，地基土移动（见图2-9），地基出现不均匀沉降，房屋将出现开裂损坏或倾斜。

② 房屋位于斜坡上，在滑坡情况下，房屋下的土发生移动，部分土绕过房屋基础移动（见图2-10）。在这种情况下，无论是作用

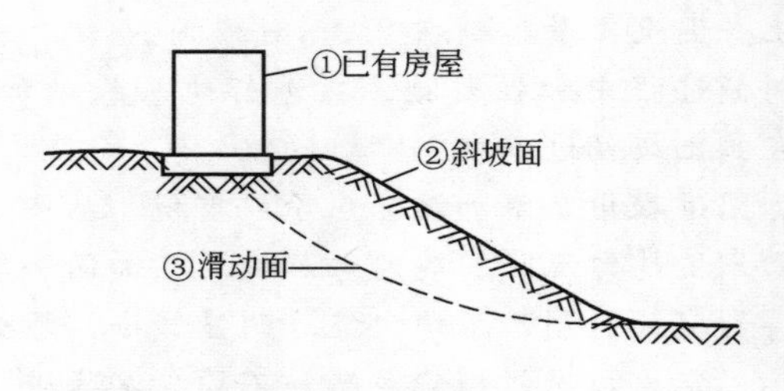

图 2-9 房屋下地基土松动

在基础上的土压力，还是单独基础在平面上的不同位移，都可能引起房屋所不允许的变形，导致房屋破坏。

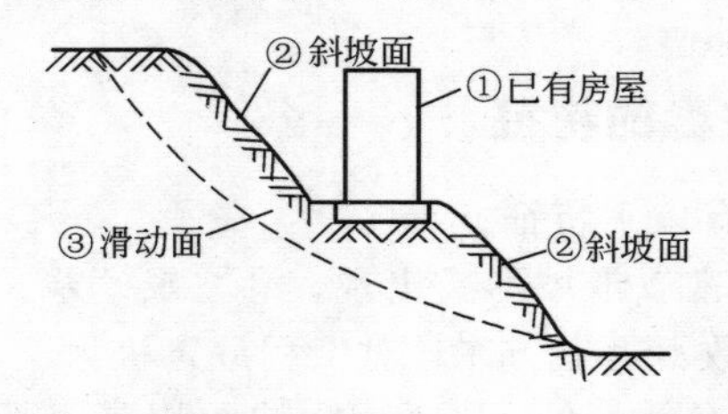

图 2-10 房屋下土移动

③ 房屋位于斜坡下部，房屋要经受滑动土体的压力（见图 2-11）。其对房屋所造成的危害程度与滑坡规模、体积有关，常常是灾难性的。

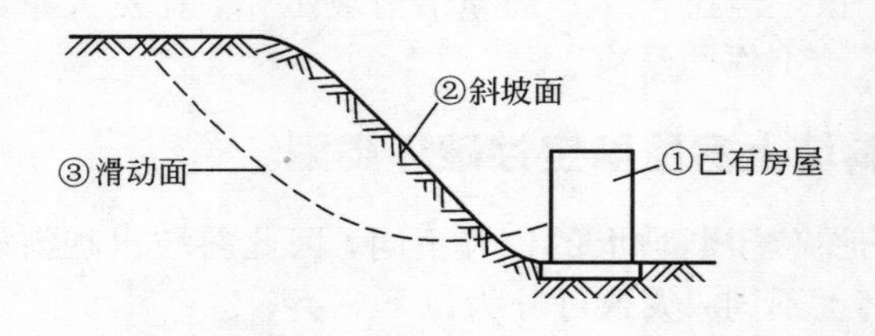

图 2-11 滑动土体的房屋上

三、滑坡整治

滑坡整治前，首先应深入了解形成滑坡的内、外部条件以及这些条件的变化。对诱发滑坡的各种因素，应分清主次，采取各种相应的措施，使滑坡最终趋于稳定。一般情况下滑坡发生总有个过程。因此，在其活动初期，如能立即整治，就比较容易，收效也较快。所以，整治滑坡务必及时，而且要彻底解决，以防后患。

整治滑坡主要用排水、支挡、减重和护坡等措施综合治理。个别情况下，也有采用通风、排水、爆破灌浆、化学灌浆加固等方法来改善滑动带岩土的性质，以稳定边坡。

第五节 建筑地基工程加固技术

一、地基工程托换加固

托换加固是指通过在结构与基础间设置构件或在地基中设置构件，改变原地基和基础的受力状态，而采取托换技术进行地基基础加固的技术措施的总称。

（1）采用托换技术进行既有建筑地基基础加固的情况

① 地基不均匀变形引起建筑物倾斜、裂缝。

② 地震、地下洞穴及采空区土体移动，软土地基沉陷等引起建筑物损害。

③ 建筑功能改变，结构承重体系改变，基础形式改变。

④ 新建地下工程、邻近新建建筑、深基坑开挖、降水等引起建筑物损害。

⑤ 地铁及地下工程穿越既有建筑，对既有建筑地基影响较大时。

⑥ 古建筑保护。

⑦ 其他需采用基础托换的工程。

新建地铁或地下工程穿越建筑物时，可能引起既有建筑裂缝，或影响正常使用，可采用地基加固和基础、上部结构加固相结合的方法；穿越施工既有建筑存在安全隐患时，应采用加强上部结构的刚度、局部改变结构承重体系和加固地基基础的方法；需切断建筑物桩体或在桩端下穿越时，应采用桩梁式托换、桩筏式托换以及增加基础整体刚度、扩大基础的荷载托换体系，必要时，应采用整体

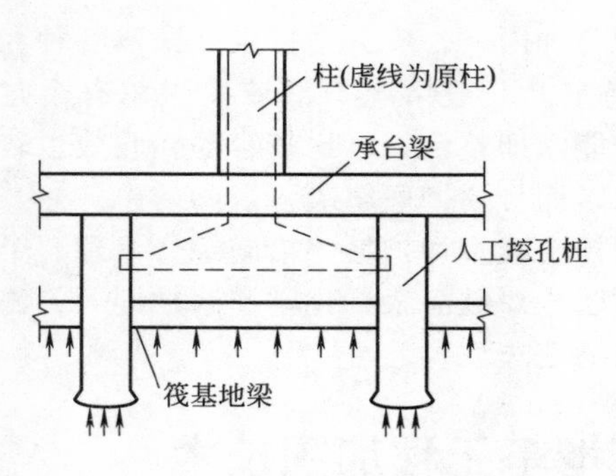

图 2-12 基础托换加固

托换技术；穿越天然地基、复合地基的建筑物托换加固，应采用桩梁式托换、桩筏式托换或地基注浆加固的方法，见图 2-12。

（2）施工技术要求

① 采用钢筋混凝土坑（墩）式托换时，应在既有基础基底部位采用膨胀混凝土、分次浇筑、排气等措施充填密实；当既有基础两侧土体存在高度差时，应采取防止基础侧移的措施。

② 采用桩式托换时，应采用对地基土扰动较小的成桩方法进行施工。

二、基础补强注浆加固

基础补强注浆加固适用于因不均匀沉降、冻胀或其他原因引起的基础裂损的加固。

基础补强注浆加固施工，应在原基础裂损处钻孔，钻孔与水平面的倾角不应小于 30°，钻孔孔距可为 0.5～1.0m；浆液材料可采用水泥浆或改性环氧树脂等；注浆压力可取 0.1～0.3MPa。如果浆液不下沉，可逐渐加大压力至 0.6MPa，浆液在 10～15min 内不再下沉时，可停止注浆。

对单独基础每边钻孔不应少于 2 个；对条形基础应沿基础纵向分段施工，每段长度可取 1.5～2.0m。

三、扩大基础加固

扩大基础加固包括加大基础底面积法、加深基础法和抬墙梁法等。

1. 加大基础底面积法

加大基础底面积法适用于当既有建筑物荷载增加、地基承载力或基础底面积尺寸不满足设计要求，且基础埋置较浅，基础具有扩大条件时的加固，可采用混凝土套或钢筋混凝土套扩大基础底面积。当基础承受偏心荷载时，可采用不对称加宽基础；当基础承受中心受压荷载时，可采用对称加宽基础。见图 2-13。

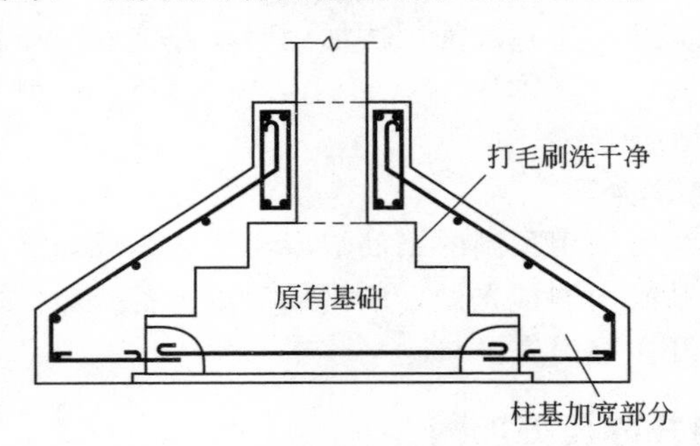

图 2-13　扩大基础加固

对基础加宽部分，地基上应铺设厚度、材料与原基础垫层相同的夯实垫层。当采用混凝土套加固时，基础每边加宽后的外形尺寸应符合现行国家标准《建筑地基基础设计规范》(GB 50007—2011) 中有关无筋扩展基础或刚性基础台阶宽高比允许值的规定，沿基础高度隔一定距离应设置锚固钢筋。当不宜采用混凝土套或钢筋混凝土套加大基础底面积时，可将原独立基础改成条形基础；将原条形基础改成十字交叉条形基础或筏形基础；将原筏形基础改成箱形基础。

2. 加深基础法

加深基础法适用于浅层地基土层可作为持力层，且地下水位较低的基础加固。可将原基础埋置深度加深，使基础支撑在较好的持力层上。

施工时，先在贴近既有建筑基础的一侧分批、分段、间隔开挖长约 1.2m、宽约 0.9m 的竖坑，对坑壁不能直立的砂土或软弱地基，应进行坑壁支护，竖坑底面埋深应大于原基础底面埋深 1.5m；在原基础底面下，沿横向开挖与基础同宽，且深度达到设计持力层深度的基坑；基础下的坑体，应采用现浇混凝土灌注，并在距原基础底面下 200mm 处停止灌注。待养护一天后，用掺入膨胀剂和速凝剂的干稠水泥砂浆填入基底空隙，并挤实填筑的砂浆；当基础为承重的砖石砌体、钢筋混凝土基础梁时，墙基应跨越两墩之间，如原基础强度不能满足两墩间的跨越，应在坑间设置过梁。

对较大的柱基用基础加深法加固时，应将柱基面积划分为几个单元进行加固，一次加固不宜超过基础总面积的 20%，施工顺序应先从角端处开始。

3. 抬墙梁法

抬墙梁法可采用预制的钢筋混凝土梁或钢梁，穿过原房屋基础梁下，置于基础两侧预先做好的钢筋混凝土桩或墩上。抬墙梁的平面位置应避开一层门窗洞口。

四、锚杆静压桩加固

锚杆静压桩法适用于淤泥、淤泥质土、黏性土、粉土、人工填土、湿陷性黄土等地基的加固。

压桩孔应布置在墙体的内外两侧或柱子四周。设计桩数应由上部结构荷载及单桩竖向承载力计算确定；压桩施工应对称进行，在同一个独立基础上，不应数台压桩机同时加压施工。

五、树根桩加固

树根桩适用于淤泥、淤泥质土、黏性土、粉土、砂土碎石土及人工填土等地基的加固。见图 2-14。

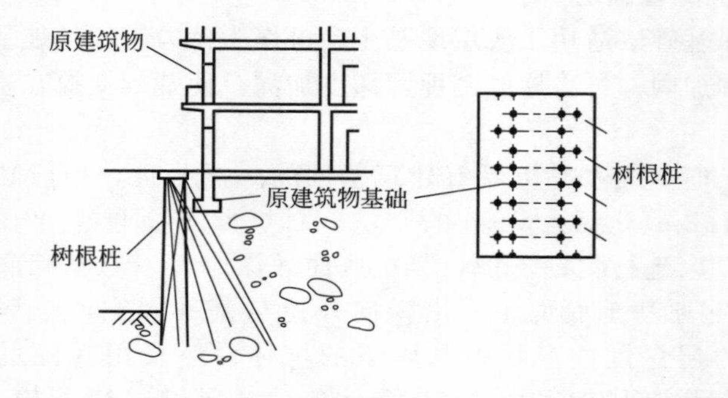

图 2-14 树根桩加固

树根桩的直径宜为150～400mm，桩长不宜超过30m，桩的布置可采用直桩或网状结构斜桩；桩身混凝土强度等级不应小于C20，主筋不得少于3根；桩承受压力作用时，主筋长度不得小于桩长的2/3；桩承受拉力作用时，桩身应通长配筋；对直径小于200mm的树根桩，宜注水泥砂浆。

六、地基注浆加固

注浆加固适用于砂土、粉土、黏性土和人工填土等地基的加固。

劈裂注浆加固地基的浆液材料可选用以水泥为主剂的悬浊液，或选用水泥和水玻璃的双液型混合液。防渗堵漏注浆的浆液可选用水玻璃、水玻璃与水泥的混合液或化学浆液，不宜采用对环境有污染的化学浆液。对有地下水流动的地基土层加固，不宜采用单液水泥浆，宜采用双液注浆或其他初凝时间短的速凝配方。注浆孔间距应根据现场试验确定，宜为1.2～2.0m；注浆孔可布置在基础内、外侧或基础内，注浆孔的孔径宜为70～110mm。注浆用水泥的强度等级不宜小于32.5级，注浆时可掺用粉煤灰，掺入量可为水泥质量的20%～50%，可根据情况加入外加剂。水泥浆的水灰比宜为0.6～2.0，常用的水灰比为1.0。

七、石灰桩加固

石灰桩适用于加固地下水位以下的黏性土、粉土、松散粉细砂、淤泥、淤泥质土、杂填土或饱和黄土等地基的加固，对重要工程或地质条件复杂而又缺乏经验的地区，施工前应通过现场试验确定其适用性。

石灰桩桩身材料宜采用生石灰和粉煤灰（火山灰或其他掺合料）。生石灰氧化钙含量不得低于70%，含粉量不得超过10%。为提高桩身强度，可掺入适量水泥、砂或石屑。石灰桩桩径应由成孔机具确定。桩距宜为2.5～3.5倍桩径，桩的布置可按三角形或正方形布置。

地基、基础的质量缺陷表现形式复杂，应针对具体情况采用相应的加固方法。

【实例 2-4】 地基补强注浆加固等综合方法处理

(1) 工程事故概况

温州某工程位于市中心十字路口，建筑平面呈 L 形，基坑开挖深度为 5.75m。该工程地面以下为流塑状淤泥质土，厚达 25m 以上。支护结构采用悬臂式钻孔灌注桩，桩径 600mm，桩长 15m，间距 1000mm，桩顶做 300mm 高钢筋混凝土圈梁。该工程土方从中间向两端开挖，土方挖至 1/3 时，靠近马路一侧的支护桩整体倾斜，最大桩顶位移达 750mm，压顶圈梁多处断裂，人行道大面积塌陷，靠近支护桩的 14 根工程桩（ϕ800mm 的钻孔灌注桩）也随之断裂内移，造成的经济损失严重。

(2) 事故原因

其一，设计参数选择不当。设计计算时选用固结排水剪强度指标，对于没有任何降排水措施的淤泥质土，该参数的选择显然偏大，从而使得支护结构设计的安全储备过小，甚至于危险；

其二，由于淤泥质土渗透性较差，故设计时没考虑止水措施，且间距过大（桩间净距 400mm)。尽管淤泥质土的渗透性很小，但流塑状的淤泥质土在渗透水压的作用下，极易造成“流土”现象，使坑底隆起，工程桩的断裂主要是由于土体的滑坡所造成；

其三，施工单位考虑原支护桩设计采用悬臂结构不安全，在土方开挖到一半深度时用现有的型钢作临时支撑，但支撑长细比过大(截面尺寸 400mm×400mm，长 17m)，造成支撑受压后失稳，没有起到相应的作用。

(3) 事故处理

工程采取以下措施进行补救。

将底板分三块施工，留两条垂直施工缝，施工缝处设计钢板止水带，将已开挖部分清理后再浇筑板底，然后再开挖另外两块土方，避免坑底土体暴露时间过长。

对于后开挖的部分，—2.5m 处设钢筋混凝土圈梁一道，然后每隔 6m 左右设一道型钢支撑，并设连系杆控制长细比，防止失稳，两端部设钢筋混凝土角撑。

南边及东边均有旧建筑，距离约有8m，为防止桩间挤土面危害旧建筑，在围护桩外打2排ϕ600mm水泥搅拌桩用于挡土，水泥掺量为13%，并掺加2%的石膏。

对于断裂的工程桩，采用沉井作围护下挖至断裂处，清理上部断桩后用高一等级混凝土接至设计标高，并在施工时随时注意观察坑底有无涌土或隆起现象。

通过以上措施，该地下室工程得以顺利施工。

思考题

1. 地基工程事故的成因有哪些？
2. 地基工程事故如何处理？

第三章

基础工程事故处理

基础工程事故常见的有基础错位、基础变形、基础混凝土孔洞等类型。

第一节　基础错位事故处理

一、基础错位事故主要类别

① 基础平面错位，包括单向或双向错位两种。

② 基础标高错误，包括基底标高错误、基础各台阶标高错误以及基础顶面标高错误。

③ 预留洞和预埋件的标高、位置错误。

④ 基础插筋数量、方位错误。

二、基础错位事故常见原因

1. 勘察失误

常见的有：滑坡造成基础错位，地基及下卧层勘探不清所造成的过量下沉和变形等。

2. 设计错误

制图或描图中出现错误，审图时又未发现，故未纠正；设计措施不当，如软弱地基未做适当处理，对湿陷性地基上的建筑物，无可靠的防水措施，又无相应的结构措施；对软硬不均匀地基上的建筑物，采用不适当的建筑结构方案等；土建施工图与水、电或设备图不一致。有的因设计各工种配合不良造成，有的则因土建施工图发出后，设备型号变更或当时提供给土建的资料不正确，又未及时做纠正而造成；设计时考虑不周到，施工中途进行图纸更改。

3. 施工问题

（1）测量放线错误

① 看图错误　错位事故很大一部分原因是看错图，最常见的是把基础中心线看成轴线而出错。在建筑和结构的施工图中，并不是所有的轴线都与中心线重合。对设计图纸不熟悉、施工中马虎的人容易发生这类事故。

② 测量错误　最常见的是读错尺，这种偏差数值往往较大，施工中更应加以注意。

③ 测量标志移位　如控制桩埋设得浅、不牢固或位置选择不当等，车压和碰撞使控制桩发生位移而造成测量放线错误。又如基础施工中把控制点设在模板或脚手架上，导致出错等。

④ 施工放线误差大及误差积累　此种误差可造成基础位移或标高误差过大。

（2）施工工艺不良

① 场地平整及填方区碾压密实度差　例如用推土机平整场地，并进行压实，而填土厚度又较大时，往往产生这类质量问题。建造在这种地基上的基础，常会产生过大沉降或倾斜变形。

② 单侧回填　基础工程完成后进行土方回填，若不是两侧均匀回填，往往造成基础移位或倾斜，有的甚至导致基础破裂。

③ 模板刚度不足或支撑不良　在混凝土振捣力及其他施工外力作用下，造成基础错位或模板变形过大，基础中杯口采用的是挂吊模法、活络模板等，也可能造成杯口产生较大的偏差。

④ 预埋件错位　常见的有预埋螺栓、预留洞（槽）等预埋件固定不牢固而造成水平移位，标高偏差或倾斜过大等事故。

⑤ 混凝土浇筑工艺和振捣方法不当。

（3）施工中地基处理不当

① 地基长期暴露，浸水或扰动后，未做适当处理。

② 施工中发现的局部不良地基未经处理或处理不当，而造成基础错位或变形。

4. 其他原因

① 相邻建筑的影响　例如在已有房屋附近新建房屋，造成原有房屋基础位移变形等。

② 地面堆载过大　国外曾有报道，某仓库因堆料荷载太大，造成拱架基础位移达 4.66m。

三、基础错位事故处理方法与选择

1. 吊移法

将错位基础与地基分离后，用起重设备将基础吊离原位。然后，一方面按照正确的基础位置处理好地基，另一方面清理基础底面。在这两项工作都完成后，再将基础吊装到正确位置上。为了确保基础与地基的接触紧密，可采用坐浆安装，必要时还可进行压力灌浆。此法通常适用于上部结构尚未施工、现场有所需起重设备、基础有足够的强度和抗裂性能的情况。

2. 顶推法

用千斤顶将错位基础推移到正确位置，然后在基底处作水泥压力灌浆，保证基础与地基之间接触紧密。此法适用于上部结构尚未施工、有适用的顶推设备、顶推后坐力所需的支护设施较简单的情况。

3. 顶推牵拉法

当基础与上部结构同时产生错位时，常用千斤顶将基础推移到正确位置，同时，在上部结构适当位置设置钢丝绳，用花篮螺栓或手动葫芦进行牵拉，使上部结构与基础整体复位。

4. 扩大法

将错位基础局部拆除后，按正确位置扩大基础。此法适用于错位的基础不影响其他地下工程、基础允许留设施工缝的情况。

5. 托换法

当上部结构完成后，发现基础错位严重时，可用临时支撑体系支托上部结构，然后分离基础与柱的连接，纠正基础错位。最后，再将柱与处于正确位置的基础相连接。这类方法的施工周期较长，耗资较大，且影响正常生产。

6. 其他方法

（1）拆除重做　基础事故严重者只能拆除重做。

（2）结构验算　基础错位偏差既不影响结构安全和使用要求，又不妨碍施工的事故，通过结构验算，并经设计单位同意时，可不进行处理。

（3）修改设计　基础错位后，通过修改上部结构的设计来确保使用要求和结构安全。

四、基础错位事故处理实例

【实例 3-1】 某装配式单层厂房柱基础错位事故处理

（1）工程概况

四川省某造船厂机加工车间扩建工程，其边柱截面尺寸为400mm×600mm。基础施工时，柱基坑分段开挖，在挖完五个基坑后，即浇垫层、绑扎钢筋、支模板、浇混凝土。基础完成后，检查发现五个基础都错位300mm（见图3-1）。

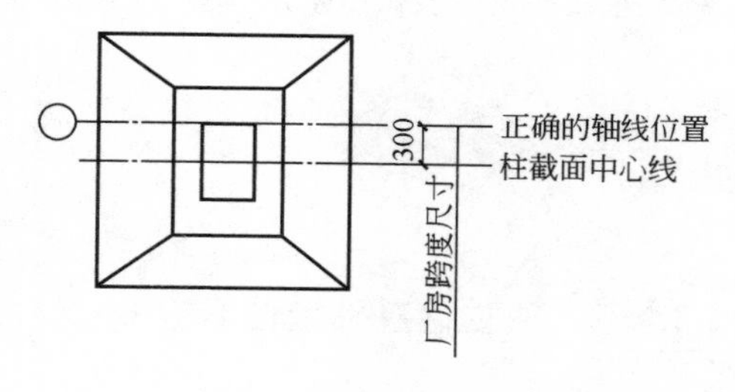

图 3-1　柱基础错位示意

（2）事故原因

施工放线时，误把柱截面中心线作为厂房边柱的轴线，因而错位300m，即厂房跨度大了300mm。

（3）事故处理

现场施工人员认为，为避免返工损失，建议以已施工的五个基础位置为准，完成全车间的施工任务，即厂房的宽度（跨度）方向全部加大300mm。考虑到此方案有以下弊端，因而不予采纳。

① 上部结构出现非标准构件，需重新设计，而且施工与安装也增加不少麻烦。

② 厂房内的桥式吊车成了非标准产品，无法订货。

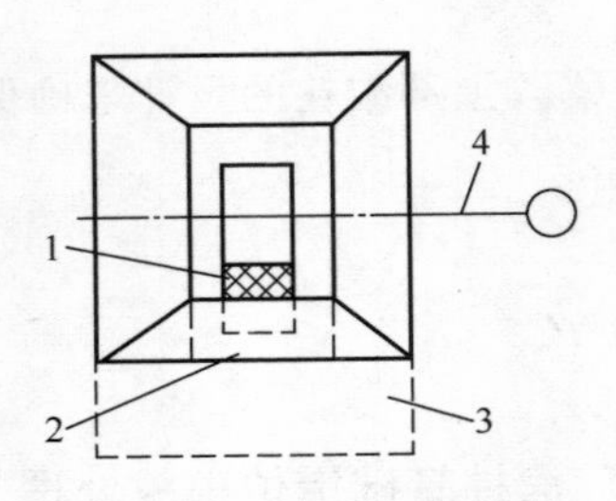

图 3-2 错位基础处理示意
1—杯口部分凿除；2—基础一侧部分凿除，露出底板钢筋；3—基础扩大部分；4—厂房边柱轴线

③ 影响全厂总图布置。

根据现场当时的设备条件，未采用顶推或吊移法，而是采用局部拆除后扩大基础的方法进行了处理，其处理要点如下。

① 将基础杯口一侧短边混凝土凿除（见图 3-2）；

② 凿除部分基础混凝土，露出底板钢筋；

③ 将基础与扩大部分连接面全部凿毛；

④ 扩大基础混凝土垫层，接长底板钢筋；

⑤ 对原有基础连接面清洗并充分湿润后，浇筑扩大部分的混凝土。

所采用的处理方案具有施工方便、费用低、不需专用设备、结构安全可靠等优点。

【实例 3-2】 独立性基础错位事故处理

(1) 工程概况

某工程采用钢筋混凝土独立柱基础。最大的基础平面尺寸为 3.0m×3.4m，混凝土量 $6.2m^3$，重 15.5t。施工放线造成Ⓑ轴柱基础形成了一个楔形偏差，见图 3-3。最大错位偏差达 160mm，超出施工验收规范的允许偏差值（10mm），造成事故。

(2) 事故处理

该工程经过多方案的比较后，选择用千斤顶推移复位法处理错误基础，其施工要点如下。

① 准备工作　清理基础四周土方与杂物；凿除外部的混凝土垫层；测出基础四周的标高。

② 千斤顶的选用和布置　根据基础体积大小，以及混凝土与土之间摩擦阻力值选用千斤顶。该工程采用 2 台 15t 的千斤顶，平

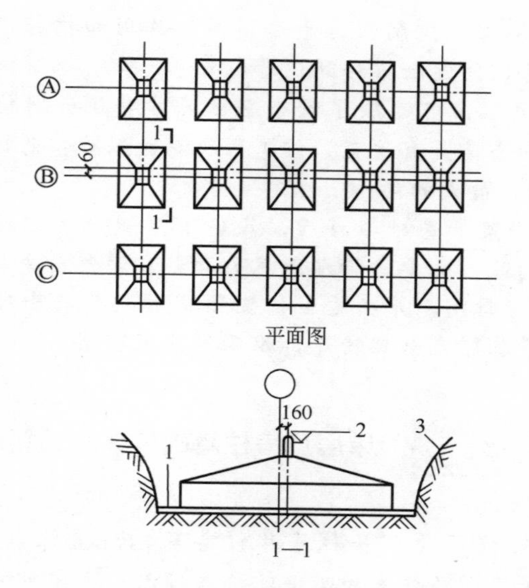

图 3-3 基础错位示意图

1—凿除垫层；2—柱插筋；3—基坑壁

行对称地将千斤顶设置在基础与基坑壁之间。千斤顶的作用点设在基础下部、混凝土垫层上面（见图 3-4）。

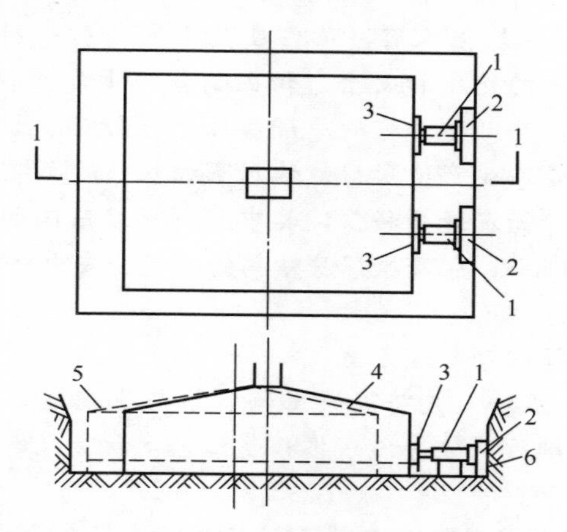

图 3-4 千斤顶布置示意

1—千斤顶；2—道木；3—垫块；4—错位的基础；5—复位后的基础；6—基坑壁

③ 推移复位　控制两台千斤顶同时作用和推移同步，将基础沿垫层与地基之间逐渐推移到设计位置。

④ 检查复位情况　除了检查平面尺寸错位、纠偏尺寸外，还应检查基础标高是否有改变。该工程所测数据为：基础标高一般增加 5mm 左右，最大的约 10mm。

⑤ 压力灌浆　基础推移后，基底下可能产生空隙，从而产生附加沉降。因此，需要进行水泥压力灌浆。灌浆前先将基础四周用 C8 混凝土进行封闭，并在适当位置预留灌浆孔与出气孔。水泥浆液中加入适量膨胀剂如铝粉等，以确保基底密实。

【实例 3-3】 单层厂房柱基础位移及倾斜事故处理

(1) 工程概况

某中型轧板厂原厂房柱基和设备基础埋置深度为 3.40m 和 6.50m，新扩建厂房柱基和四辊轧机基础以及主电室基础埋深分别为 6.50m、11.60m 和 8.20m。在新基础施工过程中，引起了原有厂房柱基的下沉和位移，造成厂房倾斜。

(2) 事故原因

新旧柱基边缘接壤处相距很近（约 1.5m），且基底高差较大（约 3.1m）。新柱基施工前，虽已在其中间施打一排板桩挡土墙，企图保护原柱基的稳定和安全。但因新基础土方开挖施工周期长，人工降水期近一年，受其影响原厂房柱基底面以下土壤中孔隙水被大量排出。于是在生产使用荷载作用下柱基下的土壤逐渐被压密而沉陷，原柱基开始沉降而移位，其中 B 列一柱基向西移位 182mm，倾斜夹角为 49′38″，危及原厂房结构的稳定和安全使用。

(3) 处理方法

一般可选择三种处理方案。

① 托柱换基法　先将混凝土预制柱与基础杯口凿开，使之脱离，拆除旧基础后将柱身向东推移复位，重新浇筑新基础。这样做难度较大。

② 托梁换柱换基法　先将原厂房屋架梁托起，更换柱及基础，其中相邻两根吊车梁随之拆除。待新基础、新柱安装完再安装吊车

梁。这是考虑由于预制柱倾斜移位，侧向受扭曲，复位时有可能因拉裂而损坏，或柱身因使用多年表面腐蚀脱皮而需更换。

上述两方案经论证都是可行的，在其他工程中也采用过，但施工周期长，耗资较多，且影响正常生产。

③ 支顶法 经现场实际调查，新扩建基础已经回填完毕，原打入土层中的挡土板桩还未拔出，且与原倾斜移位柱基外边缘尚有2m多的距离，又可用作支点。故决定采用水平支顶矫正柱与基础的整体同时复位的方法。

首先将倾斜位移柱基础四周土挖开，以减少基础矫正时顶推的摩擦阻力。基础西侧沿板桩挖至所需深度，初步确定利用原板桩挡土墙作反力的靠背。其次，对原柱基荷载的有关参数及位移矫正反力进行计算。柱基推移力的计算考虑了以下因素：原柱基的几何特征和使用荷载；柱基垫层破坏时的被动土压力；基础两侧与基坑壁的摩擦阻力，以及基底与土壤的摩擦阻力等。结合该工程条件，粗略估算柱基支顶水平总推力为1655kN，因此选用2台100t的卧式液压千斤顶进行纠偏矫正。最后，进行支顶柱基矫正复位施工。为此将倾斜移位的柱基四周土挖开，基底以下尚有400mm厚的素混凝土垫层与原柱基浇筑成整体，所以矫正时必须整体水平推移。具体做法如下。

a. 位置的确定 原杯口柱基由斜坡壁面和一步大放脚组成，基础（含下垫层）重心合力点水平位置在一步大放脚台阶上偏上一点。同样根据垫层附加被动土压力（挤压剪切破坏），在一步台阶竖向居中处建立水平支顶点。在同一水平面上设置2个点，即沿纵向由中心向南北两侧各1m位置设点，使其向东侧水平推移复位时易于整体矫正顶进，以防平面移位时产生倾斜。倾斜移位柱基支顶矫正的总体布置见图3-5。

b. 柱基水平支顶结构的布置 在已挖好的基坑内，为使挡土板桩承受较为均匀的支顶反力，在板桩与柱基大放脚的水平支顶点标高和位置的相对应部位，设置一道长4m的双工字钢组合横梁。横梁与竖向板桩接触不严处用钢板补焊堵缝，使板桩成为整体。另一方面在柱基大放脚台阶立面设立的2个支顶点上，为防止着力点过分集中，使混凝土面层破坏，安放一根3.2m长的双工字钢组合

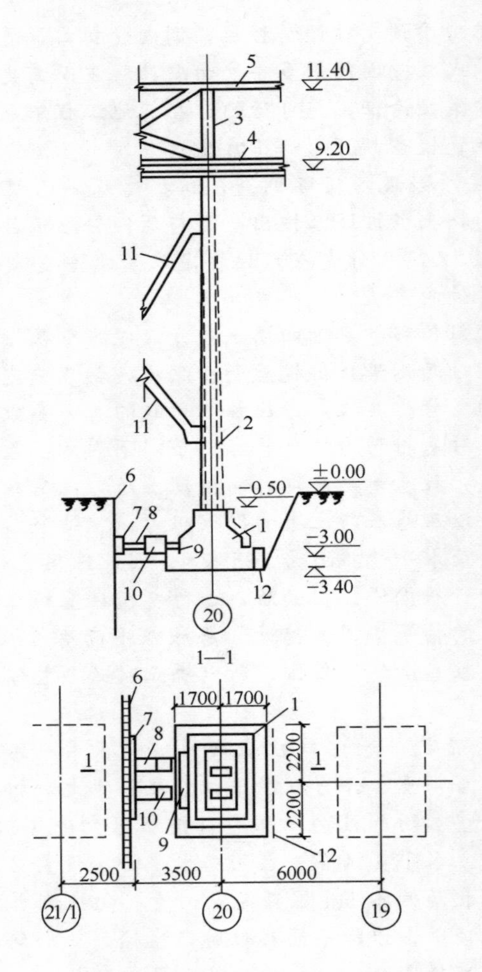

图 3-5 柱基支顶矫正布置

1—杯口型柱基础；2—混凝土预制柱；3—吊车梁以上钢短柱；4—吊车梁；5—屋架下弦系统；6—板桩挡土墙；7—靠背支顶双工字钢组合横梁；8—支顶短柱；9—支座小横梁；10—100t 级卧式液压千斤顶；11—防风架；12—复位后基础位置线

横梁，使集中荷载较均匀地分布在基础侧面上。在侧面与组合横梁间的空隙处用中砂或粉砂填满并捣实。在卧式液压千斤顶底座设置

2根长度为1.25m的双工字钢组合支撑短柱。在水平支顶移位之前，将吊车梁以下的2根剪刀叉防风架节点切开，以防其因临近20号柱受拉而产生位移或被拉断。

c. 支顶推进位移的观测　对倾斜位移柱基用经纬仪测定柱身边线的控制垂线，找出水平位移差值。支顶推移分3个阶段进行，并用水准仪观测柱基在矫正复位时的沉降量。

第一阶段水平推移60mm，停留10min，退回20mm。

第二阶段推移90mm，停留15min，退回30mm。

第三阶段推移顶进100mm，停留30min，退回20mm。

分阶段分层次推移的主要目的，在于松弛或消除推移顶进中所产生的内应力。如发现推进过程中有关部位出现异常（混凝土微裂缝），必须及时纠正或采取必要的技术措施。

最终测试结果是：支顶推进使倾斜柱和基础向前复位共计81mm，而原控制垂直线重合靠背板桩向西位移只有113mm。柱基复位后，由水准仪测得沉降量为215mm。

【实例3-4】某市计量局测试中心楼的基础错位

（1）工程概况

该测试中心楼第一单元为五层框架结构，有12个钢筋混凝土柱基础。混凝土基础上为简支基础梁。基础梁上砌筑框架房屋外墙，西侧走廊外墙为条形砂垫层砖基础。室内有一地下储粪坑，在安装2层框架梁、板的钢模时，发现建筑物轴线偏移。经复测，混凝土基础普遍错位，偏位最大值690mm，房屋轴线已成平行四边形。

基础及柱构造见图3-6，地基为黏土，承载力$[R]=180\text{kPa}$。

（2）原因分析

该事故纯属施工放线有误，不需加固地基，只需将偏位基础纠正过来即可。

（3）事故处理

经过多种方案比较，选择用千斤顶平移办法纠偏。其要点如下。

① 确定所需顶推力　由基础和柱的构造图可知，其自重G为399kN，重心位于底面上690mm处的中心线上。

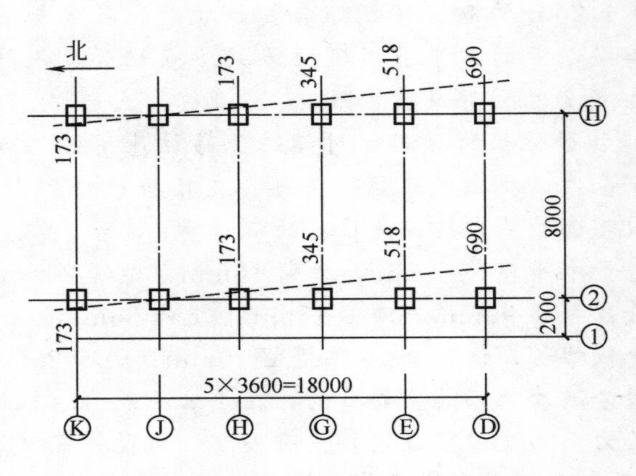

图 3-6 基础设计轴线及偏位情况

根据原设计图得知，该混凝土基础下有 10cm 左右的碎石垫层，因而取摩擦系数$\mu=0.8$，即顶推力 $P=\mu G=320$kN。本工程用一台 200t 液压千斤顶，两台丝杠千斤顶，200t 千斤顶是顶推主机，回落行程时用两台丝杠千斤顶顶住，阻止基础反弹回来。

② 顶推着力点和后背设计　顶推着力点位于基础重心以下，作用在底盘侧壁立面二分之一高度处。

推力 P 取 320kN，顶推时的倾覆力矩为

$$Ph_1=96.0\text{kN}\cdot\text{m}$$

自重力 $G=399$kN，顶推时的稳定力矩为

$$Gh_2=877.8\text{kN}\cdot\text{m}$$

显然，稳定力矩远大于倾覆力矩，千斤顶顶推时基础只会平移向前。

后背着力面积 $P/[R]=1.78\text{m}^2$，而实际达 4.8m^2，后背土体没有发生破坏。千斤顶及顶铁必须置于水平木板上，如基础底盘侧壁无垂直面则必须加工。

③ 纠偏操作步骤

a. 正确基础轴线的重新施测　为此需要打控制桩，并在柱子相邻的两面上吊垂直线标出列线和行线，检查柱子原有的垂直度。由于②轴与①轴的基础交点 J_2 与储粪池墙壁相距仅 9cm，不能架设千斤顶，

征得设计同意后，①轴的两个基础不进行顶推，只推其余10个。

b. 顶推顺序的确定　先顶推②轴线，后推③轴线。挖土、顶推纠偏均按此顺序，保证了都有坚固的后背土体。

c. 纠偏控制　根据控制桩拉出轴线，用它检查顶推情况，测量顶推后柱子是否已到达正确位置，并做记录。②轴线的5个基础顶推到预定位置，统一检查验收后，即着手对基础下面的脱空部位进行处理。基础下被牵动的松土全部挖除，灌注坍落度8～10cm的C20混凝土，并采用二次振捣法使其充满密实，见图3-7。然后进行③轴线管5个基础的挖土、顶推及基础下灌注混凝土。

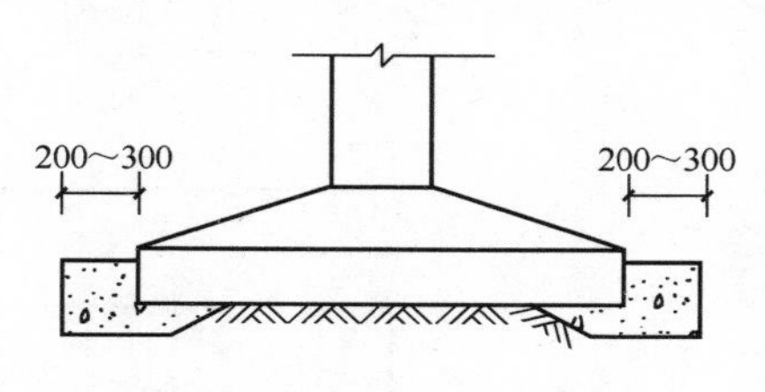

图3-7　推后基底处理

【实例3-5】　某构筑物柱基础错位事故处理

（1）工程与事故概况

该构筑物柱基为三阶梯独立式方形基础，基础尺寸为4.5m×4.5m，每阶层高为0.5m。施工中因放线时读错尺，造成2个基础位置偏差达7cm。

（2）事故分析处理

该工程发现偏差时现浇柱尚未施工。故先假定将柱按原设计位置浇灌在有偏差的柱基上，然后对地基基础进行验算。根据验算结果再来决定处理方法。

① 地基应力的验算　根据原设计提供的资料，并考虑偏差7cm的影响，计算实际的地基应力（见图3-8）。计算如下。

原设计的轴向力　　$N=5910\text{kN}$

弯矩　　$M_X=377.6\text{kN}\cdot\text{m}$

偏心矩　　$e_0=M_X/N=0.064\text{m}$

实际偏差　　0.07m

故总的偏心矩　　$e=0.064+0.07=0.134\ (\text{m})$

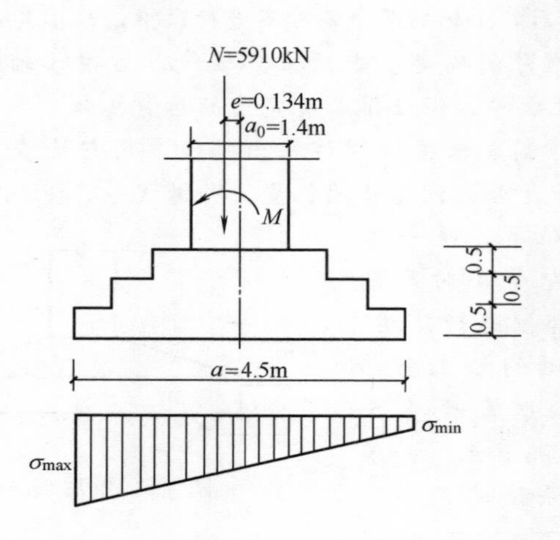

图 3-8 地基应力验算

考虑偏差后的弯矩 $M=792.0\text{kN}\cdot\text{m}$

根据公式 $\sigma=(N/ba)(1\pm 6e/a)$

$\sigma_{max}=0.345\text{MPa}$

$\sigma_{min}=0.239\text{MPa}$

而地基设计的容许承载力为0.353MPa。所以即使考虑偏差引起的附加应力，地基应力仍小于容许值。

② 柱对基础冲切强度的验算 7cm偏差值并未改变冲切高度，轴向力 N 也相同，故冲切强度与原设计相同。

③ 基础配筋验算 根据设计荷载和施工偏差产生的附加荷载，验算基础两个方向的配筋。验算结果表明，需要的配筋量小于原设计的配筋量。

以上这些验算结果说明，基础的偏差可不纠正，并按原设计的位置浇筑钢筋混凝土柱。由于基础错位，预留与柱连接的钢筋也随之错位。该工程采用柱钢筋与基础插筋之间加焊连接钢板的处理方法。具体做法如图3-9所示。

钢板厚度按所连接钢筋等强度的原则计算确定。钢板的高度根据施工验收规范中，关于钢筋焊接长度的规定来确定；施工时把在钢筋、连接钢板以及基础插筋按规范要求焊成一体。

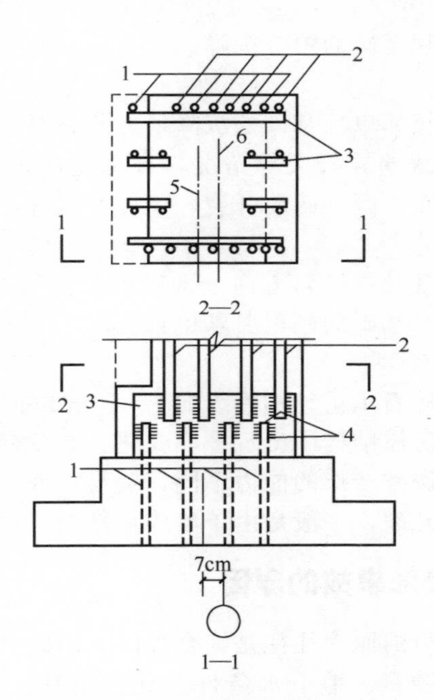

图 3-9　基础偏差处理示意

1—错误的柱基插筋；2—柱钢筋的正确位置；3—连接钢板；4—连接焊缝；
5—偏差的柱基中心线；6—正确的柱基中心线

实践证明，这种处理方法简单可靠，施工方便，又不影响上部结构，工程投产使用完全符合设计要求。

第二节　基础变形事故处理

基础变形事故多数与地基因素有关，由于变形也是基础事故的常见类别之一，同时又因造成这类事故的原因也不局限于地基事故，因此有必要介绍这类事故的处理。

一、钢筋混凝土基础变形事故特征

钢筋混凝土基础变形特征有以下几种。

（1）沉降量

沉降量指单独基础的中心沉降。

（2）沉降差

沉降差指两相邻单独基础的沉降量之差。对于建筑物地基不均匀、相邻柱与荷载差异较大等情况，有可能会出现基础不均匀下沉，导致吊车滑轨、围护砖墙开裂、梁柱开裂等现象的发生。

（3）倾斜

倾斜指单独基础在倾斜方向上两端点的沉降差与其距离之比。越高的建筑物，对基础的倾斜要求也较高。

（4）局部倾斜

局部倾斜指砖石承重结构沿纵向 6～10m 以内两点沉降差与其距离的比值。在房屋结构中出现平面变化、高差变化及结构类型变化的部位，由于调整变形的能力不同，极易出现局部倾斜变形。砖石混合结构墙体开裂，一般是由于墙体局部变形过大引起的。

二、基础变形事故的原因

基础变形事故的原因往往是综合性的，因此分析与处理比较复杂，必须从地质勘察、地下水条件变化、设计、施工等方面综合分析。

1. 地质勘察问题

① 勘察资料不足、不准或勘察深度不够，勘察资料错误。

② 勘察提供的地基承载能力太高，导致地基剪切破坏形成倾斜。

③ 土坡失稳导致地基破坏，造成基础倾斜。

2. 地下水条件变化

① 施工中人工降低地下水位，导致地基不均匀下沉。

② 地基浸水，包括地面水渗漏入地基后引起附加沉降，基坑长期泡水后承载力降低而产生的不均匀下沉，形成倾斜。

③ 建筑物使用后，大量抽取地下水，造成建筑物下沉。

3. 设计问题

① 建造在软土或湿陷性黄土地基上，设计时没有采取必要的措施，造成基础产生过大的沉降。

② 地基土质不均匀，其物理力学性能相差较大，或地基土层

厚薄不匀，压缩变形差大。

③ 建筑物的上部结构荷载差异大，建筑物体形复杂，导致不均匀下沉。

④ 建筑物上部结构荷载重心与基础底板形心的偏心距过大，加剧了偏心荷载的影响，增大了不均匀沉降。

⑤ 建筑物整体刚度差，对地基不均匀沉降较敏感。

⑥ 整板基础的建筑物，当原地面标高差很大时，基础室外两侧回填土厚度相差过大，会增加底板的附加偏心荷载。

⑦ 挤密桩长度差异大，导致同一建筑物下的地基加固效果明显不均匀。

4. 施工问题

① 施工顺序及方法不当，例如建筑物各部分施工先后顺序错误；在已有建筑物或基础底板基坑附近大量堆放被置换的土方或建筑材料，造成建筑物下沉或倾斜。

② 人工降低地下水位。

③ 施工时扰动和破坏了地基持力层的土壤结构，使其抗剪强度降低。

④ 打桩顺序错误，相邻桩施工间歇时间过短，打桩质量控制不严等，造成桩基础倾斜或产生过大沉降。

⑤ 施工中各种外力，尤其是水平力的作用，导致基础倾斜。

⑥ 室内地面大量的不均匀堆载，造成基础倾斜。

三、基础变形事故处理方法及选择

1. 常用处理方法

通常可以采用以下几种处理方法。

① 通过地基处理，矫正基础变形　所用方法有：沉井法，浸水法，降水法，掏土法，振动局部液化法，注入外加剂使地基土膨胀法，地基应力解除法，水平挤密桩法等。

② 顶升纠偏法　包括：从基础下加千斤顶顶升纠偏；地面上切断墙、柱进行顶升纠偏等。

③ 预留纠偏法　包括抽砂法、预留千斤顶顶升法等。

④ 顶推或吊移法　包括用千斤顶或其他机械设备将变形基础

推移到正确位置，或用吊装设备将错位基础吊移，纠正变形。

⑤ 卸荷法　通过局部卸荷调整地基不均匀下沉，达到矫正变形的目的。

⑥ 反压法　通过局部加荷调整地基不均匀沉降而实现纠偏。

⑦ 加固基础法　包括：抬墙梁法，沉井、沉箱法，锚桩静压桩法，压入桩法等。

2. 纠正基础变形方法选择的注意事项

选择纠正基础变形的方法时应注意以下几点。

① 准确查清基础变形的原因　除要认真查阅原设计图纸、地质报告和施工记录等有关资料外，还应深入了解施工中的实际情况。必要时补做勘察工作，彻底查明地基土质及基础状况，找出基础变形的准确原因，为正确选择处理方案提供可靠的依据。

② 优选处理方案　通过技术经济比较，选用合理、经济的方案。

③ 认真做好矫正变形前的准备工作　在纠偏施工前，要根据方案做现场试验，用来验证所选用方案的可行性和确定施工参数。

【实例 3-6】　用顶推法纠正某露天栈桥柱基础变形事故

(1) 工程事故概况

某钢厂的钢锭库为露天栈桥，跨度 25.5m，柱距 9m，吊车为 10t 桥式吊车，建于湿陷性黄土地基。栈桥因局部场地遭大水浸泡后，发现有一根柱向外倾斜，吊车轨顶中心线偏离 95mm 以上，吊车随时可能掉轨坠落，已不能正常使用。

该工程地质情况是：土质为Ⅰ级非自重湿陷性黄土，地基承载力为 200kPa，地面标高下 8m 深处为非湿陷性土。经测定，基底标高（地面下 4m）处土的含水率东侧为 27%，西侧为 16%。因此造成黄土地基湿陷量不同，基础产生不均匀沉降而使柱子向外倾斜。柱子的另一个方向（南、北向），无明显变形。

(2) 处理方案

主要由以下三部分组成。

① 加固地基　因地基土含水量较高，压缩模量和地基承载力

降低，如不先加固地基，纠偏后基础势必还会发生不均匀下沉。

② 顶推法纠偏　用千斤顶顶推倾斜的基础，使柱子恢复到垂直状态。

③ 做好场地排水措施，防止再次浸水。

(3) 纠偏设计与施工

① 顶推法纠偏技术依据　本工程的混凝土杯口基础与柱子已连成整体，总重 59.9t。可能选用的方法有两种：一是用起吊摆正法；二是使基础绕某轴转动的纠正法。由于基础与柱的总重较大，选用第一种方法较难实施。第二种方法是在基础下沉较大一侧的某个部位设置千斤顶，顶推变形的基础，同时在基础另一侧底边缘将基土挖空，使基础在一定范围内与地基脱离。千斤顶作用时，其顶推力与基底摩擦阻力形成顶推力矩，使基础绕底面内装轴作反向转动，从而达到纠偏的目的。采用这种方法时，要注意顶推力矩既要大于自重稳定力矩，使基础发生纠偏转动，又应保证顶推力不大于最大静摩擦阻力，使基础不至于产生滑移。

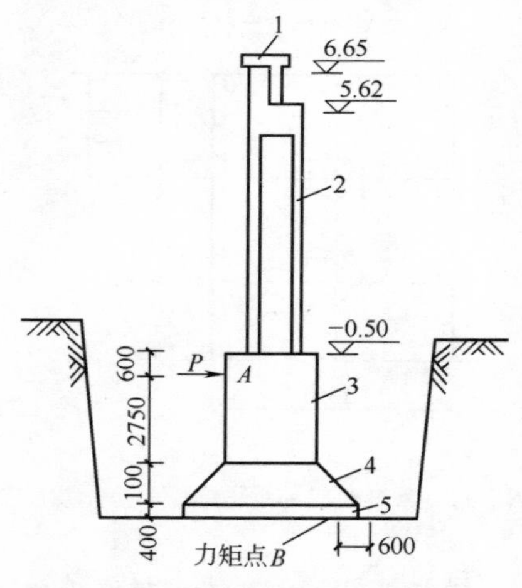

图 3-10　栈桥柱基础倾斜示意
1—混凝土吊车梁；2—Ⅰ形柱，重 6.5t；
3—杯口，重 18.6t；4—锥体，重 20.6t；
5—底板，重 14.2t

② 千斤顶顶推措施的设计计算　顶推力 P 作用在杯口以下 60cm 处的 A 点（见图 3-10）。力臂为 355cm，力矩点（即纠偏转动时的轴）B 离另一侧基础底边缘 60cm，柱重 6.5t，重心与 B 点距离为 120cm。基础与地基间的摩擦阻力系数因无实测数据，故根据资料取内摩擦阻力角 φ 为 22°18′，则摩擦阻力系数 $M=\tan\varphi=0.41$，由于静摩擦阻力系数 M_0 比 M 稍大一些，取 $M_0=0.47$。因此最大静摩擦阻力 $F_0\approx599\times0.47\approx282\text{kN}$。以顶推力矩与自重力矩（稳定力矩）的平衡条件求顶推力 P，可得 $P=232.6\text{kN}$。

因此，实际顶推力应控制为232.6～282.0kN，使基础能作纠偏转动而不发生滑动。适宜的顶推力值可通过变动A、B两点的不同位置来调节。千斤顶顶推力作用于被纠偏构件上，用200mm×150mm×150mm的厚钢板垫块，以扩大局部承压面积（见图3-11）。

③ 地基加固设计　经浸湿的黄土地基的加固方案见图3-12。用2根钢筋混凝土扁担梁L_1，将基础荷载传递给4根爆扩桩，桩直径为350mm，桩长6m，爆扩头直径为1400mm，桩底在地面以下10.5m处，此处黄土没有浸水，且为非湿陷性土层。

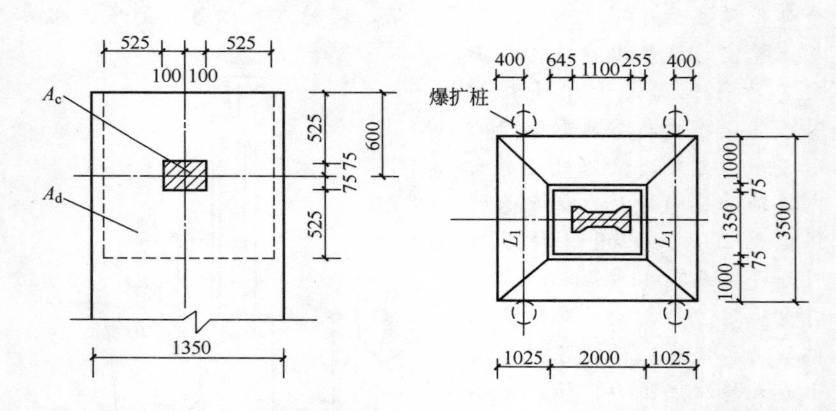

图3-11　顶推时局部承压强度验算示意　　　图3-12　栈桥地基加固平面图

爆扩桩单桩承载力，根据单桩（无扩大头）桩身摩擦阻力试验值和扩大头单桩荷载试验值，采用300kPa作为扩大头水平投影面积的地基承载力。通过试验分析和参考有关资料，这个取值是偏安全的。同时还分析了某大型厂房浸水处理湿陷性黄土地基的试验资料，而在连续补给浸水条件下，3d左右不会渗透到地面下10.5m深处；万一浸湿，因扩大桩头持力层是非湿陷性土，仅因土浸水后压缩模量减小而发生的少量沉降，对栈桥工程不致造成危害。爆扩桩长度为6m，还考虑到了炸药引爆扩大头时对基础底下的土层不致产生有害的影响。

本工程的基础在最不利荷载组合下，最大竖向荷载为1.8MN，增设的 4 根爆扩桩可承载 1.85MN，已大于 1.8MN。因此，基础加固后，不可能产生过大的变形。同时还考虑到基础下的土层随着浸水逐渐扩散，其承载力可能提高，对处理后的地基变形，也有较有利的效应。此外，对钢筋混凝土扁担梁 L_1 及基础锥体的抗剪强度都做了验算，其结果都符合规范要求。

④ 顶推纠偏施工　本工程纠正倾斜变形的施工步骤如下。

a. 开挖基坑土方至基底标高，并对 4 个爆扩桩进行成孔作业。

b. 爆扩桩底大头，然后放置钢筋，浇筑桩身混凝土至桩顶下 80cm 处，桩上部 80cm 混凝土与梁 L_1 同时浇筑。炸药引爆前应用撑木和倒链等器材稳固基础和柱子（见图 3-13）。

c. 第二次挖土并制作 L_1 钢筋混凝土梁，注意在梁顶混凝土与基础底面间留 10cm 以上空隙。同时浇筑工作坑地坪混凝土（见图 3-14）。

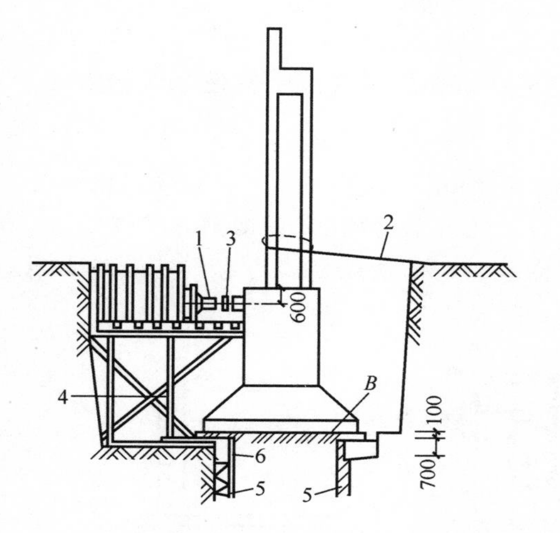

图 3-13　顶推法纠正倾斜柱示意

1—2 台千斤顶；2—50t 倒链拉结；3—铁块；4—楔形铁块；5—爆扩桩；6—扁担梁 L_1

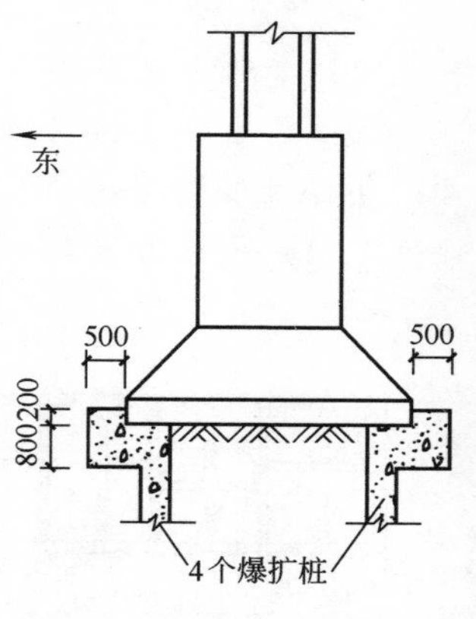

图 3-14　基底与土脱离处用混凝土浇满密实

d. 顶推纠正倾斜柱　选用 2 台 200t 丝杠千斤顶（若用液压千斤顶，因卧倒使用将降低顶推力，故必须选大吨位的千斤顶），装置应使其合力与栈桥柱中心线重合（或平行）；用道木交错排铺在千斤顶后背，土耐压强度 200kPa，后背面积约 $2m^2$；在该列柱吊车梁上架设经纬仪观测，在地面用线锤吊测，控制顶推过程；操作千斤顶，将柱子逐渐纠正到垂直位置，随即在基础底下安放钢楔（用角钢对扣焊制）垫块，在 3.5m 边长内均匀放 4 处，用大锤打紧。放松千斤顶时，柱回弹 5mm。再次顶进并“过正”15mm，再打紧钢楔，放松千斤顶，未见回弹（在另一侧也适当放两组钢楔）；在基础东、西两侧脱离处浇灌混凝土（见图 3-14）。第一次振捣后，隔一段时间再振捣一次并补充混凝土，使空隙完全充满。

在复查吊车梁搁置标高时，发现低了 100mm，即用 50mm 厚钢板垫足。

e. 栈桥场地采取必要的排水措施。特别是在湿陷性黄土地区，这项措施必须谨慎做好。本工程在纠正倾斜后对整个栈桥场地修建了排水措施，此后不曾再度出现水浸泡地基的事故。

【实例 3-7】 用注水法纠正某砖混结构住宅倾斜事故

（1）工程事故概况

某区 7 号砖混住宅楼，高 18m（6 层），平面示意及桩基布置见图 3-15。该楼建筑面积为 $3247m^2$，按抗震设防烈度 8 度设计。楼板为预制预应力混凝土空心板，每层纵横墙均有钢筋混凝土圈

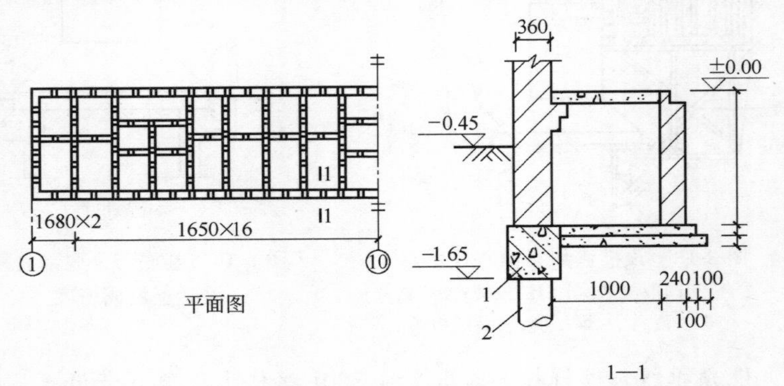

图 3-15 建筑平面及桩基示意图

1—承台梁；2—ϕ325mm 灌注桩

梁。每两开间在纵横墙交接处设有构造柱。基础为混凝土灌注桩，地基为湿陷性黄土，土层平坦。该楼使用不久便发生向北倾斜，见图 3-16，顶层处最大倾斜值为 185mm，超过《危险房屋鉴定标准》关于建筑物墙体的最大倾斜的限值，已属于危险房屋，必须进行处理。

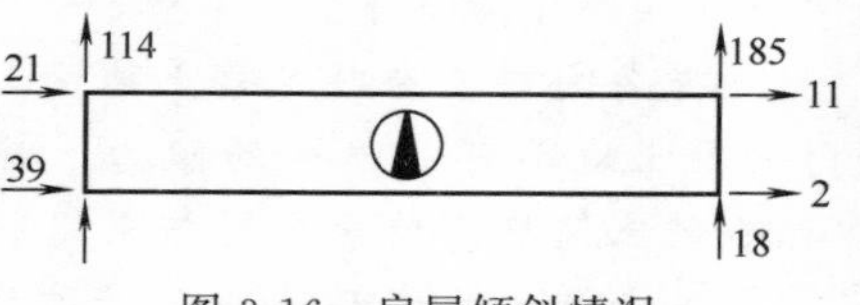

图 3-16 房屋倾斜情况

由于房屋发生不均匀倾斜，顶层横墙、首层和第二层北纵横墙多处出现裂缝（裂缝宽度最大不超过 3mm）。但是建筑物整体性仍然很好，圈梁未见裂缝，主体结构未遭破坏。这证明结构设计中所采取的抗震措施，在房屋不均匀沉降时能起到保证建筑物整体性的良好作用。

（2）事故原因

造成建筑物倾斜的原因主要是施工管理差。施工时东单元和中单元之间的下水道未予接通。在房屋使用后，下水管道中水外溢渗入地基，造成湿陷。此外，设计也有不足之处，如该楼地基为Ⅱ级湿陷性黄土，厚度为 12m，设计虽采用了桩基础，但桩长仅 7m，未穿透全部湿陷性黄土层，因而不能防止地基浸水后引起的建筑物湿陷。

（3）事故处理方案设计

为确定桩基房屋的纠偏扶正方案，首先应了解渗水后建筑物地基的含水量和相对湿陷系数变化情况。根据勘察资料，黄土的含水量为 8.3%～23%，相对湿陷系数为 0.0004～0.0898，受渗水影响较大的区域含水量较大，系数较小。因此，具有采用人工注水法纠偏的可能性。

其次，总结了以往在该地区湿陷性黄土地基上的片筏基础和条形基础住宅楼用人工注水法纠偏扶正成功的设计和施工经验，并将注水法与其他可能采用的纠偏方法进行比较。结果证明，人工注水法仍是湿陷性黄土地基上的桩基房屋纠偏的最佳方法。因为它不需要复杂的专用施工设备和专业技术人员，所需纠偏工程费用最低，施工较方便。经过讨论，提出了纠偏设计的方案。该方案要求在桩基周围缓慢注水，保证逐渐地减少桩与土的摩擦阻力，使建筑物南侧能够均匀地下沉，从而达到建筑物纠偏扶正的目的。

具体实施步骤如下。

① 将南侧首层室内混凝土地面与墙交接处凿开，消除桩基沉降时混凝土地面可能产生的阻力。将南侧沿桩基承台梁底部厚约100mm的土清除，使承台梁与土间形成空隙，便于桩基沉降变形。

② 沿南侧内外墙两边地面开挖矩形注水坑，坑底位于桩基承台梁混凝土垫层底面下100mm处，注水坑每边长500～600mm。为减少暖气沟的恢复工程量，可仅将沟底挖开，以便注水。

③ 每个开间，每天定时按顺序分别注水。为稳妥起见，每次在外纵墙两侧的每个注水坑各注水50kg；内横墙两侧的注水坑，每坑注水20～30kg。注水3d后暂停，观察2～3d，并根据建筑物的纠偏回倾量和墙体裂缝变化情况调整注水量，注水坑布置见图3-17。

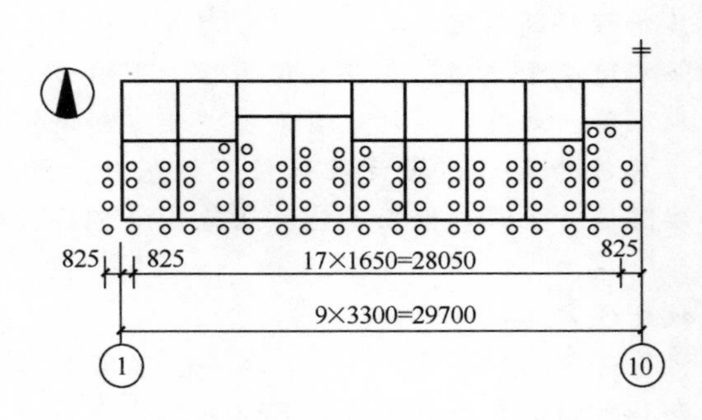

图3-17 注水坑布置

④ 注水使建筑物回倾后，当剩余的倾斜值小于或接近建筑物总高度的0.7%时，应停止注水。再观测10～15d，如回倾量无大变化，便可将注水坑用2∶8灰土分层回填夯实。同时夯实南侧承台梁底部土体，并恢复室内地面、暖气沟及室外散水。

⑤ 若经过上述纠偏效果不显著，可在注水坑内，用洛阳铲挖凿直径100mm、深2～3m的深层注水坑，以减小桩身下部土的摩擦阻力，增加房屋的纠偏回倾值。此外，还可根据具体情况采取其他措施进行纠偏（如在南纵墙外侧加压等方法）。

⑥ 根据纠偏后建筑物墙体的开裂情况，对裂缝严重处的墙体进行加固。可采用钢筋混凝土夹板墙或在裂缝内注水泥浆等加固方法。

【实例 3-8】 用降低地基应力法纠正某房屋倾斜事故

(1) 工程事故概况

某省花木协会 8 层综合大楼，底板尺寸为 36m×16m，另一栋为省化工公司 8 层宿舍楼，底板尺寸为 31m×22m，两楼紧靠，如图 3-18 所示。根据地质勘探资料，该处地表以下 2～3m 存在着一层湖底淤泥，厚 2～5m，呈流塑状，属高压缩性软土。这是两楼产生巨大不均匀沉降的主要原因。淤泥层以下为厚约 5m 的黏土层，再往下则是厚为 5.5～16m 的淤泥质粉质黏土和淤泥质黏质粉土。设计采用整板基础，对表层 2m 厚的部分杂填土作分层掺碎石拌和碾压处理。当施工至第 5 层时，已测得花协楼横向（西向）发生明显倾斜，沉降速率平均达 2.66mm/d。同年 10 月施工到第 7 层时，倾斜率上升为 1%。建至第 8 层封顶，倾斜率已发展至 2%。两楼上部的附属设备已相互紧靠。

(2) 原因分析

主要是对地基未做处理，也可以说是设计考虑欠周引起倾斜沉降。

(3) 事故处理方法

本工程最后采用地基应力解除法对该两楼进行纠偏。整个工程分为四个阶段。

① 先将倾斜量最大的花协楼初步扶正。为带动东侧中间部位 5 根 ϕ1.2m×12.45m 的人工挖孔锚桩（见图 3-18）一起下沉，每根桩配置 2 个加深的应力解除孔。由于两楼的基础毗邻部位灌浆形成了一层数米厚的水泥土垫层，致使花协楼纠偏时牵动了化工公司宿舍楼一起东倾。于是将两楼连接部位用人工将水泥凿开，开槽深度为 1.5～2m。此后继续在花协楼东侧掏土时，发现槽内水泥层被拉裂，说明两楼基底分离，开槽有效。

② 桩头掏头处理。前期纠偏加固中所设 5 根大桩与地梁加长的

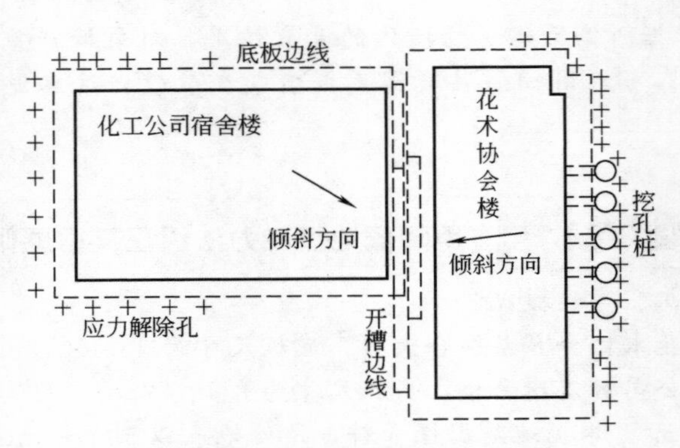

图 3-18 应力解除孔平面布置示意

悬臂段相连，其目的是锚拉促沉。但实际上不但未达目的，反而限制东侧不能下沉，给后来应用本法纠偏增加了困难。为此，将挑梁底面与桩间的中砂填层除去，使桩不致影响纠偏，取得一定的效果。

③ 化工公司宿舍楼西边掏土。当花木协会楼东侧纠偏进度减缓时，就于化工公司宿舍楼西边布孔掏土。

④ 两楼同时反方向纠偏。在实施第③阶段以后，随即在东西两侧同时掏土和交叉掏土。这时，西侧地下水位已有上升，纠偏效果增强，见图 3-19 的沉降曲线。

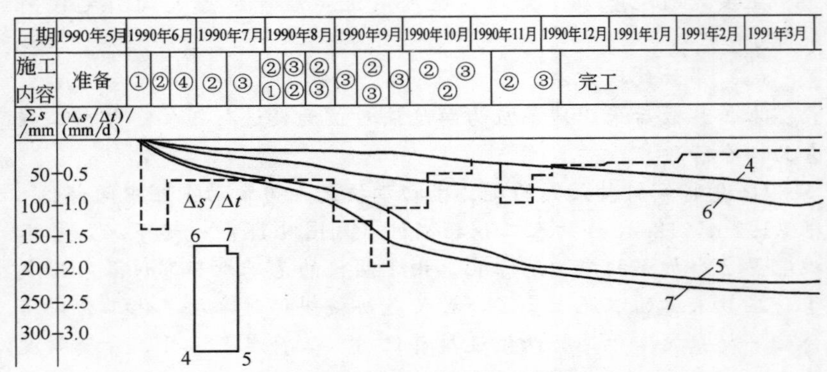

图 3-19 测点观测曲线和平均沉降速率

图中施工内容编号：①—下管；②—掏土；

③—拍水；④—开槽；4，5，6，7—测点

【实例 3-9】用挖孔桩处理某车间基础不均匀下沉事故

(1) 工程事故概况

某车间建筑物由生产工段、成品库和饱和器场地三部分组成。生产工段为四层钢筋混凝土框架结构，地面至屋顶高度为 18.5m，成品库为单层钢筋混凝土厂房，高 9.65m，内设 3t 单梁桥式吊车一台；饱和器设置在露天场地（图 3-20）。

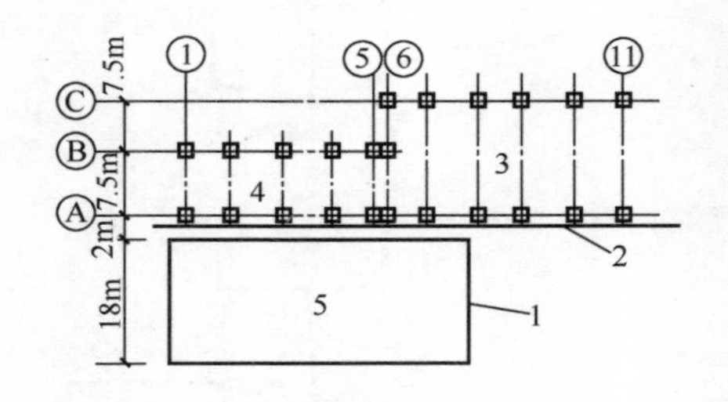

图 3-20　车间平面布置

1—污水沟；2—排水沟；3—成品库；4—生产工段；5—饱和器场地

建成投产后，发现厂房发生不均匀沉降，引起吊车轨道严重变形，吊车不能运行，底层的送风机发生倾斜，基础靠Ⓐ线柱一侧低 10mm，生产工段四层框架建筑物发生向Ⓐ线柱一侧（即饱和器方向）倾斜。各层楼面地坪水流方向原设计为由Ⓐ线流向Ⓑ线，但由于Ⓐ线沉降大Ⓑ线沉降小，改变了楼面地表水流方向，变成了由Ⓑ线向Ⓐ线倒流，设备也有了不同程度的下沉。据观测，柱基的最大沉降量分别达 151.8mm 和 98.8mm。由于地基不均匀沉降，引起四层框架纵横方向最大倾斜分别为 140mm 和 217mm，差异沉降已超过允许值（见图 3-21）。

(2) 原因分析

① Ⓐ线的室外防腐地坪和污水沟设在柱基坑的回填土上。由于回填土质量差，在安装过程中沟壁和部分地坪又被 5t 吊车压裂，事后没修复就投入生产。同时，排水沟被堵塞，形成积水沟，致使大量的生产废水和地表雨水渗入地下，并使裂缝不断扩大，渗漏也日渐加剧。

② 由于生产污水等溢出沟外，流入未封闭的地面而渗入地基。天长日久，地基土处于酸污水浸泡中，红黏土被软化和侵蚀，从而

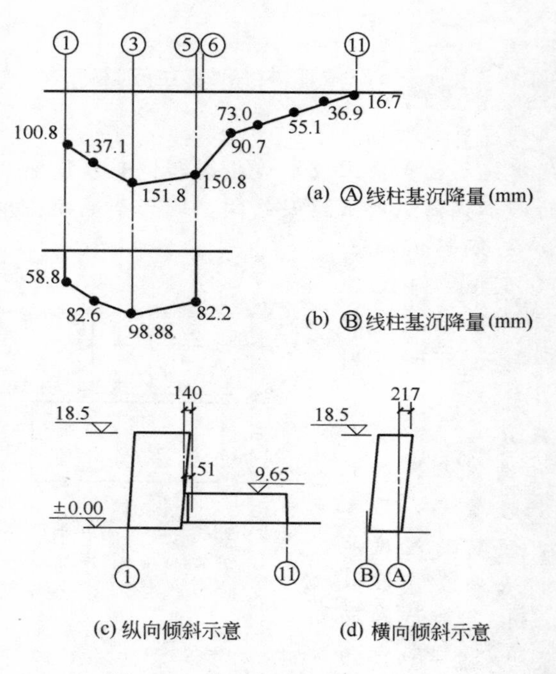

图 3-21 柱基沉降与框架示意

导致Ⓐ线柱基不断沉降。同时③～⑤线柱基靠近饱和器场地中部，渗入的酸污水最多，所以沉降量也最大。

③ 针对酸污水对地基土的影响所进行的地质勘察和室内分析研究表明：由于酸污水对红黏土的侵蚀作用，在无酸侵蚀地区，红黏土上部滞水的 pH 值为 6.8，接近中性。被酸污水浸入地区的酸根离子含量猛增，酸侵蚀严重区 pH 值骤减为 1.95。化验表明，无酸侵蚀区红黏土可溶盐含量仅有 0.013%，而酸侵蚀区为 0.81%，增加数十倍。酸液的化学侵蚀作用，导致红黏土中游离氧化物溶解，红黏土的密度减小，孔隙比增大，氧化物的胶结作用降低。试验证明，水和酸溶液渗入量越大，时间越长，沉降幅度也越大。

(3) 处理措施

针对地面水和生产中的酸污水渗入地基土，使其被软化和侵蚀，承载力和压缩模量大幅度下降，从而导致建筑物产生不均匀沉降，四层框架梁柱出现裂缝，墙体发生开裂，采取以下措施。

① 工段四层框架结构靠近饱和器场地中部，土体被酸污水软化和侵蚀最严重，下沉和不均匀沉降也最大。因此，为制止厂房继续下沉，采用人工挖孔灌注桩和加托梁将原柱基托起的处理方案（见图 3-22）。人工挖孔灌注桩置于基岩上，并嵌入基岩 500mm。为确保梁与原柱和柱基础牢固结合，将结合面凿毛洗刷干净后，刷高强度等级的水泥砂浆。另外，在原柱基础中埋设锚固钢筋，增加与托梁的结合力。托梁和灌注桩采用耐酸混凝土，骨料为花岗石，托梁表面和桩上端无护壁部分刷沥青防腐。

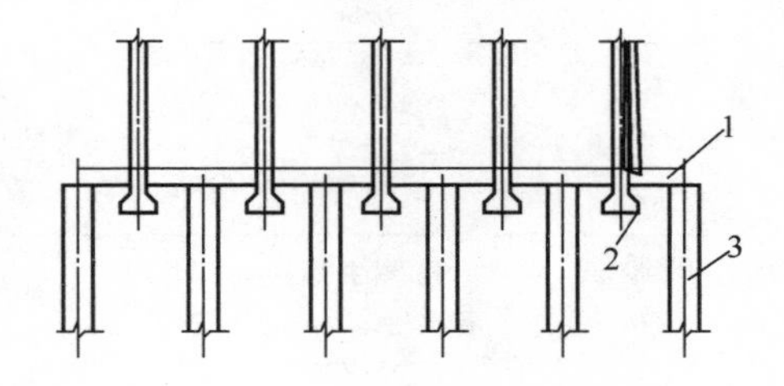

图 3-22　加固方案示意

1—托梁；2—原柱基；3—人工挖孔灌注桩

② 施工完灌注桩和托梁后，在其周围对回填土分层夯实至达到质量要求。然后施工室内地坪，并进行防腐处理。

③ 加强生产管理，控制酸“跑、冒、滴、漏”和外溢，防止室外楼地面生产污水漫流，防止排水沟和污水沟堵塞。

第三节　基础混凝土孔洞事故处理

一、基础现浇混凝土结构质量缺陷划分

现浇混凝土结构的外观质量缺陷应由监理单位、施工单位等各方根据其对结构性能和使用功能影响的严重程度确定。混凝土现浇结构外观质量缺陷划分见表 3-1。

表 3-1 混凝土现浇结构外观质量缺陷划分

名称	现象	严重缺陷	一般缺陷
露筋	构件内钢筋未被混凝土包裹而外露	纵向受力钢筋有露筋	其他钢筋有少量露筋
蜂窝	混凝土表面缺少水泥砂浆而形成石子外露	构件主要受力部位有蜂窝	其他部位有少量蜂窝
孔洞	混凝土中孔穴深度和长度均超过保护层厚度	构件主要受力部位有孔洞	其他部位有少量孔洞
夹渣	混凝土中夹有杂物且深度超过保护层厚度	构件主要受力部位有夹渣	其他部位有少量夹渣
疏松	混凝土中局部不密实	构件主要受力部位有疏松	其他部位有少量疏松
裂缝	缝隙从混凝土表面延伸至混凝土内部	构件主要受力部位有影响结构性能或使用功能的裂缝	其他部位有少量不影响结构性能或使用功能的裂缝
连接部位缺陷	构件连接处混凝土有缺陷及连接钢筋、连接件松动	连接部位有影响结构传力性能的缺陷	连接部位有基本不影响结构传力性能的缺陷
外形缺陷	缺棱掉角、棱角不直、翘曲不平、飞边凸肋等	清水混凝土构件有影响使用功能或装饰效果的外形缺陷	其他混凝土构件有不影响使用功能的外形缺陷
外表缺陷	构件表面麻面、掉皮、起砂、沾污等	具有重要装饰效果的清水混凝土构件有外表缺陷	其他混凝土构件有不影响使用功能的外表缺陷

混凝土现浇结构的外观质量不应有一般缺陷和严重缺陷。对已经出现的影响结构安全的严重缺陷经处理的部位应重新验收。

二、基础混凝土孔洞事故原因

造成基础混凝土孔洞事故的原因有以下几种。

① 施工工艺错误，诸如混凝土自由下落高度过大、混凝土运输浇灌方法不当等造成混凝土离析，出现石子成堆现象。

② 不按规定的施工顺序和施工工艺认真操作、漏振等。

③ 在钢筋密集处或预留孔洞和埋件处，混凝土浇筑不畅通，不能充满模板而形成孔洞。

④ 模板严重跑浆，形成特大蜂窝、孔洞。

⑤ 混凝土石子太大，被密集的钢筋挡住。

⑥ 混凝土有泥块和杂物掺入而没清除，或将大件料具、木块打入混凝土中。

⑦ 不按规定下料（把吊斗直接注入模板中浇筑混凝土），或一次下料过多，下部振捣器振动作用半径达不到，形成松散状态，以致出现特大蜂窝和孔洞。

⑧ 混凝土配合比不准确，或砂、石、水泥材料计算有误，形成蜂窝和孔洞。

⑨ 模板孔洞未堵好，或支设不牢固，振捣混凝土发生模板移位，也会造成蜂窝及孔洞。

三、基础混凝土孔洞事故处理方法及选择

确定为混凝土孔洞事故后，通常要经有关单位共同研究，制订补强方案，经批准后方可处理。常用处理方法有以下四种。

① 局部修补　基础内部质量无问题，仅在表面出现孔洞，可将孔洞附近混凝土修凿清洗后，用高一个强度等级的混凝土填实修补。

② 灌浆　当基础内部出现孔洞时，常用压力灌浆法处理。最常用的灌浆材料是水泥或水泥砂浆。灌浆方法有一次灌浆和两次灌浆等。

③ 扩大基础　已施工基础质量不可靠时，往往采用加大或加高基础的方法处理。此时，除了以可靠的结构验算为依据外，还应有足够的空间。应注意基础扩大后对使用的影响，以及和其他基础

或设备是否形成冲突等。

④ 拆除重做　孔洞严重、修补无法达到原设计要求时，应采用此法。

【实例 3-10】某高层住宅地下室混凝土孔洞事故处理

(1) 工程概况

某高层住宅，地下 4 层，地上 32 层，采用带承台桩基，地下室为箱形基础。承台底标高为－6.4m，厚为 110cm。板墙厚度为：外墙 300mm，内墙 200mm、250mm、300mm 三种。板墙高度为 4.3m，顶板厚 250mm。两幢高层住宅为连体基础。中间设施工后浇带，基础为 C30 防水密实混凝土。

在拆除全部模板后，发现人防工程混凝土出现大量蜂窝、麻面、露筋、孔洞等质量问题。蜂窝、麻面、露筋孔洞外墙共计 124 处，内墙也有 64 处，总面积约占整个地下人防墙板面积的 0.7%，详细部位及尺寸见图 3-23。

(2) 事故原因

主要是质量管理失控，现场操作人员素质不高，以及混凝土浇捣质量保证措施不力。例如投料过快、振动设备配备不足、少振漏振。

(3) 事故处理

施工单位会同建设单位、设计单位及市工程监察中心，对事故作了进一步分析，并明确了测试和处理方案。

① 钻芯取样和超声波测试　分别在 21 块墙板取样，其钻芯取样 7 组 21 块试块，取样部位均在表面缺陷严重区域。超声波测试主要集中在距墙 1.5m 以内进行，占整个墙面的 45%，结果混凝土整体强度达到 36.5MPa，满足 C30 的强度等级要求。用超声法检测结果证明，混凝土墙板的密实度和均匀性良好。

总测试结果分析，混凝土强度能满足设计要求，除已凿掉的缺陷之外，检测部分的墙板混凝土内部质量良好、密实，为此决定进行修复处理。

② 处理方法

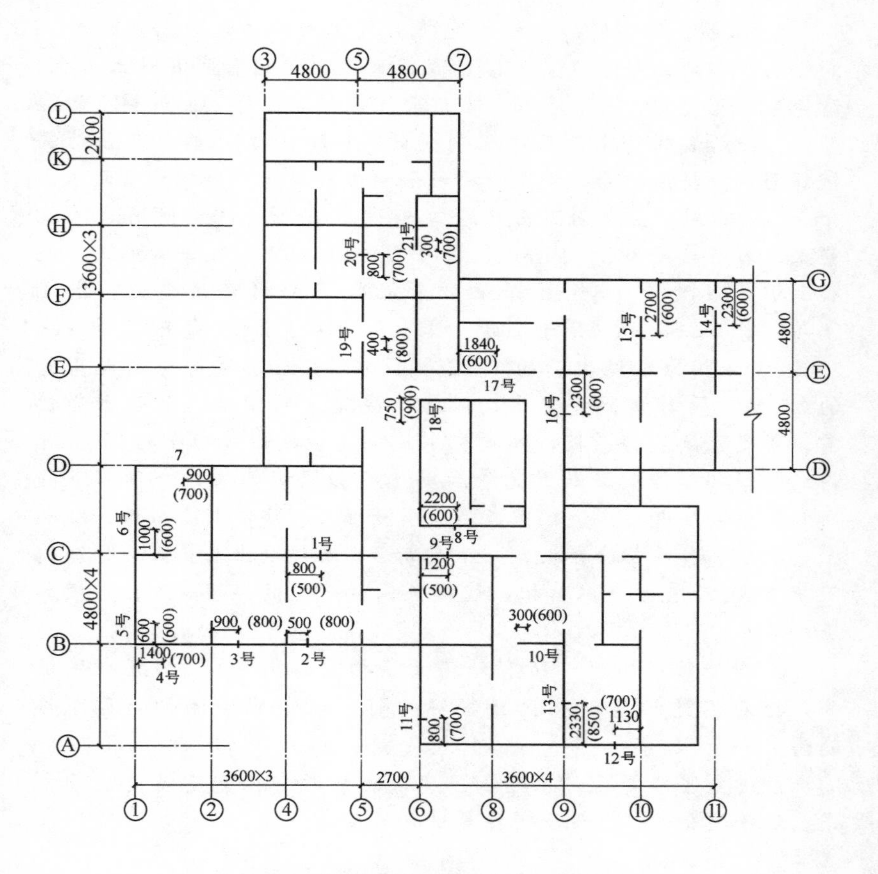

图 3-23　混凝土质量问题部位及取样编号

注：1. “×号”为取样编号。

2. 括号内数字为取样点离地高度，mm。

a. 蜂窝、麻面修补方法　先将蜂窝、麻面处的松动石子及有毛细孔的地方凿去，清除垃圾、灰尘，冲洗表面，并保持表面湿润；涂刷 H-1000 胶黏剂（配合比水：胶黏剂为 2：1）；涂刷胶黏剂后，用 1：2 水泥砂浆粉刷压光，砂浆用 52.5 级普通水泥和粗砂配制，一定时间后进行浇水养护。

b. 露筋、孔洞修补方法　先将混凝土松动的地方凿去，把孔洞修凿成与墙面基本垂直；修凿混凝土孔洞凿到密实混凝土为止，清除垃圾及灰尘，冲洗表面，在混凝土浇捣前保持表面混凝土的湿度；按照孔洞的外平面尺寸配制模板。模板用 ϕ10 螺栓勾住结构钢筋固定。将浇捣面一侧上口模板配制成斜口状，斜口离墙面不小于 50mm，斜口上平面高出孔洞口 80～100mm；修补使用 C35 混凝土，石子粒径为 5～15mm，黄砂为中粗，52.5 级普通水泥，混凝土坍落度为 6～8cm；每立方米混凝土的材料用量为：水泥（52.5 普）450kg，石子（5～15mm）1023kg，黄砂（中粗）736kg，木钙为水泥用量的 1.125％，水 180kg，铝粉为水泥用量的 0.2％；修补前隔夜浇水，保持原混凝土的湿度；混凝土浇捣前，拆除已试装的模板，用胶黏剂刷一遍，刷好胶黏剂后可在 4h 内进行修补工作；混凝土浇灌后用 ϕ30 振动棒振实；个别难浇的孔洞模板分块进行；浇捣完成后，用浸湿的砖块压封上口外露混凝土，浇捣 24h 后拆除模板，一个星期后凿去混凝土凸出部分；浇捣混凝土 8h 后进行浇水养护，使模板保持一定的湿度，24h 拆模后浇水养护。

c. 外墙防水处理　所有外墙面清扫后，用 1∶1 水泥砂浆批嵌，把看不见的毛细孔批嵌密实；刷一遍冷底子油；刷两遍热沥青。

经过上述修复后，混凝土强度与防水抗渗性完全满足设计要求，经验收合格，允许上部结构进行施工。

【实例 3-11】某发电机基础局部孔洞、露筋事故的处理

（1）工程概况

东部地区某厂汽轮发电机基础为钢筋混凝土结构，由六根框架柱、顶板、底板与混凝土薄壁冷风道组成（见图 3-24）。顶板厚 1.1m，底板厚 2.5m，框架柱截面尺寸分别为 900mm×900mm、800mm×800mm、700mm×700mm，框架柱高 4.9m。冷风道混凝土墙厚 150mm，基础顶板混凝土浇完后，发现框架Ⅲ（图 3-24 中的 1—1 剖面图）的 1 根柱顶约 200mm 范围内无混凝土。此段柱

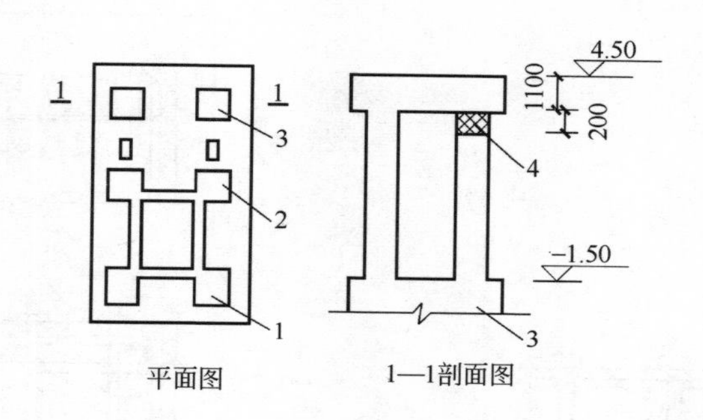

图 3-24 基础平面图和剖面图
1—框架Ⅰ；2—框架Ⅱ；3—框架Ⅲ；4—质量事故部位

内的钢筋（8ϕ22＋8ϕ25）与预埋加固护角角钢∟75×8 全部外露。

（2）事故原因

按规定柱与顶板之间应留施工缝。但施工时有 1 根柱的施工缝却留在顶板下 200mm 处。当下一班组浇顶板时，未发现这一问题，仍按常规浇灌完顶板混凝土。因此，造成体积约 0.1m^3（0.7m×0.7m×0.2m）的柱顶孔洞。

（3）事故处理

这类事故通常的处理方法是将顶板凿孔后，浇混凝土把孔洞部分补全、填实。但是该工程的顶板厚 1.1m，凿穿顶板的工作量太大。经研究决定先用人工填塞低流动性混凝土，然后再进行压力灌浆补充人工填塞混凝土留下的空隙。具体做法如下。

① 人工凿除事故部位的残留灰渣，用钢丝刷清理干净外露钢筋与角钢。

② 顶板下面与框架柱模板结合处，用 1∶2.5 水泥砂浆将其抹平压光。

③ 对称支设两块 10mm×300mm×700mm 的钢模板，内衬 4mm 厚的橡胶板，用 2ϕ16 螺栓将其紧固，务必使橡胶板与钢模板紧贴在 4 根加固角钢（∟ 75×8）边上（见图 3-25）。

④ 从两侧用人工分层填塞、捣实 C20 细石混凝土，坍落度不得大于 3cm。

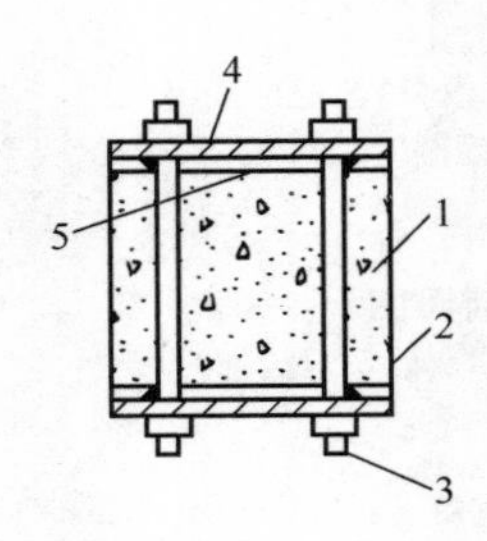

图 3-25 模板构造图（一）

1—人工填充混凝土孔洞；
2—设计预埋加固角钢，
∟ 75×8（4 根）；3—对拉螺栓，
2ϕ16，L=800mm；
4—钢模板；5—橡胶板，δ=4

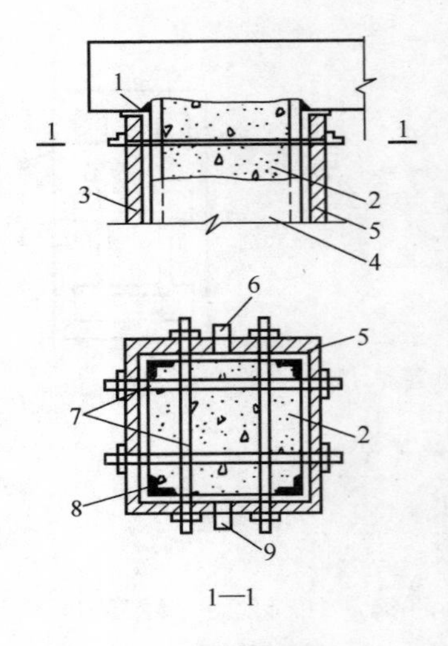

图 3-26 模板构造图（二）

1—1∶2.5 水泥砂浆，抹平压光；
2—C18 细石混凝土；3—钢模板；
4—框架柱；5—密封橡胶板；6—排气孔
（带螺纹），长 60；7—紧模螺栓 ϕ16，
L=800mm，共 4 根；8—加固角钢，
∟ 75×8；9—灌浆孔（带螺纹），长 150mm

⑤ 预留 ϕ3/4in（1in=0.0254m，下同）灌浆孔和 ϕ1/2in 排气孔（排气孔留在顶部）。对称紧固另外两侧钢模板与橡胶板，然后将 ϕ1/2in 管（带螺纹）和 ϕ3/4in 管头分别焊在预留孔上（见图 3-26）。

⑥ 按图 3-26 所示安装密闭阀门。在灌浆孔安装 3/4in 阀门，并接通压力灌浆泵。在排气孔安装 1/2in 阀门，待气体排出后，立即将其关闭。压浆完成后，立即关闭灌浆孔阀门。

⑦ 灌浆压力为 8 大气压（784.5kPa），水泥浆的水灰比为 0.3～0.4（如牙膏状）。待钢模板四周泛出水泥浆后，关闭所有阀门，撤去灌浆泵，对混凝土进行养护。

⑧ 拆模时先将模板上的排气管、灌浆管用氧炔焰割去。然后顺序割断紧固螺栓，拆下钢模板。把凸出表面的螺栓头切割去，并

用 1∶1 水泥砂浆抹平。

处理后经过一年多观测，没有发现新旧混凝土交接处开裂或出现其他裂缝。

思考题

1. 基础工程事故常见的类型有哪些？
2. 基础错位事故处理的方法有哪些？如何选择？
3. 混凝土基础孔洞事故处理的方法有哪些？如何选择？

第四章

砌体工程事故处理

本章所指的砌体工程包括砖砌体工程和砌块砌体工程。目前砖砌体工程是由烧结普通砖、烧结多孔砖、混凝土多孔砖、混凝土实心砖、蒸压灰砂砖、蒸压粉煤灰砖等砌筑而成。砌块砌体工程一般由普通混凝土小型空心砌块和轻骨料混凝土小型空心砌块等砌筑而成。

（1）砌体工程质量事故常见的种类

① 砌体裂缝；

② 砌体强度不足；

③ 砌体错位、变形；

④ 砌体局部倒塌。

（2）常用的处理方法

① 表面修补，如填缝封闭、加筋嵌缝等；

② 校正变形；

③ 加大砌体截面；

④ 灌浆封闭或补强；

⑤ 增设卸荷结构；

⑥ 改变结构方案，如增加横墙，将弹性方案改为刚性方案；柱承重改为墙承重；砌体结构改为混凝土结构等；

⑦ 砌体外包钢丝网水泥、钢筋混凝土、钢结构；

⑧ 加强整体性，如增设构造柱、钢拉杆等；

⑨ 拆除重做。

第一节　砌体裂缝处理

一、裂缝原因

砌体裂缝产生的主要原因及代表性图例见表 4-1。

表 4-1 砌体裂缝产生的主要原因及代表性图例

类别	序号	原因	举例	裂缝示意图
温度变形	1	因日照及气温变化，不同材料及不同结构部位的变形不一致，同时又存在较强大的约束	平屋顶砖混结构顶层砖墙，因日照及气温变化，两种材料的温度线膨胀系数不同，造成屋盖与砖墙变形不一致所产生的裂缝	
	2	砌体中的混凝土收缩（温度与干缩）较大	较长的现浇雨篷梁两端墙面产生的斜裂缝	
地基不均匀沉降	3	地基沉降差大	地基两端沉降大于中部时，产生倒八字形裂缝	
			地基突变，一端沉降较大时，产生竖向裂缝	岩基 黏土

续表

类别	序号	原　因	举　例	裂缝示意图
地基不均匀沉降	4	地基局部塌陷	位于防空洞、古井上的砌体，因地基局部塌陷而产生裂缝	裂缝 脱开
	5	地基冻胀	北方地区房屋基础埋深不足，地基土又具有冻胀性，导致砌体产生裂缝	
	6	相邻建筑物影响	原有建筑物附近新建高大建筑物，造成原有建筑产生附加沉降而产生裂缝	新建 3m 原有建筑

续表

类别	序号	原因	举例	裂缝示意图
结构荷载过大或砌体截面过小	7	抗剪强度不足	挡土墙抗剪强度不足而产生的水平裂缝	 裂缝
	8	抗拉强度不足	砖砌水池池壁沿灰缝产生的裂缝	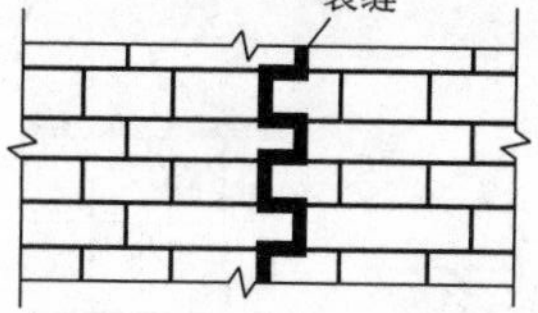 裂缝
	9	局部承压强度不足	大梁或梁垫下的斜向或竖向裂缝	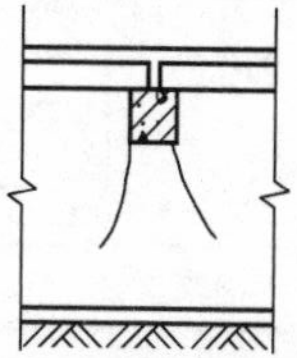

续表

类别	序号	原因	举例	裂缝示意图
设计构造不当	10	墙内留孔	住宅内、外墙交接处留烟囱孔，影响内外墙连接，使用后因温度变化而开裂	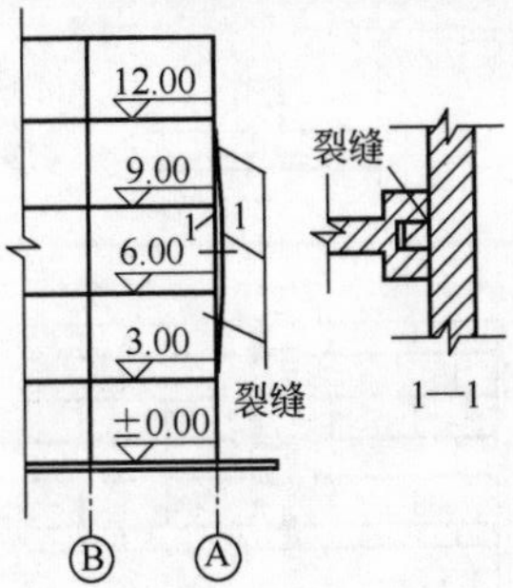
	11	不同结构混合使用，又无适当措施	钢筋混凝土墙梁挠度过大，引起砌体裂缝	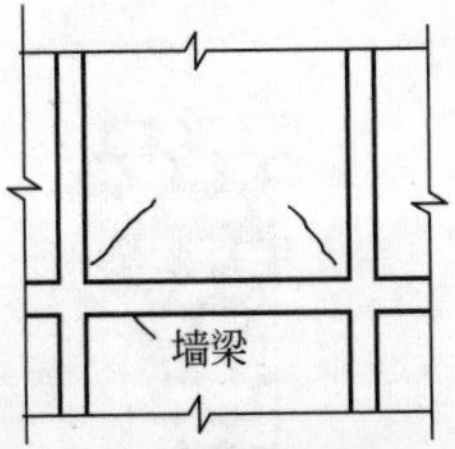
	12	留大窗洞的墙体构造不当	大窗墙下产生上宽下窄的竖向裂缝	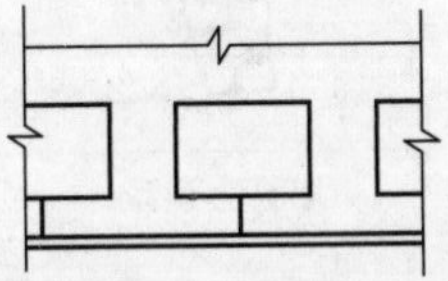

续表

类别	序号	原因	举例	裂缝示意图
材料质量	13	砖、砌块体积不稳定	用灰砂砖、混凝土砌块砌的墙，较易产生裂缝	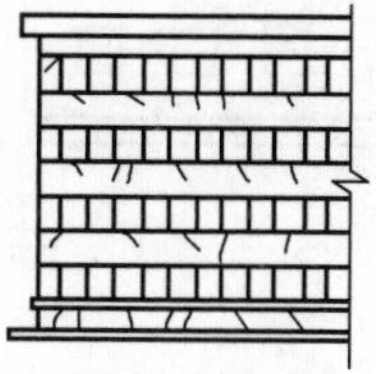
施工质量低劣	14	组砌方法不合理，漏放构造钢筋	内外墙没有同时砌筑，又没有留踏步式接槎，或没有放拉结钢筋，导致内外墙连接处产生通长竖向裂缝	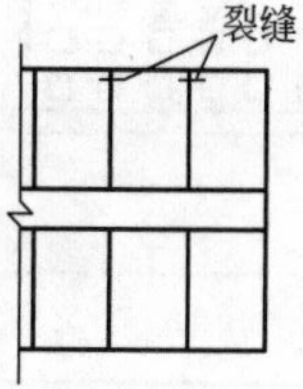 裂缝
	15	砌体中通缝、瞎缝、假缝较多	单层厂房围护外墙，因集中使用断砖而产生裂缝	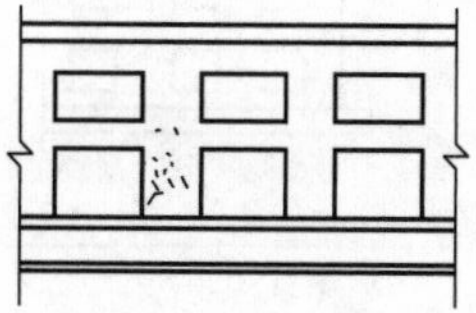

续表

类别	序号	原因	举例	裂缝示意图
施工质量低劣	16	留洞或留槽不当	某试验楼在500mm宽窗间墙留脚手眼，导致砌体产生裂缝	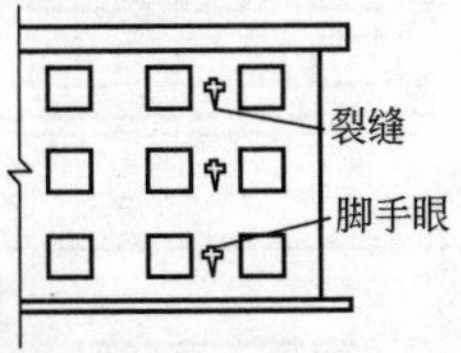 裂缝 脚手眼
其他	17	地震	强烈地震后产生的斜向或交叉形裂缝	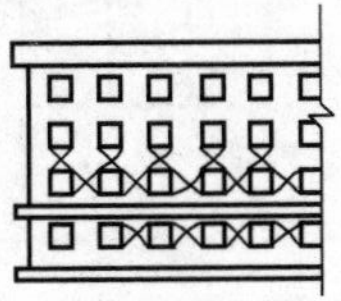
	18	机械振动	某工程附近爆破所造成的裂缝	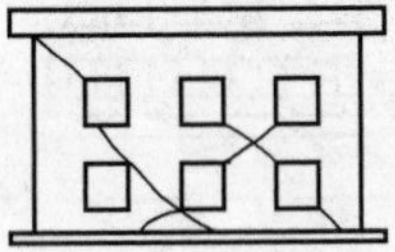

二、裂缝性质鉴别

裂缝是否需要处理、怎样处理，主要取决于裂缝的性质及其危害程度。例如，砌体因抗压强度不足而产生的竖向裂缝，是构件达到临界状态的重要特征之一，必须及时采取措施加固或卸荷；而常见的温度变形裂缝，一般不会危及结构安全，通常不必加固补强。因此，根据裂缝的特征，鉴别裂缝的性质是十分重要的。

砌体最常见的产生裂缝的原因是温度变形和地基不均匀沉降。这两类裂缝统称为变形裂缝。荷载过大或截面过小导致的受力裂缝虽然不多见，但其危害性往往很严重。由于设计构造不当，材料或施工质量低劣造成的裂缝比较容易鉴别，但这种情况较少见。因此本节重点阐述前三类性质裂缝的鉴别。表 4-1 的有关内容已提供了部分鉴别方法和根据。理论验算也是鉴别方法之一。例如，根据砌体结构设计规范的规定，用结构力学方法，验算荷载作用下的砌体应力是否偏高；以及利用国内外的某些研究成果，对混合结构中的温度应力作近似分析等。下面主要以工程实践经验为基础，从裂缝位置、裂缝形态特征、裂缝出现时间、裂缝发展变化、建筑物特征和使用条件、建筑物变形等方面，介绍鉴别这三类裂缝的方法，详见表 4-2。

表 4-2　砌体常见裂缝鉴别

鉴别根据	裂缝类别		
	温度变形	地基不均匀沉降	承载能力不足
裂缝位置	多数出现在房屋顶部附近，以两端为最常见；裂缝在纵墙和横墙上都可能出现。在寒冷地区，越冬又未采暖的房屋有可能在下部出现冷缩裂缝。位于房屋长度中部附近的竖向裂缝，也可能属此类型	多数出现在房屋下部，少数可发展到第 2～3 层；对等高的长条形房屋，裂缝位置大多出现在两端附近；其他形状的房屋，裂缝都在沉降变化剧烈处附近；一般出现在纵墙上，横墙上较少见。当地基性质突变（如基岩变土）时，也可能在房屋顶部出现裂缝，并向下延伸，严重时可贯穿房屋全高	多数出现在砌体应力较大的部位，在多层建筑中，底层较多见，但其他各层也可能发生。轴心受压柱的裂缝往往在柱下部 1/3 高度附近，出现在柱上、下端的较少。梁或梁垫下砌体的裂缝，大多数是因局部承压强度不足而造成

续表

鉴别根据	裂缝类别		
	温度变形	地基不均匀沉降	承载能力不足
裂缝形态特征	最常见的是斜裂缝,形状有一端宽、另一端细和中间宽、两端细两种;其次是水平裂缝,多数呈断续状,中间宽、两端细,在厂房与生活间连接处的裂缝与屋面形状有关,接近水平状较多,裂缝一般是连续的,缝宽变化不大;第三是竖向裂缝,多因纵向收缩产生,缝宽变化不大	较常见的是斜向裂缝,通过门窗口的洞口处缝较宽;其次是竖向裂缝,不论是房屋上部,或窗台下,或贯穿房屋全高的裂缝,其形状一般是上宽下细;水平裂缝较少见,有的出现在窗角,靠窗口一端缝较宽;有的水平裂缝是地基局部塌陷而造成,缝宽往往较大	受压构件裂缝方向与应力一致,裂缝中间宽、两端细;受拉裂缝与应力垂直,较常见的是沿灰缝开裂;受弯裂缝在构件的受拉区外边缘较宽,受压区不明显,多数裂缝沿灰缝开展;砖砌平拱在弯矩和剪力共同作用下可能产生斜裂缝;受剪裂缝与剪力作用方向一致
裂缝出现时间	大多数在经过夏季或冬季后形成	大多数出现在房屋建成后不久,也有少数工程在施工期间明显开裂,严重的不能竣工	大多数发生在荷载突然增加时。例如,大梁拆除支撑,水池、筒仓启用等
裂缝发展变化	随气温或环境温度变化,在温度最高或最低时,裂缝宽度、长度最大,数量最多,但不会无限地扩展恶化	随地基变形和时间增长裂缝加大、加多。一般在地基变形稳定后裂缝不再变化,极个别的地基产生剪切破坏,裂缝发展导致建筑物倒塌	受压构件开始出现断续的细裂缝,随荷载或作用时间的增加、裂缝贯通、宽度加大而导致破坏。其他荷载裂缝可随荷载增减而变化
建筑物特征和使用条件	屋盖的保温、隔热差,屋盖对砌体的约束大;当地温差大;建筑物过长又无变形缝等。以上因素都可能导致温度裂缝	房屋长但不高、地基变形量大,易产生沉降裂缝;房屋刚度差;房屋高度或荷载差异大,又不设沉降缝;地基浸水或软土地基中地下水位降低;在房屋周围开挖土方或大量堆载;在已有建筑物附近新建高大建筑物	结构构件受力较大或截面削弱严重的部位;超载或产生附加内力,如受压构件中出现附加弯矩等

续表

鉴别根据	裂缝类别		
	温度变形	地基不均匀沉降	承载能力不足
建筑物的变形	往往与建筑物的横向(长或宽)变形有关,与建筑物的竖向变形(沉降)无关	用精确的测量手段测出沉降曲线,在该曲线曲率较大处出现的裂缝,可能是沉降裂缝	往往与横向或竖向变形无明显的关系

最后需要指出：前述鉴别根据与方法仅就一般情况而言，在具体应用时还需注意各种因素的综合分析，才能得出正确的结论。

三、裂缝处理方法及选择

1. 裂缝处理原则

处理裂缝应遵守标准规范的有关规定，并满足设计要求。

常见裂缝处理的具体原则如下。

（1）温度裂缝

温度裂缝一般不影响结构安全。经过一段时间观测，找到裂缝最宽发生的时间后，通常采用封闭保护或局部修复方法处理，有的还需要改变建筑的热工构造。

（2）沉降裂缝

绝大多数沉降裂缝不会严重恶化而危及结构安全。通过对沉降和裂缝的观测，对那些沉降逐步减小的裂缝，待地基基本稳定后，进行逐步修复或封闭堵塞处理；如果地基变形长期不稳定，可能影响建筑物的正常使用时，应先加固地基，再处理裂缝。

（3）荷载裂缝

因承载能力或稳定性不足、或危及结构物安全的裂缝，应及时采取卸荷或加固补强等措施处理，并应立即采取应急防护措施。

2. 处理方法分类

常见裂缝有以下几种处理方法。

（1）填缝封闭

常用材料有水泥砂浆、树脂砂浆等。这类硬质填缝材料的极限拉伸率很低，如果砌体尚未稳定，修补后可能会再次开裂。

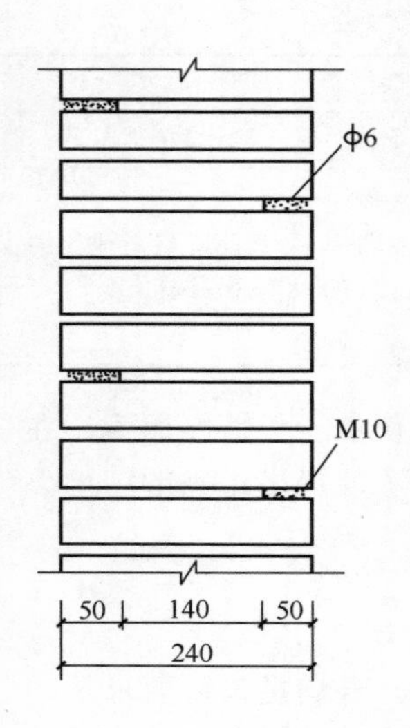

图 4-1 加筋锚固示意

（2）表面覆盖

对建筑物可正常使用无明显影响的裂缝，为了美观的目的，可以采用表面覆盖装饰材料处理，而不封堵裂缝。

（3）加筋锚固

砖墙两面开裂时，需在两侧每隔 5 皮砖剔凿一道长 1m（裂缝两侧各 0.5m）、深 50mm 的砖缝，埋入ϕ 6 钢筋一根，端部弯直钩并嵌入砖墙竖缝，然后用强度等级为 M10 的水泥砂浆嵌填严实，见图 4-1。施工时要注意以下三点：

① 两面不要剔同一条缝，最好隔两皮砖；

② 处理好一面必须等砂浆有一定强度后，再施工另一面；

③ 修补前剔开的砖缝要充分浇水湿润，修补后必须浇水养护。

（4）水泥灌浆

有重力灌浆和压力灌浆两种，由于灌浆材料强度都大于砌体强度，因此只要灌浆方法和措施适当，经水泥灌浆修补的砌体强度都能满足要求，而且具有修补质量可靠、价格较低、材料来源广和施工方便等优点。

（5）钢筋水泥夹板墙

墙面裂缝较多，而且裂缝贯穿墙厚时，常在墙体两面增加钢筋（或小型钢）网，并用穿墙“∽”筋拉结固定后，两面涂抹或喷涂水泥砂浆进行加固。

（6）外包加固

常用来加固柱，一般有外包角钢和外包钢筋混凝土两类。

（7）加钢筋混凝土构造柱

常用于加强内外墙连系或提高墙身的承载能力或刚度（见图 4-2）。

（8）整体加固

当裂缝较宽且墙身变形明显，或内、外墙拉结不良时，仅用封

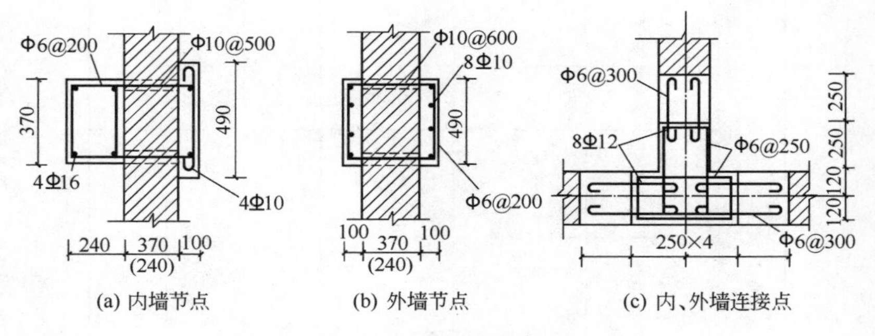

(a) 内墙节点　(b) 外墙节点　(c) 内、外墙连接点

图 4-2　加构造柱处理

堵或灌浆等措施难以取得理想的效果，这时常加设钢拉杆，有时还设置封闭交圈的钢筋混凝土或钢腰箍进行整体加固。例如内、外墙连接处脱开裂缝和横墙产生八字形裂缝，可采用图 4-3 所示方法处理。

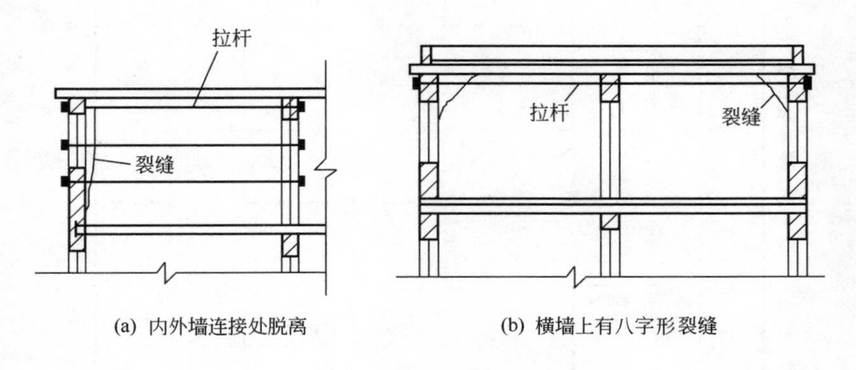

(a) 内外墙连接处脱离　(b) 横墙上有八字形裂缝

图 4-3　整体加固法示意

（9）变换结构类型

当承载能力不足导致砌体裂缝时，常采用这类方法处理。最常见的是柱承重改为加砌一道墙变为墙承重，或用钢筋混凝土代替砌体。

（10）将裂缝转为伸缩缝

在外墙上出现随环境温度发生周期性变化且较宽的裂缝时，封堵效果往往不佳，有时可将裂缝边缘修直后作为伸缩缝处理。

表 4-3 砌体裂缝处理方法选择参考

选择分类			处理方法											
			填缝封闭	表面覆盖	加筋锚固	水泥灌浆	钢筋网水泥面层	外包加固	加构造柱	整体加固	变换结构类型	改裂缝为伸缩缝	增设梁垫	局部除重
裂缝性质	荷载	墙 柱				√	√	△ √	△		√		△ △	⊙ ⊙
	变形	墙 柱	√		√	△	△	√	△	△ △		⊙		△ △
处理目的	防渗、耐久性		√		√	△	△			△				△
	提高承载能力					√	√	√			√		△	
	外观		√	√	√		△							√

注：√表示首选；△表示次选；⊙表示必要时选。

（11）其他方法

因梁下未设混凝土垫块导致砌体局部承压强度不足而产生的裂缝，可采用后加垫块的方法处理。对裂缝较严重的砌体，有时还可局部拆除后重砌。

3. 处理方法选择

一般情况可根据前述的处理方法特点与适用范围进行选择。根据裂缝性质和处理目的选择处理方法时，可参考表 4-3 的建议。

四、砌体裂缝处理实例

【实例 4-1】 墙体钢筋网水泥面层处理实例

（1）工程事故概况

某工程底层为现浇框架结构厂房，二层为混合结构仓库。工程接近竣工时，发现二层横墙抹灰面上出现八字形裂缝，典型裂缝示意见图 4-4。第一批裂缝较宽，出现在墙砌筑后半年左右。第二批

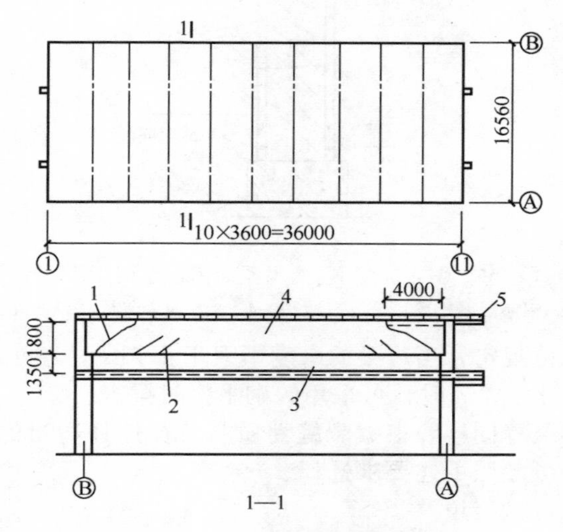

图 4-4 平面、剖面和裂缝示意

1—第一批裂缝；2—第二批裂缝；3—深梁 300×1350；4—砖墙厚 240；5—挑梁

裂缝较细，出现在砌墙后10个月左右。裂缝随时间不断发展，持续观测9个月仍未停止，A、B轴线纵墙和部分轴线横墙出现水平裂缝。

据技术人员分析，裂缝与地基沉降无关，其主要原因是结构方案不合理。该工程梁跨度大于16m，砖墙高仅1.8m，形不成“钢筋混凝土-砖砌体组合梁”，墙端部的主拉应力超过砌体的抗拉强度而开裂。裂缝的次要原因是，屋面水泥炉渣保温层质量差，引起温度变形，以及大梁拆模过早。

（2）事故处理

经设计复核，钢筋混凝土结构无问题。但是二层墙体裂缝随使用荷载的作用可能会扩展，影响正常使用。处理方案是铲除砖墙抹灰层，清洗干净，墙两侧用30mm厚1∶3水泥砂浆，内配$\phi^b 4$@250mm×250mm钢筋网加固，每隔500mm用“∽”形穿墙筋将两片钢筋网拉住，见图4-5。

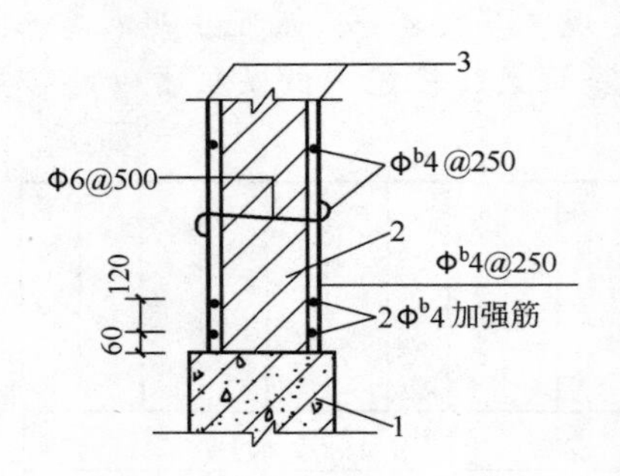

图4-5 钢筋网水泥加固示意图

1—钢筋混凝土梁；2—砖墙；3—1∶3水泥砂浆层，厚30mm

现行规范规定，当过梁的跨度不大于1.5m时，可采用钢筋砖过梁；不大于1.2m时，可采用砖砌平拱过梁。

砖过梁裂缝同样要根据裂缝性质与特征选择适当的处理方法，一般情况下可参照下述要求选择。

（1）水泥砂浆填塞

当梁跨度不超过1m、裂缝较细且已稳定时，可采用水泥砂浆填塞。

（2）改为钢筋砖过梁

当裂缝较宽且砖过梁已接近破坏时，可在门窗洞口两侧凿槽放置钢筋后，用 M10 水泥砂浆填塞形成钢筋砖过梁（见图 4-6）。

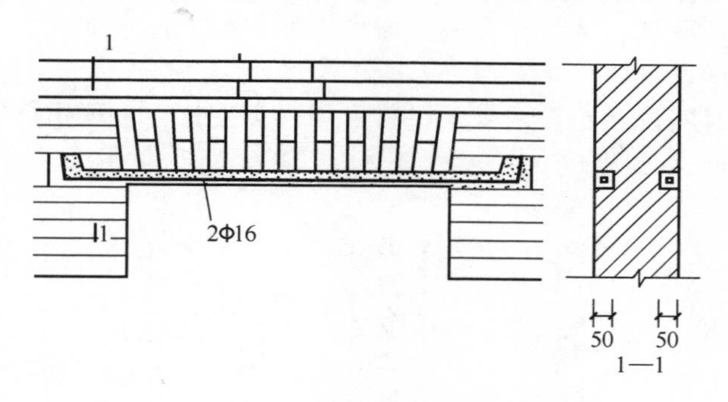

图 4-6　用钢筋砖过梁处理

（3）改为预制钢筋混凝土或钢过梁

当跨度大于 1m，裂缝严重并有明显下垂时，应用此法处理。拆换时应增设临时支撑，防止墙体和上部结构垮塌。

（4）改用钢筋混凝土窗框

当梁跨度较大，窗上、窗下砌体均有严重裂缝时，宜用钢筋混凝土窗框加固。

第二节　砌体强度、刚度和稳定性不足事故处理

一、强度、刚度、稳定性不足事故处理方法及选择

这类事故可能危及施工或使用阶段的安全，因此均应认真分析处理。常用方法有以下几种。

（1）应急措施与临时加固

对那些强度或稳定性不足可能导致倒塌的建筑物，应及时设临时支撑，防止情况恶化。如临时加固有危险，则不要冒险作业，应画出安全线，严禁无关人员进入，防止不必要的伤亡。

（2）校正砌体变形

可采用支撑顶压，用钢丝或钢筋校正砌体变形后，再用加固等

方式处理。

（3）封堵孔洞

由于墙身孔洞过大造成的事故可采用仔细封堵孔洞、恢复墙整体性的措施处理，也可在孔洞处增加钢筋混凝土框来加强。

（4）增设壁柱

壁柱有明设和暗设两类，材料可用同类砌体，也可用钢筋混凝土或钢结构（见图 4-7）。

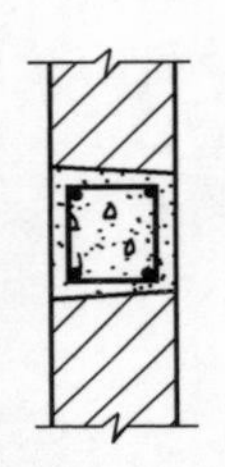
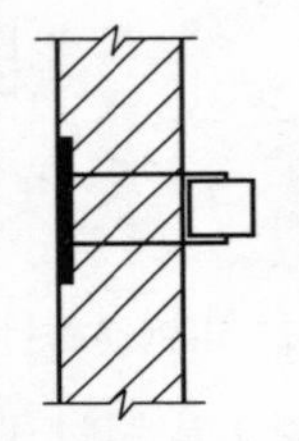
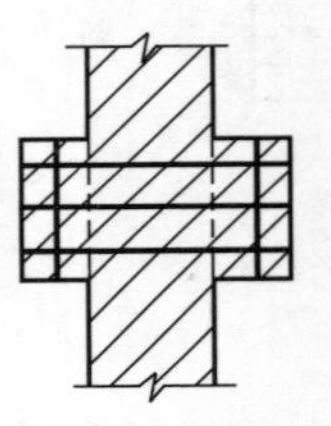
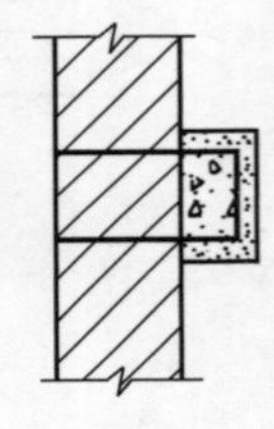

(a) 钢筋混凝土暗柱加强　(b) 钢暗柱加固，用圆钢插入砖缝加强连接　(c) 明设空心方钢柱加固，用扁钢锚固在砖墙中　(d) 增砌砖壁柱，内配钢丝网　(e) 明设钢筋混凝土柱加固

图 4-7　增设壁柱构造示意

（5）加大砌体截面

用同材料加大砖柱截面，有时加设钢筋网（见图 4-8）。

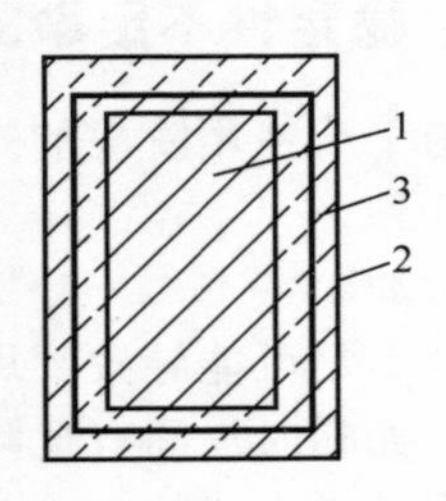

图 4-8　加大砖柱截面

1—原有砖柱；2—加砌围套；3—加设钢筋网

(6) 外包钢筋混凝土或钢

常用于柱子的加固。

(7) 改变结构方案

如增加横墙，变弹性方案为刚性方案；柱承重改为墙承重；山墙增设抗风圈梁（墙不长时）等。

(8) 增设卸荷结构

如墙柱增设预应力补强撑杆。

(9) 预应力锚杆加固

例如重力式挡土墙用预应力锚杆加固后，提高抗倾覆与抗滑动能力，见图 4-9。

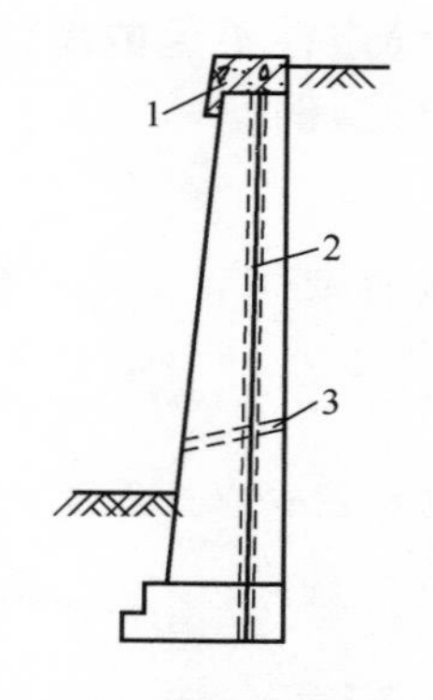

图 4-9 预应力锚杆加固挡土墙

1—钢筋混凝土梁；2—钻孔，ϕ74@1m；锚杆，ϕ26；3—泄水孔

(10) 局部拆除重做

用于柱子强度、刚度严重不足时。

各种处理方法选择参见表 4-4。

表 4-4 砌体强度、刚度、稳定性不足处理方法选择

事故性质与特征		处理方法								
		校正变形	封堵孔洞	增设壁柱	加大截面	外包加固	改变结构方案	加设卸荷结构	加设预应力锚杆	局部拆换
强度不足	墙		△	△		√		△	⊙	
	柱				△	√	△	△		△
变形	墙	√		√		△			⊙	△
	柱				△	△	√			√

续表

事故性质与特征	处理方法								
	校正变形	封堵孔洞	增设壁柱	加大截面	外包加固	改变结构方案	加设卸荷结构	加设预应力锚杆	局部拆换
刚度或稳定性不足房屋颤动		√	√			√		⊙	

注：√表示首选；△表示次选；⊙表示适用于挡土墙等。

二、强度、刚度、稳定性不足事故处理实例

【实例 4-2】稳定性不足或墙体变形事故增设壁柱处理实例

(1) 工程事故概况

上海市某工程山墙发生变形，主要原因是高、厚比超过规定(强度满足要求)。

(2) 事故处理

增设壁柱，提高墙的稳定性（见图 4-10)。

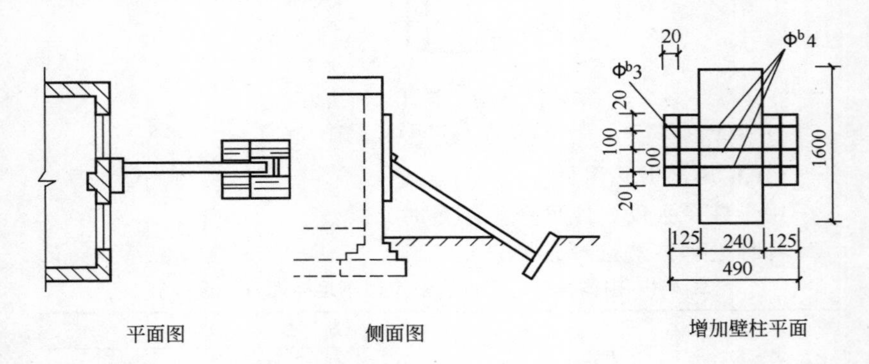

图 4-10 墙身变形校正与补强示意

(3) 处理要点

① 用斜撑及木楔校正墙变形。

② 铲除抹灰层，冲洗干净且充分润湿。

③ 在灰缝中打入$\phi^{b}4$钢丝，沿高度方向间距@240，并按图示尺寸绑扎$\phi^{b}3$钢丝。

④ 用MU7.5砖、M5混合砂浆砌筑后加的壁柱。

经结构验算高厚比符合规范要求。使用后，墙身未见异常，而且施工较简便。

【实例4-3】 由于稳定性不足而采取的整体加固实例

（1）工程事故概况

某工程为砖混结构，刚性方案，纵墙高14m，局部平面见图4-11。由于纵横墙连接破坏，纵墙形成高14m的独立墙，高厚比严重超出规范规定，稳定性极差。

（2）事故处理

于纵横墙交接处的墙外侧设通长角钢L63×6，其标高在平面楼盖下，同时设置$2\phi18$拉杆，用花篮螺栓拉紧（见图4-12）。

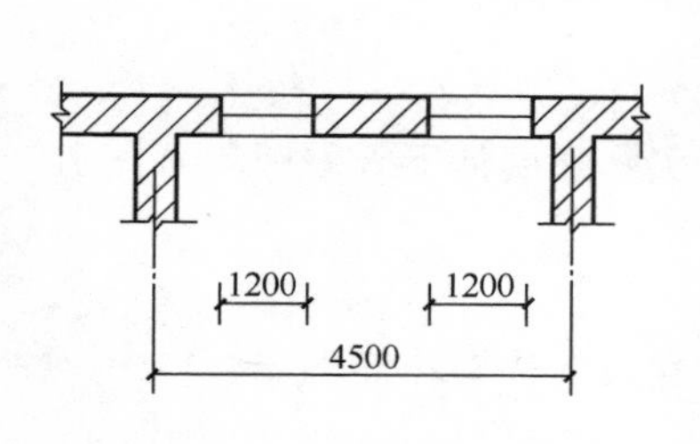

图4-11　局部平面示意图

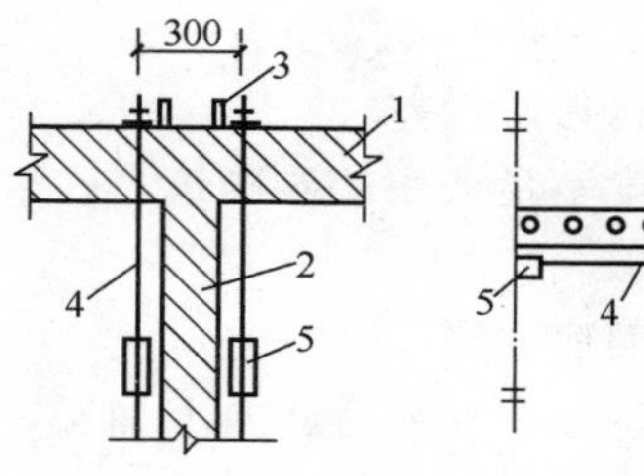

图4-12　加固示意图

1—纵墙；2—横墙；3—L63×6；4—$\phi18$拉杆；5—花篮螺栓

第三节　倒塌事故处理

一、倒塌事故类型与原因

砌体破坏倒塌的原因主要有以下几种。

（1）设计构造方案或计算简图错误

如跨度较大（>14m）的大梁搁置在窗间墙上，大梁和梁垫现浇成整体，墙、梁连接节点仍按铰接方案设计计算，也可导致其倒塌；再如单坡梁支撑在砖墙或柱上，构造或计算方案不当，在水平分力作用下发生倒塌。

（2）砌体设计强度不足

不少倒塌是由于未进行设计计算造成的。事后验算，其安全度达不到设计规范的规定。此外，计算错误也时有发生。

（3）乱改设计

例如任意削减砌体截面尺寸，导致承载能力不足或高厚比超过规范规定而失稳倒塌；又如改预制梁为现浇梁，梁下的墙由原来的非承重墙变为承重墙而发生倒塌。

（4）施工期失稳

例如灰砂砖含水率过高，砂浆太稀，砌筑中砌体失稳垮塌；一些较高墙的墙顶构件没有安装时，形成一端自由，易在大风等水平荷载作用下倒塌。

（5）材料质量差

砖强度不足或用断砖砌筑，砂浆实际强度低下等原因均可能引起砌体倒塌。

（6）旧房加层

不经论证就在原有建筑上加层，导致墙柱破坏而倒塌。

二、局部倒塌事故处理实例

【实例 4-4】 砌筑工艺不当导致墙体倒塌处理实例

四川省某工程使用灰砂砖砌墙，因连日阴雨造成灰砂砖含水率较高，且表面积水，砌筑后墙体歪斜变形，造成局部墙体倒塌。拆除重建采取的措施有：调整砂浆稠度；下雨时不准砌筑；每天砌筑高度不超过 1.20m；避免使用含水率较高的砖砌筑。

第四节　砌体加固技术

一、加固方法及选择

1. 水泥灌浆法

详见本节“二、水泥灌浆”，主要适用于砌体裂缝的补强。

2. 扩大砌体截面法

主要适用于砌体承载能力不足，但砌体尚未被压裂，或仅有轻微裂缝，而且要求扩大截面面积不太大的情况。一般的独立砖柱、砖壁柱、窗间墙和其他承重墙的承载能力不足时，均可采用此法加固。

（1）加固要求

① 材料要求　砌体扩大部分的砖强度等级与原砌体相同，砂浆强度比原有的提高一级，且不低于M2.5。

② 连接构造　扩大砌体截面加固法通常考虑新旧砌体共同承受荷载，因此，加固效果取决于两者之间的连接状况。常用的连接构造有下述两种。

a. 砖槎连接。原有砌体每隔4皮砖高，剔凿出一个深为120mm的槽，扩大部分砌体与此预留槽仔细连接，新旧砌体形成锯齿形连接（见图4-13）。

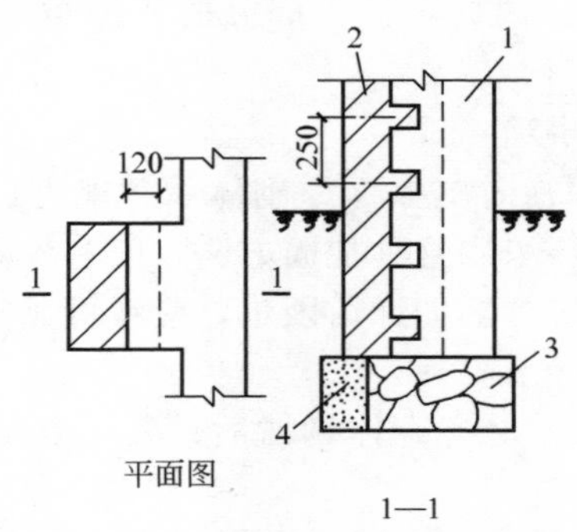

图4-13　砖槎连接构造

1—原砌体；2—扩大砌体；3—原基础；4—扩大基础

b. 钢筋连接。原有砌体每隔 6 皮砖高钻孔或凿开一块砖，用 M5 砂浆锚固ϕ6 钢筋将新旧砌体连接在一起（见图 4-14）。

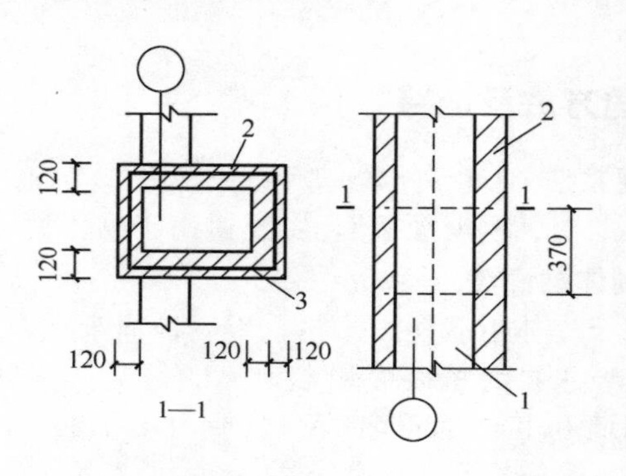

图 4-14　钢筋连接构造

1—原砌体；2—扩大砌体；3—ϕ6 钢筋

（2）承载能力验算

扩大砌体截面后的承载能力验算，可用下述两种方法之一。

① 简化计算　把新旧砌体作为一个整体，按照《砌体结构设计规范》（GB 50003—2011）的有关规定进行验算，所有的砌筑砂浆强度都用原砌筑砂浆的实际强度值。

② 考虑应力滞后的计算　砌体扩大后的承载力由两部分组成：一是原砌体的承载力，按材料实际强度和砌体实际尺寸计算；二是新砌部分的承载力。因此，扩大部分的实际承载力应乘以折减系数 0.9。

（3）施工注意事项

① 结构卸荷和临时支撑　原砌体承载能力已不足，加固时又要部分折减或剔凿，采用这种加固方法，使有效截面减小，因此加固宜在结构卸荷后进行。如卸荷困难，应在可靠支撑上部结构后再施工。

② 原砌体准备　原有砌体剔凿后，要认真清理干净，浇水并保持充分湿润。

③ 扩大砌体砌筑　新砌体含水率应为 10%～15%。砌筑砂浆要有良好的和易性，砌筑时应保证新旧砌体接缝严密，水平及垂直

灰缝饱满度都要达到90%以上。

3. 钢筋水泥夹板墙

主要用于墙承载能力不足的加固。承载能力严重不足的窗间墙或楼梯踏步承重墙采用此法加固时，往往在墙的四角外包角钢，以增加其承载能力。

4. 外包钢筋混凝土

主要用于砖柱承载能力不足的加固。

5. 增设或扩大扶壁柱

扶壁柱有砖砌和钢筋混凝土两种，主要用于提高砌体承载能力和稳定性。

6. 外包钢

主要用于砖柱或窗间墙承载能力不足的加固。

7. 托梁加垫

主要用于梁下砌体局部承压能力不足时的加固，梁垫有预制和现浇两种。

(1) 加预制梁垫法（图4-15）

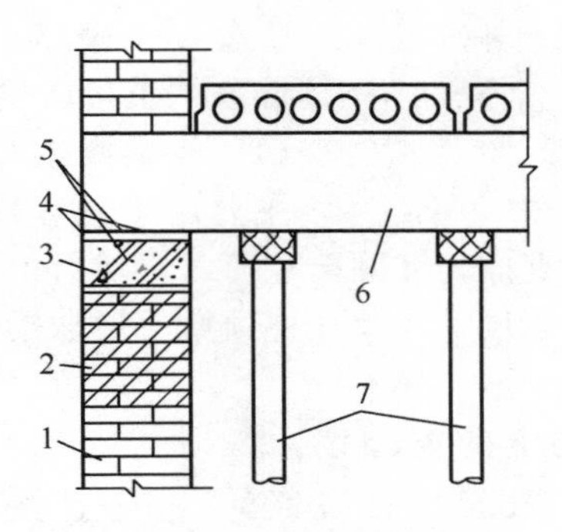

图4-15 预制梁垫补强

1—原有砌体；2—拆除重砌部分；3—钢筋混凝土垫块；4—钢楔子；5—1∶2水泥砂浆；6—钢筋混凝土大梁；7—临时支撑

① 梁下加支撑 通过计算确定梁下应加的支撑种类、数量和截面尺寸，梁上荷载由临时支撑承受。

② 部分拆除重砌 将梁下被压裂、压碎的砖砌体拆除，用同强度砖和强度高一级的砂浆重新砌筑，并留出梁垫位置。

③ 安装梁垫 当砂浆达到一定强度后（一般不低于原设计强度的70%），给新砌砖墙浇水润湿，铺1∶2水泥砂浆再安装预制梁垫，并适当加压，使梁垫与砖砌体接触紧密。

④ 揳紧和填实梁与梁垫之间的空隙 梁垫上表面与梁底面间留10mm左右空隙，用数量不少于4个的钢楔子挤紧，然后用较干的1∶2水泥砂浆将空隙填塞严实。

⑤ 拆除临时支撑 待填缝砂浆强度达5MPa和砌筑砂浆达到原设计强度时，将临时支撑拆除。

(2) 加现浇梁垫方法

①、②同前述。

③ 现浇梁垫 支模浇筑C20混凝土梁垫，其高度应超出梁底50mm（见图4-16）。

④ 拆除临时支撑 在现浇梁垫混凝土强度达到14MPa后拆除临时支撑。

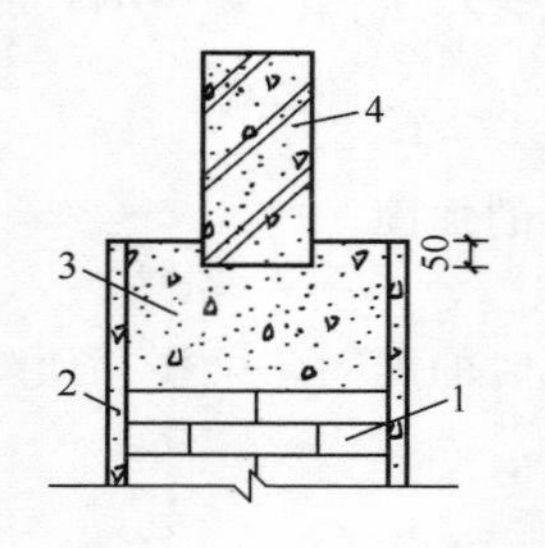

图4-16 加现浇梁垫补强
1—砖柱；2—模板；3—现浇梁垫；4—钢筋混凝土梁

8. 托梁换、或加柱

主要用于砌体承载能力严重不足，砌体碎裂严重可能倒塌的情况。

(1) 托梁换柱

主要用于独立砖柱承载力严重不足时。先加设临时支撑，卸除砖柱荷载，然后根据计算确定新砌砖柱的材料强度和截面尺寸，并在柱顶梁下增加梁垫。

(2) 托梁加柱

主要用于大梁下的窗间墙承载能力严重不足。首先设临时支撑，然后根据《混凝土结构设计规范》(GB 50010)的规定，并考虑全部荷载均由新加的钢筋混凝土柱承担的原则，计算确定所加柱的截面和配筋。部分拆除原有砖墙，接槎口呈锯齿形（见图4-17），然后绑扎钢筋、支模、浇混凝土。

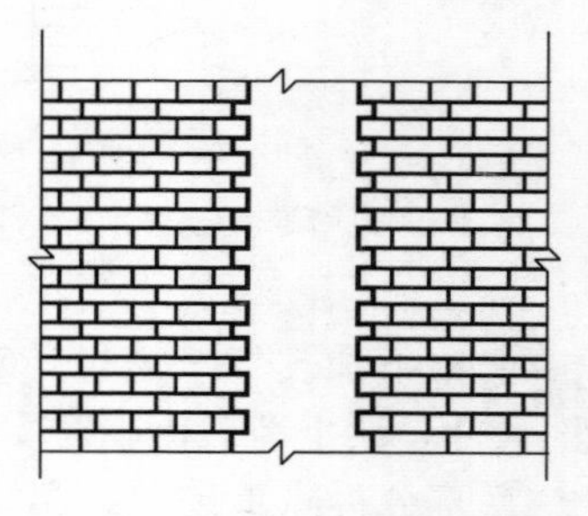
图4-17 砖墙部分拆除加柱

此外，还应注意验算地基基础的承载力，如不足还应扩大基础。

9. 增加预应力撑杆

主要用于大梁下砌体承载能力严重不足时。通过增加预应力型钢支柱，达到对原结构进行加固的目的。

10. 增设钢拉杆

主要用于纵横墙接槎不好、墙稳定性不足的加固。钢拉杆局部拉结法加固见图 4-18，通长拉结加固平面布置见图 4-19。一般均采用通长拉结法加固。每一开间均加一道拉杆时，拉杆钢筋直径的选择可参考表 4-5。钢筋直径与钢垫板或型钢尺寸参考表 4-6。沿墙长方向设几道拉杆，应根据实际情况而定。纵横墙接槎处裂缝严重时一般每米墙高设一道拉杆。

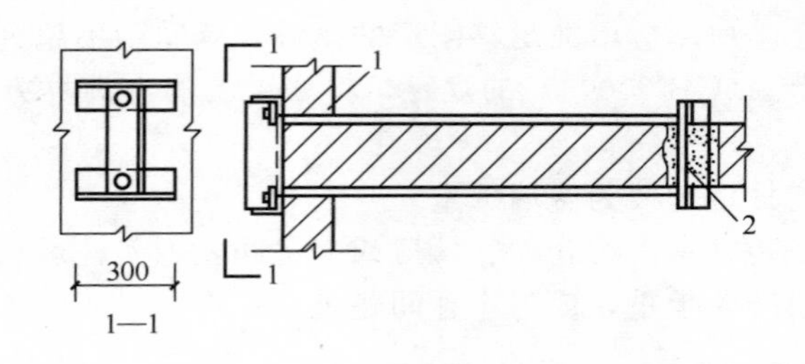

图 4-18　纵横墙局部拉结法加固

1—墙钻孔穿拉杆后用 1：1 水泥砂浆堵塞；2—C20 细石混凝土

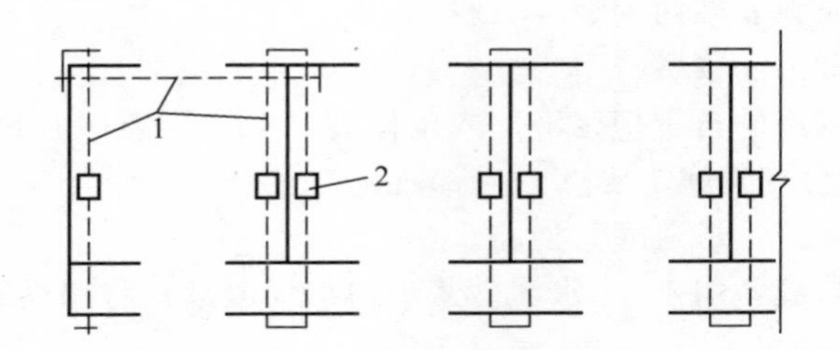

图 4-19　通长拉结加固平面布置示意图

1—通长钢拉杆；2—花篮螺栓

表 4-5 钢拉杆与房间进深关系

房间进深/m	5～7	8～10	11～14
钢筋拉杆/mm	2Φ16	2Φ18	2Φ20

表 4-6 拉杆直径与钢垫板或型钢尺寸关系 单位：mm

拉杆直径	Φ16	Φ18	Φ20
角钢垫块	∟90×8	∟100×10	∟125×10
槽钢垫块	[100×48	[100×48	[120×53
钢垫板	80×80×8	90×90×9	100×100×10

11. 改变结构方案

(1) 增加横墙

对于空旷房屋应增加足够刚度的横墙，其间距不超过《砌体结构设计规范》(GB 50003) 的规定，将房屋的静力计算方案从弹性改为刚性。

(2) 砖柱承重改为砖墙承重

原来是砖柱承重的仓库、厂房或大房间，因砖柱承载能力严重不足而改为砖墙承重，成为小开间建筑。

二、水泥灌浆

1. 水泥灌浆方法

水泥灌浆主要用于砌体裂缝的补强加固。常用的灌浆方法有重力灌浆和压力灌浆两种。

(1) 重力灌浆

利用浆液的自重把浆液灌入砌体裂缝中，达到补强的目的。

① 重力灌浆施工要点

清理裂缝：形成灌浆通路。

表面封缝：用 1∶2 水泥砂浆（内加促凝剂）将墙面裂缝封闭，形成灌浆空间。

设置灌浆口：在灌浆入口处凿去半块砖，埋设灌浆口（见图 4-20）。

冲洗裂缝：用灰水比为 1∶10 的纯水泥浆冲洗并检查裂缝内浆

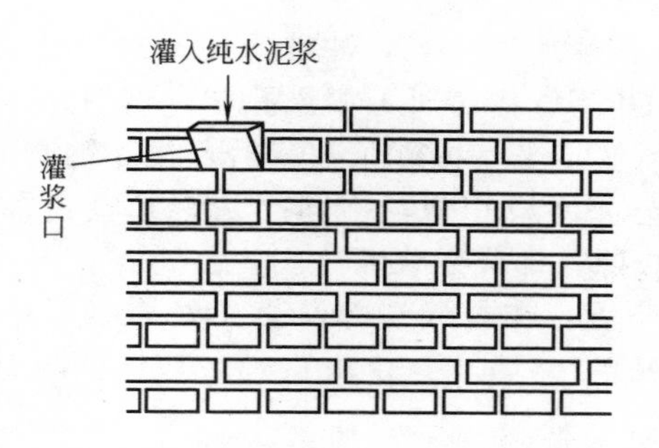

图 4-20　重力灌浆示意图

液流动情况。

灌浆：在灌浆口灌入灰水比为 3∶7 或 2∶8 的纯水泥浆，灌满并养护一定时间后，拆除灌浆口再继续对补强处局部养护。

② 效果检验　清华大学曾先将砌体试件压裂，灌浆补强后再对砌体进行压力试验，基本上能达到或超过原砌体强度，效果尚好。

（2）压力灌浆

应用灰浆泵把浆液压入裂缝中，达到补强的目的。这种方法在北京、天津、上海等地使用过，并做过试验，证明修补效果良好。

① 压力灌浆工艺流程，如图 4-21。

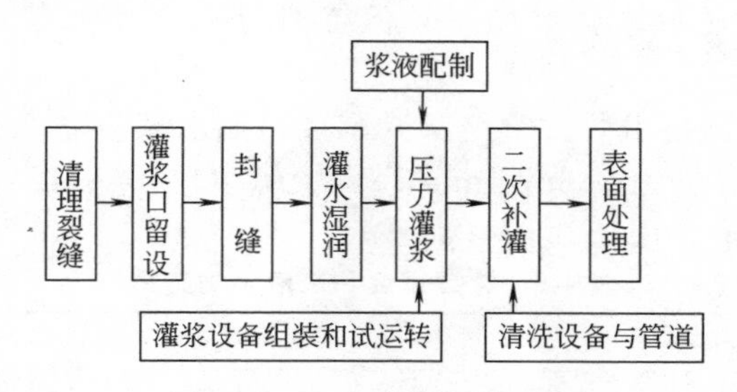

图 4-21　压力灌浆工艺流程

② 操作要点

a. 裂缝清理：清理的目的在于形成灌浆通道。

b. 灌浆口留设：水泥压力灌浆可通过预留的灌浆口（或灌浆嘴）进行。灌浆口预留的方法是先用电钻在墙上钻孔，孔直径为

30～40mm，孔深 10～20mm，冲洗干净；再用长 40mm 的 1/2in（1in＝0.0254m）钢管作芯子，放入孔中；然后用 1∶2 或 1∶2.5 水泥砂浆封堵压实抹平，待砂浆初凝后，拔除钢管芯即成灌浆口。灌浆嘴的做法与灌浆口相似，不同的是钢管直径常为 5～10mm，管子预埋后不拔除，即成灌浆嘴。

c. 灌浆口布置：在裂缝端部及交叉处均应留灌浆口，其余灌浆口的间距见表 4-7。墙厚≥370mm 时，应在墙两面都设灌浆口。

表 4-7 灌浆口间距

裂缝宽度/mm	＜1	1～5	＞5
灌浆口间距/mm	200～300	300～400	400～500

d. 封缝：清除裂缝附近的抹灰层，冲洗干净后用 1∶2 或 1∶2.5 水泥砂浆封堵裂缝表面，形成灌浆空间。

e. 灌水湿润：在封缝砂浆达到一定强度后，用灰浆泵将水压入灌浆口，压力为 0.2～0.3MPa（也可将自来水直接注入灌浆口），使灌浆通道畅通。

f. 浆液配制：浆液可参考表 4-8 选用。水泥灌浆浆液中需掺入悬浮型外加剂，常用的有 107 胶和水玻璃等。其目的是为了提高水泥的悬浮性，延缓水泥沉淀时间，防止灌浆设备及输送系统堵塞。掺加 107 胶还可增强黏结力，但掺量过大会使灌浆材料的强度降低。

g. 灌浆设备组装：常用灰浆泵或自制灌浆设备（见图 4-22）。空气压缩机容量为 0.6m^3/min，压力为 0.4～0.6MPa，压浆罐容量为 15L 左右，耐压 0.6MPa。

表 4-8 裂缝宽度和浆液种类选用

裂缝宽度/mm	0.3～1.0	1.0～5.0	＞5.0
浆液种类	纯水泥稀浆	纯水泥稠浆	水泥混合砂浆

h. 压力灌浆：灌浆顺序自下而上地进行，压力为 0.2～0.25MPa，当灌浆口附近流出浆液或被灌口停止进浆后，方可停灌。当墙面局部漏浆时，可停灌 15min 或用快硬水泥砂浆封堵后再灌。在靠近基础或空心板处灌入大量浆液后仍未灌满时，应增大

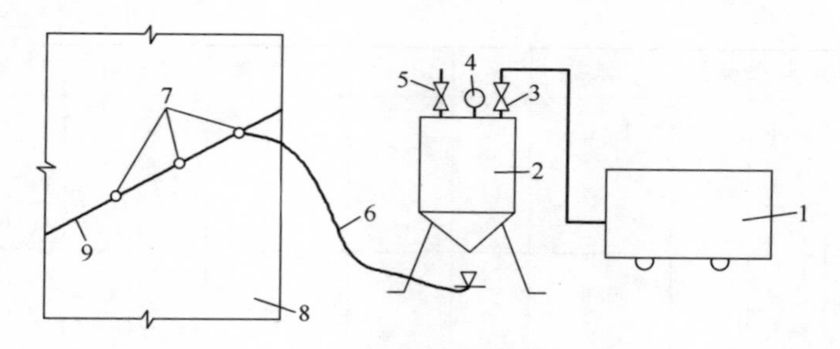

图 4-22　灌浆装置示意图

1—空气压缩机；2—压浆罐；3—进气阀；4—压力表；5—进浆口；
6—输送管；7—灌浆口；8—墙；9—墙裂缝

浆液浓度或停 1～2h 再灌。

i. 二次补灌：全部灌完后，停 30min 再进行二次补灌，提高灌浆密实度。

j. 表面处理：封堵灌浆口或拆除（切断）灌浆口，将表面清理抹平。

2. 砌体裂缝灌浆实例

北京市某单位用压力灌浆法修补裂缝，其强度超过原来的砌体强度。

(1) 灌浆原材料

水泥为 32.5 级或 42.5 级普通硅酸盐水泥。砂粒径小于 1.2mm。外加剂选用下述四种之一：107 胶，固体含量 12%，pH 值 7～8；水玻璃，相对密度 1.36～1.52，模数 2.3～3.3；聚醋酸乙烯，固体含量 40%；二元乳液，固体含量 50%（北京建筑工程研究所配制）。

(2) 灌浆料配合比

灌浆浆液配合比见表 4-9。

表 4-9　灌浆浆液配合比

灰浆种类		水泥	水	砂	107 胶	二元乳液	水玻璃	聚醋酸乙烯
第一种配方	稀浆	1	0.9		0.2			
	稠浆	1	0.6		0.2			
	砂浆	1	0.6	1	0.2			

续表

灰浆种类		水泥	水	砂	107胶	二元乳液	水玻璃	聚醋酸乙烯
第二种配方	稀浆	1	0.9			0.2		
	稠浆	1	0.6			0.15		
	砂浆	1	0.6～0.7	1		0.15		
第三种配方	稀浆	1	0.9				0.01～0.02	
	稠浆	1	0.7				0.01～0.02	
	砂浆	1	0.6	1			0.01	
第四种配方	稀浆	1	1.2					0.06
	稠浆	1	0.74					0.055
	砂浆	1	0.4～0.7	1				0.06

三、混凝土扶壁柱加固

混凝土扶壁柱加固砖墙的形式如图4-23所示，它可以帮助原砖墙承担较多的荷载。

混凝土扶壁柱与原墙的连接十分重要。对于原带有壁柱的墙，新旧柱间可采用图4-23（a）所示的连接方法，它与砖扶壁柱基本相同。当原墙厚度小于240mm时，U形连接筋应穿透墙体并进行弯折［如图4-23（b）所示］。图4-23（c）、（e）的加固形式能较多地提高原墙体的承载力。图4-23（a）、（b）、（c）中的U形箍筋的竖向间距不应大于240mm，纵筋直径不宜小于12mm。图4-23（d）、（e）所示为销键连接法。销键的纵向间距不应大于1m。

混凝土扶壁柱用C15～C20级混凝土，截面宽度不宜小于250mm，厚度不宜小于70mm。

用混凝土加固原砖墙壁柱的方法见图4-24，补浇的混凝土最好采用喷射法施工。为了减小现场工作量，对图4-24（a）所示的原砖墙壁柱的加固，可采用2个开口箍和1个闭口箍间隔放置的办法。开口箍应插入原墙体砖缝内，深度不小于120mm，闭口箍在穿过墙体后再行弯折。当插入箍筋有困难时，可先用电钻钻孔，再将箍筋插入。纵筋的直径不得小于8mm。

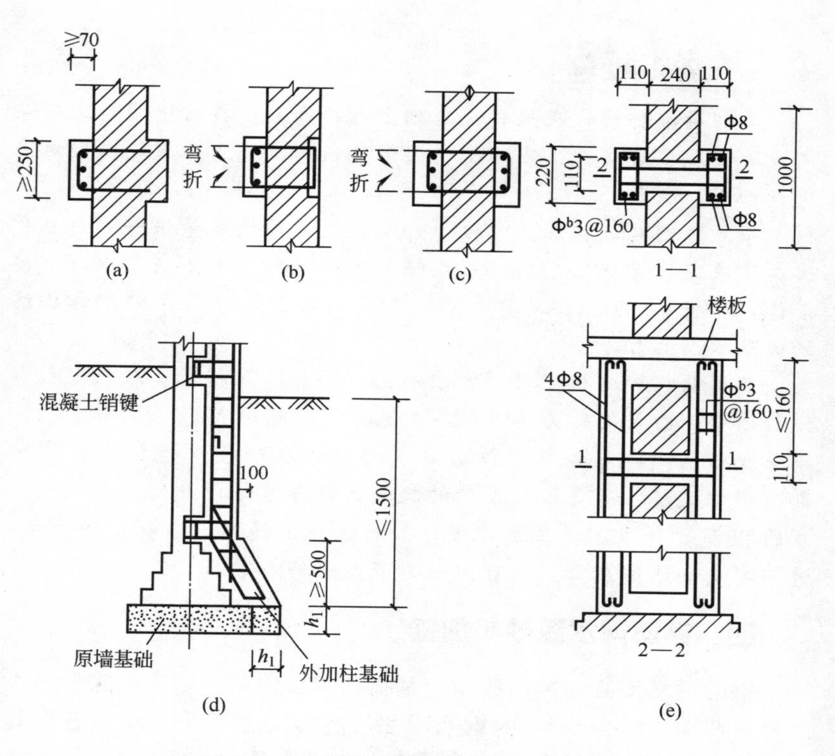

图 4-23 混凝土扶壁柱加固砖墙的形式

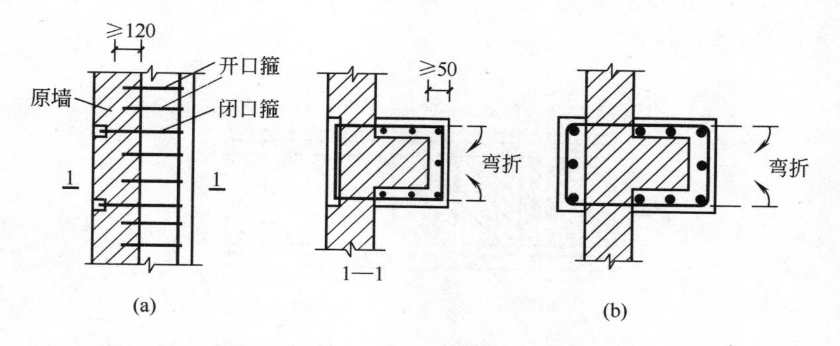

图 4-24 混凝土加固原砖墙壁柱

【实例 4-5】

某四层办公楼，在原建筑基础上加建两层。投入使用后，底层内横墙发现多条贯穿 4 皮砖的竖向裂痕，情况危急，需要立即对其进行加固。

事故原因是，在加建前仅凭外观就认为砖墙质量很好，盲目作出加建决定。事故发生后，经实测发现砌筑砂浆为石灰黏土，强度很低，相当于 M0.4。计算表明，加建两层后，一层部分砌体已达到极限状态的 85%。

采用两侧加砖扶壁柱的方法加固一层、二层横墙。在扶壁柱部位的原墙上打入间距为 240 的ϕ^b4 连接筋。采用 MU10 级砖、M10 级混合砂浆，砌到楼板下最后 5 皮砖时，在砂浆中掺加水泥膨胀剂。由于底层已有贯通四皮砖的裂缝，部分墙体荷载已达到极限荷载的 85%，所以在施工前应进行卸载，并用预应力顶撑支托楼板，进一步减小墙体应力，然后用压力灌浆法修补裂缝。

四、钢筋网水泥砂浆加固

钢筋网水泥浆法加固砖墙，是指把需加固的砖墙表面除去粉刷层后，两面附设ϕ4～ϕ8 的钢筋网片，然后喷射砂浆（或细石混凝土）的加固方法（如图 4-25 所示）。由于通常对墙体作双面加固，所以加固后的墙俗称为夹板墙。夹板墙可以较大幅度地提高砖墙的承载力、抗侧刚度。

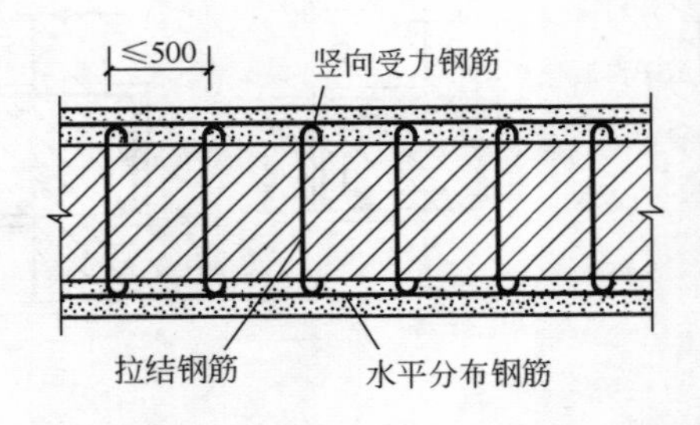

图 4-25　钢筋网水泥砂浆加固墙体

目前钢筋网水泥浆法常用于下列情况的加固。

（1）因施工质量差，而使砖墙承载力普遍达不到设计要求。

（2）窗间墙等局部墙体达不到设计要求（图 4-26）。

（3）因房屋加层或超载而引起砖墙承载力的不足。

（4）因火灾或地震而使整片墙承载力或刚度不足等。

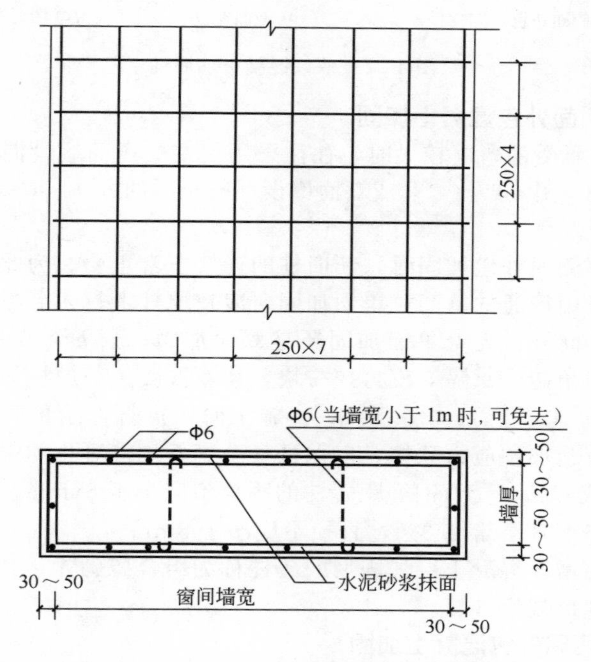

图 4-26　钢筋网水泥砂浆加固窗间墙

下述情况不宜采用钢筋网水泥浆法进行加固：

① 孔径大于 15mm 的空心砖墙及 240mm 厚的空斗砖墙；

② 砌筑砂浆强度等级小于 M0.4 的墙体；

③ 因墙体严重酥碱，或油污不易消除，不能保证抹面砂浆黏结质量的墙体。

五、外包混凝土加固

外包混凝土加固柱包括单侧、两侧外包混凝土层加固（简称侧面加固）和四周外包混凝土加固两种情况，如图 4-27 所示。

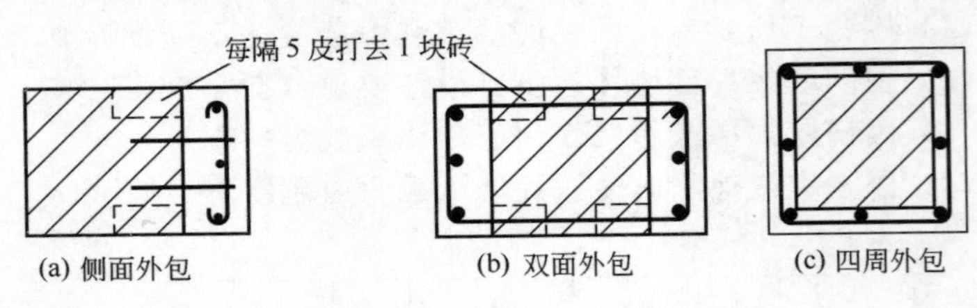

图 4-27 外包混凝土加固柱

1. 侧面外包混凝土加固

当柱承受的弯矩较大时，往往采用仅在受压面增设混凝土层的加固方法［图 4-27（a）］或双面增设混凝土层的方法［图 4-27（b）］予以加固。

采用侧面外包加固时，新旧柱的连接非常重要。为此，双面加固时应采用连通的箍筋；单面加固时应在原柱上打入混凝土钉或膨胀螺栓。此外，无论单面加固还是双面加固，当 $h>37$cm 时，应对原柱的角砖，每隔 5 皮打掉一块，使新混凝土与原柱能很好地咬合［如图 4-27（a）、（b）所示］。施工时，被打掉的角砖应上下错开，并应施加预应力顶撑，以保证安全。新浇混凝土的强度等级宜用 C15 或 C20，受力钢筋距砖柱的距离不应小于 50mm，受压钢筋的配筋率不宜小于 0.2%，直径不应小于 8mm。

侧面增设混凝土层加固后的砖柱称为组合砖砌体，其受压承载力可按规范规定计算。

2. 四周外包混凝土加固

四周外包混凝土加固柱的效果较好，对于轴心受压砖柱及小偏心受压砖柱，其承载力的提高效果尤为显著。

当外包层较薄时，外包层也可用砂浆，砂浆等级不得低于 M7.5。外包层应设置φ4～φ6 的封闭箍筋，间距不宜超过 150mm。

六、外包钢加固

外包钢加固法的优点是：在基本不增加砌体尺寸的情况下，可较多地提高其承载力，大幅度地增加其抗侧力和延性。试验表明，抗侧力甚至可提高 10 倍以上，因而它本质上改变了砌体脆性破坏的特征。

外包角钢加固法主要用来加固砖柱（图 4-28）和窗间墙（图 4-29）。

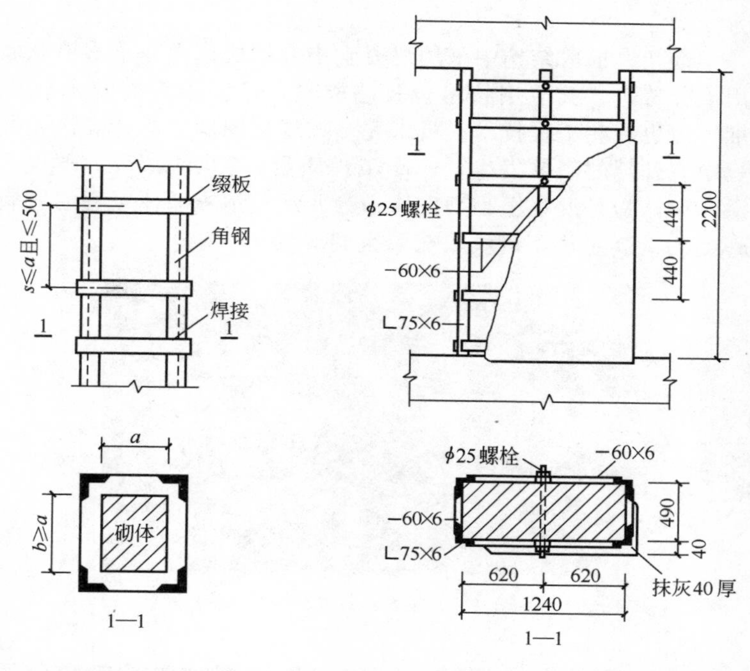

图 4-28 外包角钢加固砖柱

图 4-29 外包钢加固窗间墙

外包角钢加固砖柱的一般做法是：用水泥砂浆将角钢粘贴于受荷砖柱的四角，并用卡具夹紧，随即用缀板将角钢连成整体，随后去掉卡具，粉刷水泥砂浆以保护角钢。角钢应可靠地锚入基础，在顶部应有良好的锚固措施，以保证其有效地工作。

由于窗间墙的宽度比厚度大得多，因而如果仅采用四角外包角钢的方法加固，不能有效地约束墙的中部，起不到应有的作用。因此，当墙的高厚比大于 2.5 时，宜在窗间墙中部两面竖向各增设一根扁铁，并用螺栓将它们拉结。加固结束后，抹以砂浆保护层，以防止角钢生锈。

外包的角钢不宜小于L50×5，扁铁和缀板可采用-35×5或-60×12。

第五节 混凝土小型砌块砌体裂缝成因分析

框架、框剪结构中采用混凝土小型砌块作为非承重填充墙的应用十分普遍，其应用技术也日趋成熟，已有相应的技术规程和标准，但也有些工程技术人员未完全按规程的规定进行操作，致使工程中有开裂的问题发生，影响工程质量。长期以来，“开裂”“渗漏”被认为是混凝土小型砌块作为非承重填充墙体工程的通病。图4-30为混凝土小型砌块填充墙裂缝实例。

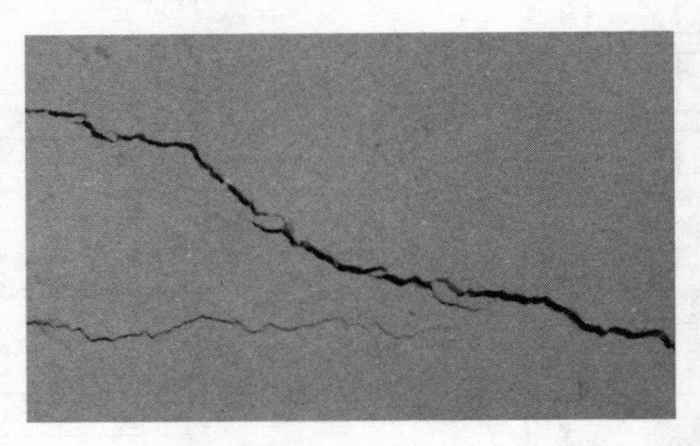

图 4-30 混凝土小型砌块填充墙裂缝

一、混凝土小型砌块填充墙体开裂的影响因素分析

以常见的框架结构填充墙为例，其墙体构造见图4-31。

1. 砌块材质的问题

非承重混凝土小砌块主要是由碎石或卵石为粗骨料制作的轻骨料混凝土，具有混凝土的脆性。由于轻质砌块重量轻，用于非承重墙体时较红砖有较大优越性。但也有一些缺点：

一是其收缩率比黏土砖大，在28d自然养护后，其干缩完成约60%，随着含水量的降低，材料会产生较大的干缩变形，这类干缩变形会引起建筑不同程度的裂缝。

二是砌块受潮后会出现二次收缩，干缩后的材料受潮后会发生

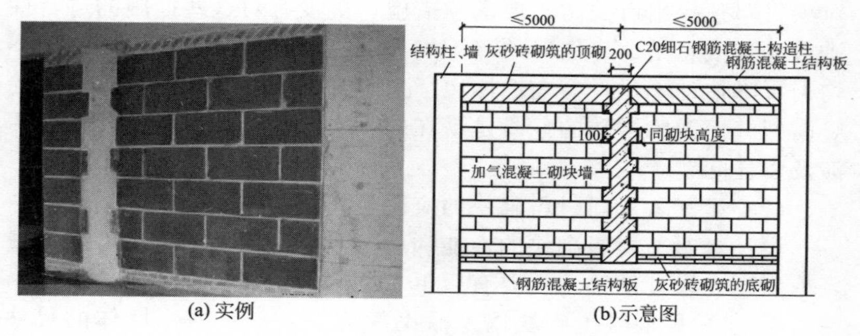

(a) 实例　　(b)示意图

图 4-31　框架结构填充墙

膨胀，脱水后会再发生干缩变形，引起墙体发生裂缝。

三是砌块砌体的抗拉及抗剪切强度只有黏土砖的 50％。

四是砌块质量的不稳定，用于混凝土小型空心砌块和砌筑砂浆中的水泥、石灰、砂石等材料来源很广，其性能不够稳定，因此也会影响砌块和砌筑砂浆的质量。

由于砌块自身的一些缺陷，会产生一些裂缝，如：房屋内外纵墙中对称分布的倒八字形裂缝；在建筑底部一至二层窗台边出现的斜裂缝或竖向裂缝；在屋顶圈梁下出现的水平缝和水平包角裂缝；在大片墙面上出现的底部严重、上部较轻的竖向裂缝。另外，不同材料和构件的差异变形也会导致墙体开裂，如楼板错层处或高低层连接处常出现的裂缝，框架填充墙或柱间墙因不同材料的差异变形出现的裂缝。这些都是材质问题所致。

2. 温度的影响

屋面与墙体之间的温差也会使顶层墙体产生裂缝，在夏季尤其明显。屋面的温度比墙体的温度高，则屋面的变形也比墙体的变形大，屋面的变形受到墙体的约束，导致在屋面和墙体的结合处产生剪拉力。在剪拉力和屋面荷载的共同作用下，墙体产生相应的主拉应力，当主拉应力超过墙体自身的抗剪、抗拉强度时，墙体势必会产生多种形状的裂缝。

3. 构造设计的问题

（1） 设计者重视强度设计而忽略抗裂构造措施

长期以来，绝大部分设计只引用国家标准或标准图集，很少针对项目单独提出有关防裂要求和措施，更没有对这些措施的可行性进行调查或总结。砌块对地基不均匀沉降非常敏感，如果对地基不均匀沉降估计不足，易在墙体中产生阶梯形裂缝及底层窗台墙体的竖向裂缝。因为裂缝的危险是潜在的，暂时不影响结构的安全，不涉及责任问题。

（2）设计者对新材料砌块的应用不熟悉

设计者对新材料砌块的性能和应用尚在认识探索之中，因此或多或少存在设计缺陷。主要有以下一些问题：

① 非承重混凝土砌块墙是后砌填充围护结构。当墙体的尺寸与砌块规格不匹配时，难以用砌块完全填满，造成砌体与混凝土框架结构的梁、板、柱连接部位孔隙过大，容易开裂。

② 门窗洞及预留洞边等部位是应力集中区，没有采取有效的拉结加强措施时，遇到撞击震动容易开裂。

③ 墙厚过小或砌筑砂浆强度过低，会使墙体刚度不足也容易开裂。

④ 墙面开洞安装管线或吊挂重物均会引起墙体变形开裂。

⑤ 与水接触的墙面未考虑防排水、泛水和滴水等构造措施，使墙体渗漏。

此外，屋面在檐口处没有隔热措施，导致顶层横墙产生阶梯性裂缝。对屋面保温材料的选择考虑不同，起不到减少温差的作用，也会导致裂缝的产生。在混凝土柱和混凝土小型空心砌块的连结处，缺乏相应控制裂缝产生的措施。

4. 砌筑和抹灰施工的问题

由于施工单位以往一直以砌筑黏土砖墙为主，对采用新型轻质砖砌块后砌筑和抹灰施工方法没有掌握，又缺少培训和实践，施工方法、工具、砂浆等都沿用了黏土烧结砖的一贯做法，对日砌筑高度、砖湿度控制缺乏经验，加上施工过程中所用砂浆强度低、砌块表面浮灰等污物未处理干净、砌筑时铺灰过大，这些因素都会发生砂浆与砌块间粘接力差，导致裂缝的产生。水平灰缝、竖向灰缝不饱满，砌块排列不合理，上下二皮砌块搭砌竖缝长度小于砌块高的三分之一或 150mm 的，没有在水平灰缝中按规定加拉结筋或钢筋网片，墙体、圈梁、楼板之间纵横墙相交处无可靠连接，减弱了墙体的抗拉、抗剪的能力，以及工人砌筑水平的不稳定，都会导致墙体出现裂缝。其次，砌块出厂存放期不够，在砌块体积收缩尚未完成就上墙砌筑，产生收缩裂缝。施工现场对混凝土小型空心砌块的堆放场地、遮雨措施等未能按规范要求实施，这些做法会造成墙体水平裂缝的产生。

二、裂缝的防治措施

1. 砌块质量的控制

墙体所使用混凝土小型空心砌块的生产厂家必须具备准用证。混凝土小型空心砌块的质量指标主要有抗压强度、收缩性、抗冻性、抗碳化等，对墙体裂缝的产生影响最大的是收缩性，而相对含水率是反映收缩性的重要指标。为此，要求混凝土小型空心砌块特别是轻集料混凝土小砌块必须经 28d 养护方可出厂，且使用单位必须进行产品验收，杜绝使用不合格产品。砌筑前，应将砌块表面的污物清除，断裂的小砌块或壁肋中有竖向凹形缝的小砌块不得砌筑在承重墙上。

2. 设计构造的控制措施

根据《非承重混凝土小型砌块砌体工程技术规程》《非承重混凝土小型砌块砌体构造》及有关规范的要求，结合建筑的使用功能及各种材料的特性，采取有效的构造措施，方可避免墙体开裂或渗漏。

控制顶层墙体裂缝的关键是降低屋面与墙体之间的温度差。因此必须同时设保温层和隔热层，在檐口处的保温层厚度必须满足允许温差的要求。同时，隔热层应满铺，不得在檐口处出现空档。在屋盖适当部位应设置分隔缝。

顶层外墙交接处和纵横墙交接处的芯柱数由 4 孔、5 孔增加为 8 孔，其中在横墙或山墙上设 5 孔，在外纵墙上设 3 孔，以减少横墙斜向裂缝的产生。在顶层门窗洞口两侧均设置 1 孔芯柱，芯柱必须锚固于上下层的圈梁内，以增强墙体的抗剪强度。顶层两端第一开间的房间隔墙厚度若为 190mm 则应与山墙同时砌筑，在 T 字形接头处设置 4 孔芯柱和Φ4 钢筋点焊网片，沿高度每 600mm 设置。后砌墙和填充墙用钢筋网片与山墙连接，墙顶离屋面板底 20mm

处，用弹性材料嵌缝。上述两种墙体必须沿墙通长设置ϕ4 钢筋点焊网片，与芯柱网片、山墙拉结网片相连。

提高顶层墙体的小砌块和砌筑砂浆的强度等级应不低于 7.5 级，并在外纵墙、内横墙沿高度每 600mm 设置ϕ4 钢筋点焊网片，用来增强顶层墙体的抗拉、抗剪强度。在各层窗台处均设置钢筋混凝土窗台梁，以减少由于压力差引起的裂缝。同时提高底层窗台下砌筑砂浆的强度等级。若在不均匀地基的情况下，增加地圈梁的刚度，并在底层窗台墙体的第二与第四皮灰缝中各设置ϕ4 钢筋点焊网片，以防止竖向裂缝的产生。

3. 施工的控制措施

(1) 确保砖在使用前达到稳定期

由于砌体的干缩变形特征在早期发展比较快，以后逐步变慢。因此，使用前应确保材料达到使用龄期，体积已基本稳定，干缩变形较小。

(2) 要严格控制含水率

轻质砌块使用前对含水率有苛刻的要求，要选用含水率符合标准的产品，在砌块上墙前必须做好防水措施，尽量避免雨期施工，砌块淋湿会造成墙体因收缩开裂。

(3) 采用正确的施工方法

重点是砌块的砌筑方法及洞口处理两方面，主要有以下一些要点。

① 施工现场的砌块应按规格堆放，堆放高度不宜过高（一般不超过 1.6m），并应采取防雨措施以防雨淋。砌筑前，砌块不宜洒水淋湿，以防其相对含水率超标。配制砂浆的原材料必须符合要求，设计配合比应有良好的和易性，砂浆稠度宜控制为 50～70mm。施工配合比必须准确，以保证砂浆强度达到设计要求。

② 砌筑时应尽量采用主规格砌块，并应清除砌块表面污物及底部毛边，砌体的灰缝应横平竖直，灰缝应饱满，以确保墙体质量。砌筑水平灰缝时用坐浆法铺浆，砌筑竖缝时先将小砌块端面朝上铺满砂浆，然后上墙挤紧，并用泥刀在竖缝中插捣密实，做到随砌随勒缝，以保证墙体有足够的抗拉、抗剪强度。若需要移动已砌好砌体的小砌块或被撞动的小砌块时，应重新铺浆砌筑，控制砌块

周围裂缝的产生。

③ 对不同材料应严格控制其日砌高度，墙顶高 3m 的砌体必须隔日顶紧砌筑，避免引起接合部位开裂。

④ 不能随意砍凿砌块，禁止采用不同材料混砌，否则容易造成墙体开裂。

⑤ 砌块与混凝土柱连接处及施工留洞后填塞部位，应增加拉结钢筋，锚固钢筋必须要展平砌入水平灰缝。

⑥ 严格控制墙体孔洞预留及开槽的处理，避免削弱墙体强度，对孔洞边空心砌块应填实并加设边框等以确保墙体整体性。顶层的内部粉刷应在屋面保温层、隔热层施工完毕后进行，以降低温差的影响。外墙的粉刷宜在结构封顶后，并在墙体干缩基本稳定后施工，防止粉刷后开裂。

思考题

1. 砌体裂缝有哪些？其基本成因是什么？
2. 如何处理砌体裂缝？
3. 砌体加固常用的方法有哪些？
4. 砌体裂缝的水泥灌浆补强加固技术施工要点有哪些？

第五章

钢筋混凝土工程事故处理

常见的钢筋混凝土工程质量事故有以下几类：

① 混凝土裂缝；

② 结构或构件错位、变形；

③ 钢筋质量事故；

④ 混凝土强度不足；

⑤ 混凝土孔洞、露筋、夹渣、疏松；

⑥ 构件尺寸偏差过大；

⑦ 局部倒塌。

常用的处理方法有以下几类：

① 对错位、偏差部位进行复位纠偏；

② 表面处理；

③ 局部修复；

④ 水泥灌浆或化学灌浆；

⑤ 改变建筑或结构的构造；

⑥ 卸荷；

⑦ 增设支点或支撑；

⑧ 加固补强；

⑨ 利用后期强度；

⑩ 降级使用；

⑪ 改变用途；

⑫ 更换构件或重做；

⑬ 其他处理方法。

本章按事故种类分别介绍处理方法的选择及实例。由于多种事故都可采用补强加固的方法处理，为节省篇幅，有关补强加固技术在各类事故处理中不再具体阐述，而集中在最后一节详述。

第一节 混凝土裂缝事故处理

混凝土裂缝的发生非常普遍，不少钢筋混凝土结构的破坏都是从产生裂缝开始的。因此必须十分重视混凝土裂缝的分析与处理。但是应该指出，混凝土的裂缝有些是很难避免的。例如，普通钢筋混凝土受弯构件，在承受30%～40%设计荷载时就可能开裂；而受拉构件开裂时的钢筋应力仅为钢筋设计应力的1/14～1/10。除了荷载作用造成的裂缝外，更多的是混凝土收缩和温度变形导致的开裂。事实上，常见的一些裂缝，如温度收缩裂缝、混凝土受拉区宽度不大的裂缝等，一般都不危及建筑结构安全。因此，混凝土裂缝并非都是事故，也并非均需处理。

裂缝事故处理必须从分析与鉴别形成裂缝的原因、性质、危害着手。分清裂缝是否需要处理的界限，正确掌握处理原则，合理选择处理的方法和时机，这些都是处理混凝土裂缝事故的关键。

一、裂缝原因

混凝土裂缝产生的主要原因与图例见表5-1。需要注意的是，表中所述原因还可能相互叠加。例如设计荷载、温度差、混凝土收缩、地基不均匀沉降、施工质量遗留的隐患等都可能叠加，这样形成的裂缝往往较严重。

表5-1 混凝土裂缝主要原因与图例

类别	序号	原 因	举 例	裂缝示意图
材料质量	1	水泥安定性不合格	因水泥安定性不合格，现浇板等产生裂缝	
	2	砂、石级配差，砂太细	用特细砂配制的混凝土梁的侧面裂缝	
	3	砂、石中含泥量太大	砂、石含泥量高，干缩后产生不规则裂缝	

续表

类别	序号	原因	举例	裂缝示意图
材料质量	4	使用了反应性骨料或风化岩	混凝土碱-骨料反应引起裂缝	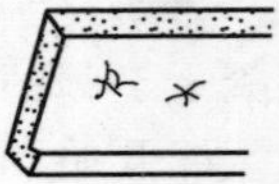
	5	不适当地掺用了氯盐	掺2%氯化钙，两年半后柱上产生沿钢筋方向的裂缝	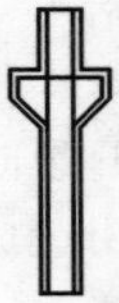
	6	不按规范要求设置钢筋	次梁与主梁连接处漏放附加钢筋而产生裂缝	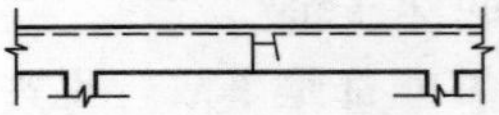
建筑和构造不良	7	平面布置不合理，结构构造措施不力	楼盖现浇板因天井留洞、楼盖断面削弱而产生裂缝	
	8	变形缝设置不当	大型设备基础不设伸缩缝而产生裂缝	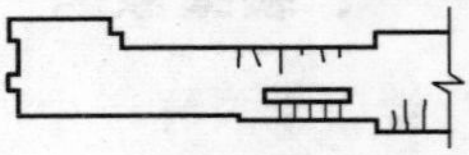
	9	构造钢筋不足	梁高较大时（>700mm），在梁两侧未设置足够的构造钢筋，而产生裂缝	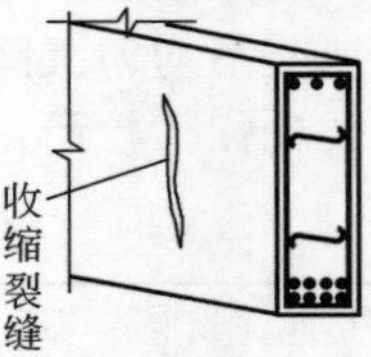
结构设计失误	10	受拉钢筋截面积太小或设计无抗裂要求	梁、板构件中配筋量太低造成的裂缝	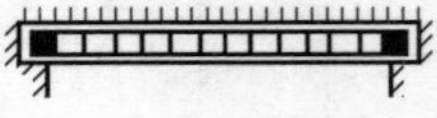
	11	抗剪强度不足（混凝土强度不足或抗剪钢筋少）	梁支座附近的斜裂缝	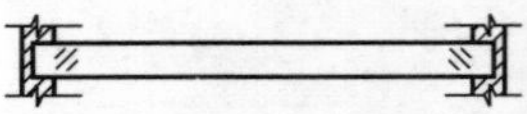
	12	混凝土截面积太小	超量配筋引起的受压区裂缝	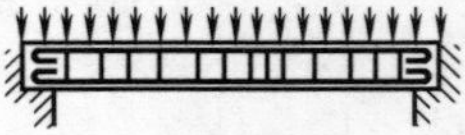

续表

类别	序号	原　因	举　例	裂缝示意图
结构设计失误	13	抗扭能力不足	梁抗扭能力不足产生斜裂缝	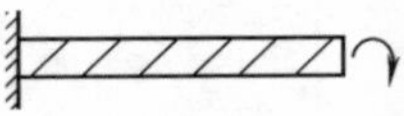
	14	抗冲切能力不足	无梁楼盖、柱顶板抗冲切能力不足引起斜裂缝	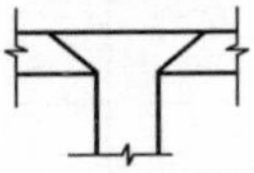
地基变形	15	房屋一端沉降大	不埋入土中的板式基础因沉降差太大而断裂	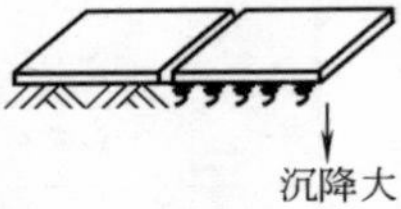 沉降大
	16	房屋两端沉降大于中间	单层钢筋混凝土房屋外墙裂缝	
	17	地基局部沉降过大	框架结构不均匀沉降引起裂缝	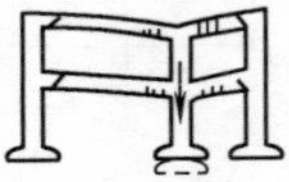
	18	地面荷载过大	单层厂房柱因此而产生横向裂缝	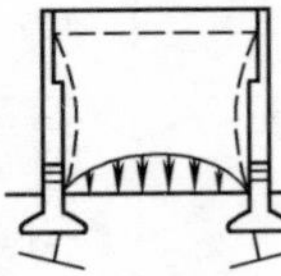
施工工艺不当或质量差	19	混凝土配合比不良	水灰比过大，混凝土沉缩，在上层钢筋顶部产生沉缩裂缝	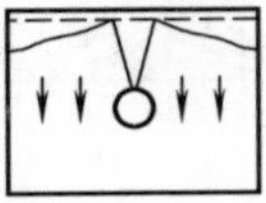
	20	模板变形	梁侧模板刚度不足而产生的裂缝	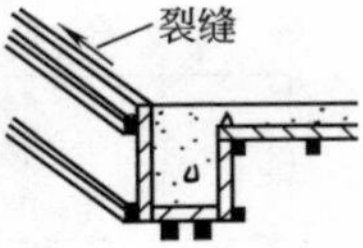 裂缝
	21	混凝土浇筑顺序或浇筑方法不当	框架柱浇筑完后连续浇筑框架梁造成裂缝	 裂缝

续表

类别	序号	原　因	举　例	裂缝示意图
施工工艺不当或质量差	22	浇筑速度过快	浇筑速度过快造成的墙裂缝	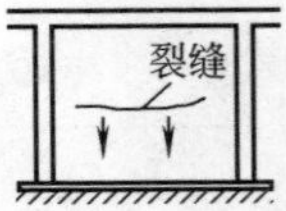 裂缝
	23	模板支撑沉陷	悬臂板支撑下沉后裂缝	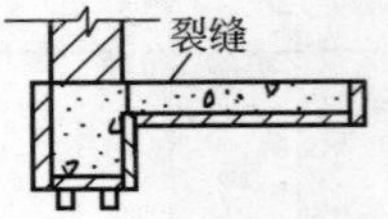 裂缝
	24	出现冷缝又不做适当处理	浇筑大型水池池壁时中间停歇，造成裂缝	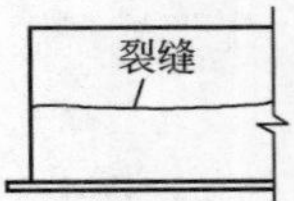 裂缝
	25	钢筋保护层过小	圆梁上等距离的竖向裂缝	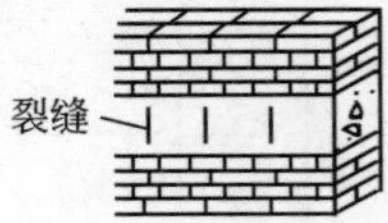 裂缝
	26	钢筋保护层过大	现浇双向板支撑处钢筋下移后产生的裂缝	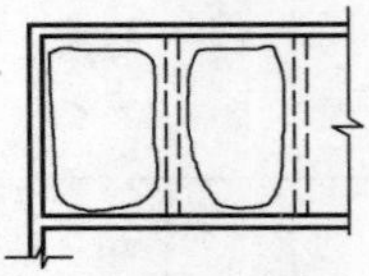
	27	养护差，早期收缩过大	现浇板早期干缩产生裂缝	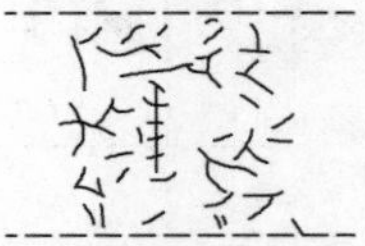
	28	早期受震	梁接头处钢筋早期受碰撞后产生的裂缝	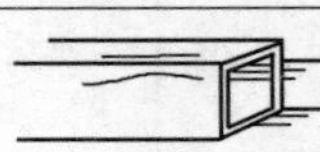
	29	早期受冻	钢模板浇筑，冬季无保温措施产生裂缝	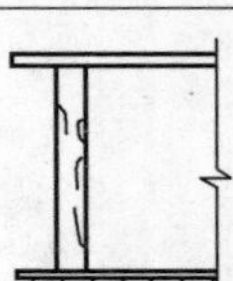

续表

类别	序号	原因	举例	裂缝示意图
施工工艺不当或质量差	30	过早加载或施工超载	空心板因施工超载造成严重裂缝	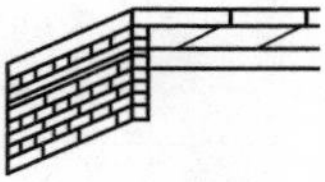
	31	构件运输吊装不当	山墙柱吊点不当造成裂缝	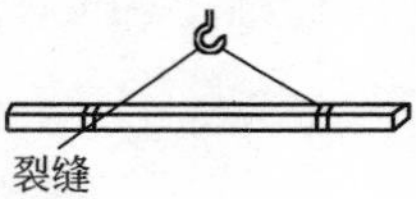 裂缝
	32	滑模工艺不当	模板锥度不准确或滑升时间太迟，把墙面拉裂	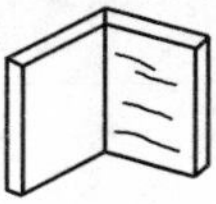
	33	混凝土达不到设计强度	梁抗剪强度不足而出现斜裂缝	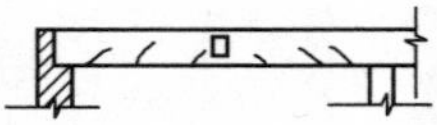
温度影响	34	水泥水化热引起过大的温差	大体积钢筋混凝土板因内外温差过大而产生裂缝	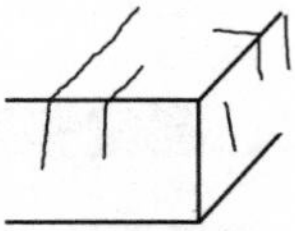
	35		大体积混凝土内部温差过大而产生裂缝	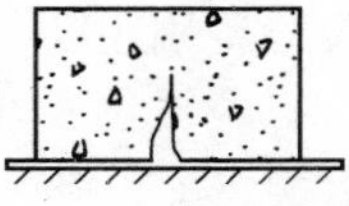
	36	屋盖受热膨胀或降温收缩	平屋面受热膨胀后引起墙裂缝	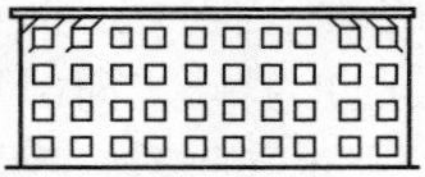
	37	高温作用	鼓风炉侧梁表面温度长期达 80～97℃而产生裂缝	
	38	温度骤降	某框架柱截面尺寸 700mm×1000mm，浇混凝土 5d 后拆模，由于气温骤降，造成柱纵向裂缝	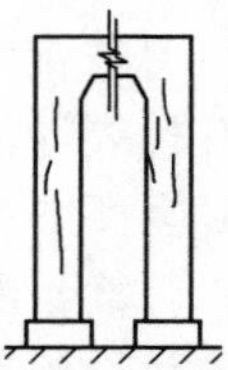

续表

类别	序号	原　因	举　例	裂缝示意图
混凝土收缩	39	混凝土凝固后表面失水过快	结构或构件表面产生不规则发丝状裂缝	
	40	硬化后收缩	发生挑檐板横向贯穿裂缝	挑 檐 板
其他	41	酸、盐等化学腐蚀	钢筋锈蚀后膨胀引起裂缝	
	42	震动	地震作用导致柱出现交叉裂缝	1 1 1—1

二、裂缝鉴别

1. 裂缝鉴别的主要内容

裂缝鉴别主要从以下几方面入手。

（1）裂缝位置与分布特征

裂缝发生在建筑物的第几层；出现在哪类构件（柱、墙、梁、板）上；裂缝在构件上的位置，如梁端或跨中，梁截面的上部或下面等。

（2）裂缝方向与形状

裂缝方向与主应力方向一般是互相垂直的，因此，分清裂缝方向很重要。常见裂缝方向有横向、纵向、斜向、对角线以及交叉等。要注意区分裂缝的形状，如一端宽一端细、两端细中间宽、宽度变化不大等。

（3）裂缝宽度

指有代表性的、与裂缝方向垂直的缝宽，注意要消除温度、湿度对裂缝宽度的影响。

（4）裂缝长度

包括每条裂缝长度；裂缝是否贯穿全截面，或贯通构件全长；

某个构件或某个建筑物裂缝总长度；单位面积的裂缝长度等数据。其中对梁等受弯构件的每条裂缝长度及其与截面尺寸的比值，柱等受压构件裂缝是否连通等特征，尤其重要。

（5）裂缝深度

主要区别浅表裂缝、保护层裂缝、较深的裂缝、贯穿性裂缝。

（6）开裂时间

它与裂缝性质有一定关系，因此要查清楚。应注意，发现裂缝的时间不一定就是开裂时间。

（7）裂缝发展与变化

指裂缝长度、宽度、深度和数量等方面的变化，并注意这些变化与温度、湿度的关系。

（8）其他特征

混凝土有无碎裂、剥离；裂缝中有无渗水、析盐、污垢，以及钢筋是否有严重锈蚀等。

2. 常见裂缝的鉴别要点

最常见的裂缝是温度裂缝、收缩裂缝。由于材料质量差，设计构造不合理，施工工艺不当等原因造成的裂缝比较容易鉴别，而由于结构受力、温度收缩和地基变形所引起的裂缝危害及处理方法差异甚大。下面重点阐述这几类裂缝的鉴别要点。因为大体积混凝土裂缝与一般房屋建筑差别较大，所以单列一项阐述。

（1）裂缝位置与分布特征

① 温度裂缝　平屋顶建筑由于日照温差引起的混凝土墙裂缝，一般发生在屋盖下及其附近位置，长条形建筑的两端较严重；由于日照温差造成的梁、板裂缝，主要出现在屋盖结构中；由于高温影响而产生的裂缝，往往在离热源近的表面较严重。

② 收缩裂缝　混凝土早期收缩裂缝主要出现在裸露表面；混凝土硬化以后的收缩裂缝在建筑结构中部附近较多，两端较少见。

③ 荷载裂缝　一般出现在应力最大位置附近，如梁跨中下部和连续梁支座附近上部的竖向裂缝，很可能是弯曲受拉造成的。又如支座附近或集中荷载作用点附近的斜裂缝，多数可能是剪力和弯矩共同作用而造成。出现在梁弯矩最大处附近受压区的裂缝，很可能是混凝土截面太小、配筋率太高造成的。

④ 地基变形裂缝　一般在建筑物下部出现较多，裂缝位置在沉降曲线曲率较大处。单层厂房因地面荷载过大，地基发生不均匀沉降，可导致柱下部和上柱根部附近开裂；相邻柱出现较大沉降时，也可能把屋盖构件拉裂。

从裂缝位置与分布特征鉴别裂缝，见表 5-2。

表 5-2　裂缝位置与分布特征鉴别

裂缝原因		裂缝位置								
		房屋上部	房屋下部	构件中部	构件两端	截面上部	截面中部	截面下部	裸露表面	近热源处
温度	气温	√		△①	√①	√				
	高热源									√
收缩	早期								√	
	硬化后			√			△		√	
荷载②	简支梁			√	△		△	√		
	连续梁			√	√	√	△	√		
	柱			√						
地基变形	梁	△	√							
	柱	△	√							
	墙	△	√							

① 指房屋的中部或两端。

② 其他荷载裂缝位置在应力最大区附近。

注：√表示常见；△表示少见。

(2) 裂缝方向与形状

① 温度裂缝　梁板或长度较大的结构，其温度裂缝方向一般平行短边，裂缝形状一般是一端宽一端窄，有的缝宽变化不大。平屋盖温度变形导致的墙体裂缝，多数是斜裂缝，一般上宽下窄，或靠窗口处较宽，逐渐减小。

② 收缩裂缝　早期收缩裂缝呈不规则状。混凝土硬化后的裂缝方向往往与结构或构件轴线垂直，其形状多数是两端细中间宽，在平板类构件中有的缝宽度变化不大。

③ 荷载裂缝　受拉裂缝与主应力垂直，如梁弯曲受拉裂缝方向与梁轴线垂直，其一端宽一端细；又如拉杆中裂缝与构件轴线垂

直，同一条裂缝宽度变化不大。支座附近的剪切裂缝，一般沿 45°方向向跨中上方伸展。受压而产生的裂缝方向一般与压力方向平行，裂缝形状多数为两端细中间宽。扭曲裂缝呈斜向螺旋状，缝宽度变化一般不大。冲切裂缝常与冲切力沿 45°左右斜向开展。

④ 地基变形裂缝　其方向与地基变形所产生的主应力方向垂直，在墙上多数是斜裂缝，竖向及水平裂缝很少见；在梁或板上多数为垂直裂缝，也有少数为斜裂缝；在柱上常见的是水平裂缝，这些裂缝的形状一般都是一端宽一端细。裂缝方向与形状鉴别见表 5-3。

表 5-3　裂缝方向与形状鉴别

方向及形状 裂缝原因		裂缝方向				裂缝形状		
		无规律	与构件轴线垂直	与构件轴线平行	斜	一端细另一端宽	两端细中间宽	宽度变化不大
温度	梁、板		√			√		√
	墙				√	√		
收缩	早期	√					√	
	硬化后		√				√	√
荷载	梁、板		√	△	√①	√	△	
	柱		√	△		√	△	
地基变形	梁、板		√		△	√		
	柱		√			√		
	墙				√	√		

① 一般出现在支座附近，沿 45°方向向跨中上方伸展。

注：√表示常见；△表示少见。

（3）裂缝尺寸（宽度、深度、长度）及数量

① 温度裂缝　其宽度无定值，从发丝到数毫米宽都有，多数宽度不大，但数量较多；裂缝深度变化较大，有表面的、深层的和贯穿的几种。决定深度的因素是温差的性质与大小。裂缝长度随温差与结构特征而变化。

② 收缩裂缝　早期的收缩裂缝尺寸不大，硬化后的收缩裂缝一般数量多、宽度不大、深度不深，但在板类构件常见贯穿板厚的

收缩裂缝，裂缝长度大小不等，多数长度不大。

③ 荷载裂缝　普通钢筋混凝土在正常使用阶段出现的裂缝尺寸一般不大，缝宽从表面向内部逐渐缩小。在结构严重超载或达到临界状态时，裂缝宽度一般较大。但轴心受压构件产生的裂缝即使不大，也可能是接近临界状态的征兆，必须引起高度重视。

④ 地基变形裂缝　尺寸大小变化较多，在地基接近剪切破坏或出现较大沉降差时，裂缝尺寸可能较大。

裂缝大小与数量鉴别见表 5-4。

表 5-4　裂缝大小与数量鉴别

裂缝原因		大小与数量							
		最大宽度		深度		长度		数量	
		较宽	较细	较深	较浅	较长	较短	较多	较少
温度		△	√					√	
收缩	早期	√	√		√		√	√	
	硬化后		△	△	√	△	√	√	
荷载	梁、板	△	√	△	√	△	√	△	√
	柱		√				√		√
	墙								√
地基变形	梁、板								√
	柱								√
	墙							√	

注：温度裂缝、地基变形裂缝的尺寸与数量变化较大。

√表示常见；△表示少见。

（4）裂缝出现时间

① 温度裂缝　气候变化导致的裂缝，往往在经过夏天或冬天后出现或加大。在使用环境高温影响下，热源温度高，即使作用时间不长也可能引起开裂；热源温度不太高，在长期烘烤下也可能开裂。

② 收缩裂缝　早期的收缩裂缝出现在混凝土终凝前。硬化后的混凝土收缩裂缝产生时间与构件尺寸、构造、约束、环境等因素有关。有的几天后就产生，有的十几天甚至数月后才出现。

③ 荷载裂缝　一般在荷载突然增加时出现，如结构拆模、安

装设备、结构超载等。

④ 地基变形裂缝 大多数出现在房屋建成后不久，也有少数工程在施工中明显开裂，严重的甚至无法继续施工。

从裂缝出现时间鉴别，见表 5-5。

表 5-5 从裂缝出现时间鉴别

裂缝原因		出现时间					
		施工期	竣工后不久	荷载突然增加	经过夏天或冬天后	短期	长期
温度	气温				√		
	高温烘烤					√	
	80～100℃						√
收缩	早期	√					
	硬化后	√	√				√
荷载				√			
地基变形		△	√				

注：√表示常见；△表示少见。

裂缝发展变化鉴别见表 5-6。

表 5-6 裂缝发展变化鉴别

裂缝原因	发展变化				
	气温或环境温度	时间	湿度	荷载大小	地基变形
温度	√				
收缩		√	√		
荷载		√		√	
地基变形		√			√

注：1. 地基变形稳定后，地基变形裂缝也趋稳定。

2. 正常使用阶段的荷载裂缝，一般变化不大。

3. √表示常见。

（5）大体积混凝土裂缝类别、特征与鉴别

大体积混凝土温度裂缝有表面、内部、贯穿三类。裂缝的产生与发展，以及裂缝大小与数量，随混凝土内部温度变化情况、约束条件、大气或环境温度变化情况、变化速度以及结构构件尺寸与形状等因素而变化。此外，还与混凝土收缩有关。大体积混凝土裂缝特征与鉴别见表 5-7。

表 5-7 大体积混凝土裂缝特征与鉴别

裂缝类别	位置	方向	形状	出现时间	数量	尺寸大小			发展变化
						宽度	深度	长度	
表面	出现在裸露表面	无规律	表面宽，向里减小	早期或结构拆模、寒潮来临时	较多	无规律	较浅	变化较大	随内部热量散发、温差减小，裂缝减轻
内部	多在基础（或下部结构）交接面以上，长条结构的中部	与结构短边平行	下面宽，向上变细而消失	后期、混凝土内部温度降低较多时	较少	变化较大	较深	变化较大	随混凝土内部温度降低，裂缝不断发展，降至最低温度后，不再扩大恶化
贯穿	常见内部与表面裂缝重叠位置	与结构短边平行	下面宽，上面细，有时宽度变化不大	后期，混凝土内部温度降低较多时	更少	变化较大	沿全截面断裂	变化较大	随混凝土内部温度而变化

可以通过理论计算区分裂缝产生的原因。荷载裂缝可用材料的实际强度、结构实际尺寸、构造和荷载，根据混凝土结构设计规范有关规定验算。温度裂缝可用温度场和温度应力的理论计算。收缩裂缝可用收缩发展有关数据和结构力学方法计算。地基变形裂缝则可根据地基实际情况计算变形，然后用结构力学方法计算应力。除了通过理论验算区分不同裂缝外，还可以通过变形观测等方法鉴别，如测出地基沉降曲线、梁板挠曲变形曲线等。

需要指出：上述鉴别要点，仅适用于一般情况，在实际应用时还应注意将上述因素结合建筑结构特征、环境及使用条件等综合分析后，才能准确地鉴别。

3. 危害严重的裂缝及其特征

钢筋混凝土结构或构件断裂有弯曲断裂、剪切断裂、受压后劈（膨）裂、锚固断裂、扭曲断裂及压杆失稳断裂六种。可能引起柱、墙、梁、框架、板等构件断裂或倒塌的情况如下。

（1）柱

① 出现裂缝、保护层部分剥落、主筋外露。

② 一侧产生明显的水平裂缝，另一侧混凝土被压碎，主筋外露。

③ 出现明显的交叉裂缝。

（2）墙

墙中间部位产生明显的交叉裂缝，或伴有保护层脱落。

（3）梁

① 简支梁、连续梁跨中附近的底面出现横断裂缝，其一侧向上延伸达 1/2 梁高以上，或上面出现多条明显的水平裂缝，保护层脱落，下面伴有竖向裂缝。

② 梁支撑部位附近出现明显的斜裂缝，这是一种危害较大的裂缝。当裂缝扩展延伸达 1/3 梁高以上时，或出现斜裂缝的同时受压区还出现水平裂缝，则可能导致梁断裂而破坏。尤其应该注意：当箍筋过少，且剪跨比（集中荷载至支座距离与梁有效高度之比）大于 3 时，一旦出现斜裂缝，箍筋应力很快达到屈服强度，斜裂缝迅速发展使梁裂为两部分而破坏。

③ 连续梁支撑部位附近上面出现明显的横断裂缝，其一侧向下延伸达 1/3 梁高以上，或上面出现竖向裂缝，同时下面出现水平

裂缝。

④ 悬臂梁固定端附近出现明显的竖向裂缝或斜裂缝。

(4) 框架

① 框架柱与框架梁上出现的与前述柱及梁的危险裂缝相同的裂缝。

② 框架转角附近出现的竖裂缝、斜裂缝或交叉裂缝。

(5) 板

① 出现与受拉主筋方向垂直的横断裂缝，并向受压区方向延伸。

② 悬臂板固定端附近上面出现明显的裂缝，其方向与受拉主筋垂直。

③ 现浇板上面周边产生明显裂缝，或下面产生交叉裂缝。

除上述这些危害严重的裂缝外，凡裂缝宽度超过设计规范的允许值，都应认真分析并适当处理。

三、裂缝处理原则

裂缝处理应遵循下述原则。

(1) 查清情况

主要应查清建筑结构的实际状况、裂缝现状和发展变化情况。

(2) 鉴别裂缝性质

根据前述内容确定裂缝性质是处理的必要前提。对原因与性质一时搞不清的裂缝，只要结构不恶化，可进一步观测或试验，待性质明确后再适当进行处理。

(3) 明确处理措施

根据裂缝的性质和使用要求确定处理措施。如封闭保护或补强加固。

(4) 确保结构安全

对危及结构安全的裂缝，必须认真分析处理，防止发生结构破坏倒塌的恶性事故，并采取必要的应急防护措施，以防事故恶化。

(5) 满足使用要求

除了结构安全外，应注意结构构件的刚度、尺寸、空间等方面的使用要求，以及气密性、防渗漏、洁净度和美观方面的要求等。

(6) 保证一定的耐久性

除考虑裂缝宽度、环境条件对钢筋锈蚀的影响外，应注意修补措施和材料的耐久性能问题。

(7) 确定合适的处理时机

如有可能最好在裂缝稳定后处理；对随环境条件变化的温度裂缝，宜在裂缝最宽时处理；对危及结构安全的裂缝，应尽早处理。

(8) 防止不必要的损伤

例如对既不危及安全，又不影响耐久性的裂缝，避免人为扩大后再修补而造成一条缝变成两条的后果。

(9) 改善结构使用条件

消除造成裂缝的因素 这是防止裂缝修补后再次开裂的重要措施。例如卸载或防止超载，改善屋面保温隔热层的性能等。

(10) 处理方法可行

处理效果可靠，方法切实可行，施工方便、安全、经济合理。

(11) 满足设计要求

遵守标准规范的有关规定。

四、裂缝处理方法与选择

1. 处理方法类别

裂缝处理方法有以下几种。

(1) 表面修补法

常用的方法有：压实抹平，涂抹环氧胶黏剂，喷涂水泥砂浆或细石混凝土，压抹环氧胶泥，环氧树脂粘贴玻璃丝布，增加整体面层，钢锚栓缝合等。

(2) 局部修复法

常用的方法有充填法、预应力法、部分凿除重新浇筑混凝土等。

(3) 水泥压力灌浆法

适用于缝宽≥0.5mm 的稳定裂缝。

(4) 化学灌浆法

适用于缝宽≥0.05mm 的裂缝。

(5) 减小结构内力

常用的方法有：卸荷或控制荷载，设置卸荷结构，增设支点或支撑，改简支梁为连续梁等。

（6）结构补强

常用的方法有：增加钢筋、加厚板、外包钢筋混凝土、外包钢、粘贴钢板、预应力补强体系等。

（7）改变结构方案，加强整体刚度

例如，框架裂缝采用增设隔板深梁法处理。

（8）其他方法

常用方法有：拆除重做，改善结构使用条件，通过试验或分析论证不处理等。

结构加固用胶黏剂应符合《混凝土结构加固设计规范》（GB 50367）的规定。

2. 处理方法选择

选择处理方法时应考虑的因素有裂缝性质、大小、位置、环境、处理目的，以及结构受力情况和停用情况等。裂缝处理方法的选择可参照表 5-8。

表 5-8 裂缝处理方法选择

分类		处理方法					
		表面修补	局部修复	灌浆		减小结构内力	结构补强
				水泥	化学		
裂缝性质	温度	√	△		△		
	收缩	√	△		△		
	荷载		√	△	√	√①	√
	地基变形	√		△	△		△
裂缝宽度/mm	＜0.1	√			△		
	0.1～0.5	√	√		√		△
	＞0.5			√	△		△
处理目的	美观	√					
	防渗漏	√	△	△	√		
	耐久性	√	△		△		
	承载能力		△	△	√	√①	√

① 应与表面修补配合使用。

注：√表示较常用；△表示较少用。

五、表面修补法处理及实例

1. 压实抹平

混凝土硬化前出现的早期收缩裂缝、沉缩裂缝，可用铁铲或铁抹子拍实压平，消除这类裂缝。

2. 涂刷环氧浆液

混凝土硬化后，表面出现宽度小于0.3mm、深度不大、条数较多的裂缝，可用此法进行表面处理。其处理要点为：先清洁需处理的表面，除去油渍、污垢，然后用丙酮、二甲苯或酒精擦洗，待干燥后用毛刷（排笔或油画笔）反复涂刷环氧浆液，每隔3～5min涂一次，直到涂层厚度达1mm左右为止。曾有报道，用这种处理方法环氧浆液渗入深度可达16～84mm，虽然裂缝并未完全充填环氧胶黏剂，但这种处理方法可有效地防止空气和水从裂缝口渗入混凝土内。

3. 增加整体面层

混凝土表面裂缝数量较多，分布面较广时，常采用增加一层水泥砂浆或细石混凝土整体面层的方法处理。多数情况下，整体面层内应配置双向钢丝网。整体面层具体施工工艺如下。

（1）表面处理

混凝土表面凿毛，用钢丝刷辅以高压水清洗，并充分湿润，被处理表面最终达到清洁、平整、坚实、粗糙、潮湿的要求。

（2）施加水泥砂浆面层

① 在潮湿的、需处理的表面上压抹一层纯水泥灰浆，厚约2mm，宜用铁抹子往返用力压抹3～4遍。

② 在纯水泥灰浆初凝（用手指摁压出现指印，但不沾手）时，抹一层10mm左右的（1∶1)～(1∶2）水泥砂浆层，在水泥砂浆初凝前后，用笤帚将表面扫成条纹状粗糙面。

③ 在上述砂浆层凝固并具有一定强度后（一般常温下隔一夜），适当浇水湿润，再抹第二层水泥砂浆，其配合比和做法同②，将表面压实抹光。

有条件时，宜采用喷射法施工水泥砂浆整体面层。

（3）施加细石混凝土面层

① 配置钢丝网片。一般钢丝直径为 3～4mm，双向间距为@100～200mm。

② 配制低流动性的细石混凝土，浇筑后振实，表面压光。有条件时，宜采用喷射混凝土施工整体面层。

(4) 整体面层完成后

应及时养护防止再次出现干缩裂缝。

(5) 增加整体面层前

应进行设计验算，防止因结构自重增加后，造成下部结构产生新问题。

4. 压抹环氧胶泥

对于数量不多、不集中、缝宽大于 0.1mm 的裂缝可采用此法处理，其要点如下。

(1) 表面处理

待修补裂缝 50～100mm 宽范围内的混凝土表面应清洗洁净并干燥，其处理方法与本节二相同；如表面有油垢污染，可用钢丝刷、砂纸刷擦后，用压缩空气吹净。

(2) 涂刷

涂刷一层环氧浆液。

(3) 压抹环氧胶泥层

用铁抹子沿裂缝压抹一层宽 20～40mm，厚 1～2mm 左右的环氧胶泥。环氧胶泥层的尺寸参照表 5-9。如基层不易干燥时，改用压抹环氧焦油胶泥。

表 5-9 修补裂缝用环氧胶泥层尺寸

裂缝宽度/mm	胶泥层宽/mm	胶泥层厚/mm
0.1～0.3	20	1
0.3～1.0	30	1
1.0～2.0	40	2

5. 环氧浆液粘贴玻璃丝布

一般采用环氧树脂胶料或环氧焦油胶料，粘贴 1～2 层玻璃丝布，其施工要点如下。

(1) 表面处理

表面需处理清洁并干燥，面层应坚实。

（2）玻璃丝布的选择与处理

玻璃丝布宜选用非石蜡型。当采用石蜡型时，应先进行脱蜡处理。脱蜡方法有三种，可根据工地条件任选一种。

① 在碱水中煮沸 30～60min 后，用清水漂净晾干。

② 在肥皂水中煮沸 2～4h，然后用清水漂净晾干。

③ 在温度不超过 300℃ 的条件下烘烤脱脂，至布面稍发黄为度。脱脂后的玻璃丝布应整齐紧密卷成捆，贮存在阴凉干燥处，严禁受潮或被污染。

（3）粘贴玻璃丝布胶料的配制

其施工配合比见表 5-10。

表 5-10 粘贴玻璃丝布胶料施工配合比（质量比）

<table>
<tr><th rowspan="3" colspan="2">胶料类别</th><th colspan="7">材料名称</th></tr>
<tr><th rowspan="2">环氧树脂</th><th rowspan="2">煤焦油</th><th colspan="2">稀释剂</th><th colspan="2">固化剂</th><th rowspan="2">石英粉</th></tr>
<tr><th>丙酮</th><th>二甲苯或甲苯</th><th>乙二胺</th><th>乙二胺丙酮溶液 1∶1</th></tr>
<tr><td rowspan="3">环氧胶料</td><td>打底料</td><td rowspan="3">100</td><td rowspan="3"></td><td>60～100</td><td rowspan="3"></td><td rowspan="3">（6～8）</td><td rowspan="3">12～16</td><td>0～20</td></tr>
<tr><td>腻子料</td><td>0～10</td><td>150～200</td></tr>
<tr><td>衬布料与面层料</td><td>15</td><td>15～20</td></tr>
<tr><td rowspan="2">环氧焦油胶料</td><td>腻子料</td><td rowspan="2">50</td><td rowspan="2">50</td><td rowspan="2"></td><td rowspan="2">10～15</td><td rowspan="2">（3～4）</td><td rowspan="2">6～8</td><td>200～250</td></tr>
<tr><td>衬布料与面层料</td><td>5～15</td></tr>
</table>

注：1. 表中（ ）内数据也可选用。

2. 粉料可用瓷粉。

3. 环氧焦油胶料的打底料与环氧胶料打底料相同。

（4）打底和嵌刮腻子

在基层表面均匀涂刷环氧胶料打底料，自然固化 12h 后，对基层凹陷不平处用腻子料修补填平，随即涂刷第二遍打底料。打底料涂层应薄而均匀，不得有漏涂、流坠等缺陷。

(5) 涂刷衬布料及粘贴玻璃丝布

第二遍打底料自然固化24h后，均匀涂刷一层衬布料，随即铺放一层玻璃丝布，并贴实。然后在其上再均匀涂刷一层衬布料（玻璃丝布应浸透）。如需粘贴两层玻璃丝布，则可紧接着铺衬一层布压实，其上再均匀涂刷一层衬布料。第二层布的周边应比第一层宽10～12mm，以便压边。

6. 表面缝合

在裂缝两边钻孔或凿槽，将U形钢筋或金属板放入孔或槽中，用环氧树脂砂浆等无收缩型砂浆灌入孔或槽中锚固，以达到缝合裂缝的目的（见图5-1）。

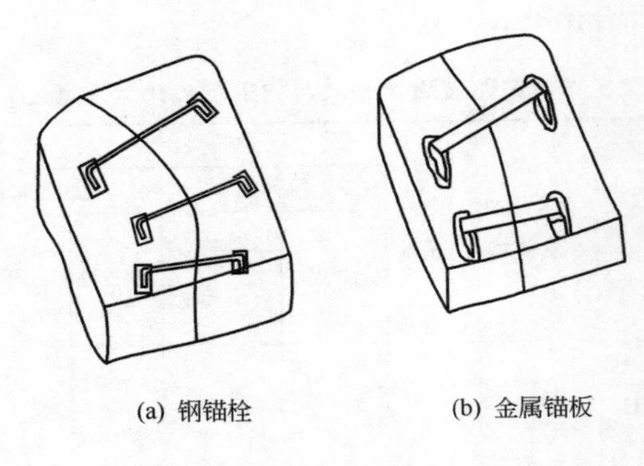

(a) 钢锚栓　　(b) 金属锚板

图5-1　表面缝合修补裂缝

六、局部修复法处理及实例

1. 充填法

(1) 充填法施工工艺

用钢钎、风镐或高速转动的切割圆盘将裂缝扩大，最终凿成V形或梯形槽（见图5-2），分层压抹环氧砂浆，或水泥砂浆，或聚氯乙烯胶泥，或沥青油膏等材料封闭裂缝。其中V形槽适用于一般裂缝的修补；梯形槽适用于渗水裂缝的修补；环氧砂浆适用于有结构强度要求的修补；聚氯乙烯胶泥和沥青油膏仅适用于防渗漏的修补。

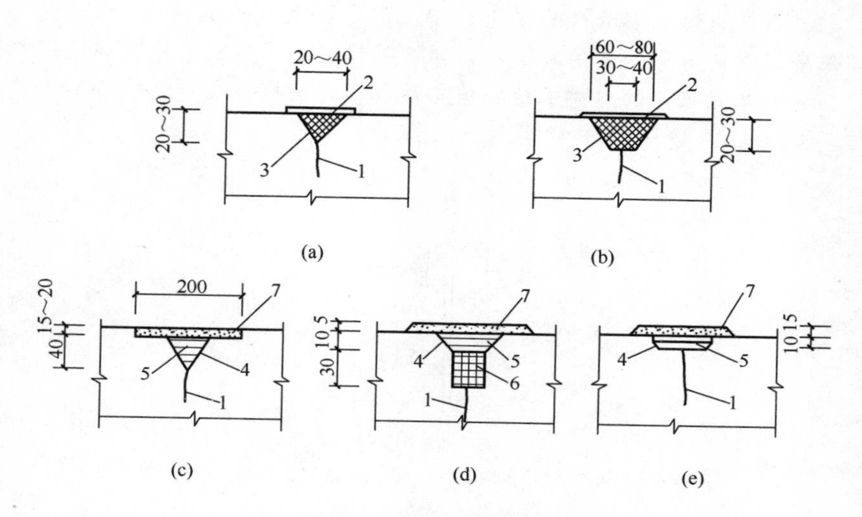

图 5-2　充填法修补裂缝

1—裂缝；2—环氧浆液；3—环氧砂浆；4—水泥净浆（厚 2mm）；5—1∶2 水泥砂浆；6—聚氯乙烯胶泥或沥青；7—1∶2.5 水泥砂浆或刚性防水五层做法

（2）工程实例

【实例 5-1】

某单层厂房预制柱，因施工中碰撞造成上柱根部产生裂缝，宽 0.3～0.5mm。扩缝后充填高强度水泥砂浆修补，以防钢筋锈蚀，使用后情况良好。

【实例 5-2】

某办公楼外墙为现浇钢筋混凝土结构，厚 150mm。房屋竣工一年后发现外墙开裂，房屋下层裂缝呈倒八字形，上层裂缝呈八字形，南面比北面严重，多数缝宽大于 0.1mm，最宽处为 0.5mm。由于裂缝贯穿墙身，下雨时会产生渗漏。该工程梁、柱等构件未开裂。裂缝的主要原因是温度差与混凝土收缩。

由于裂缝不影响结构安全和耐久性，因此仅做封闭保护处理。但墙内渗漏会影响使用和美观，应及早修补。考虑到裂缝随环境温度会发生变化，故用弹性填料填充后再压抹树脂砂浆（见图 5-3）。

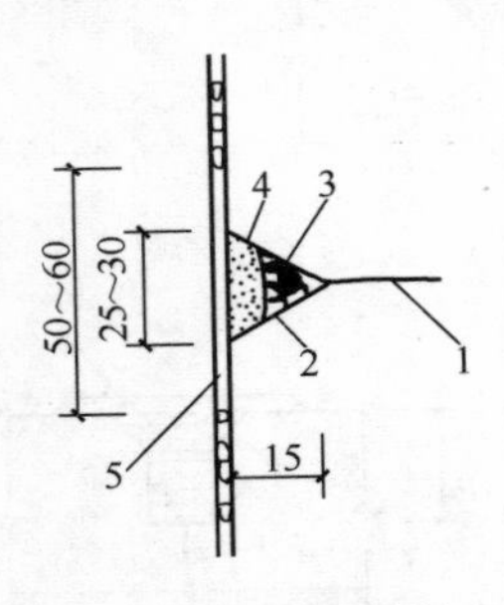

图 5-3 墙裂缝修补

1—裂缝；2—底漆；3—弹性填料；4—树脂砂浆；5—修补外装修层

2. 预应力法

用钻机在构件上钻孔，应注意避开钢筋，然后穿入螺栓（预应力筋），施加预应力后，拧紧螺帽，使裂缝减小或闭合。条件许可时，孔的方向与裂缝方向垂直，见图 5-4（a）；钻孔的方向与裂缝垂直时，宜采用双向施加预应力，见图 5-4（b）。

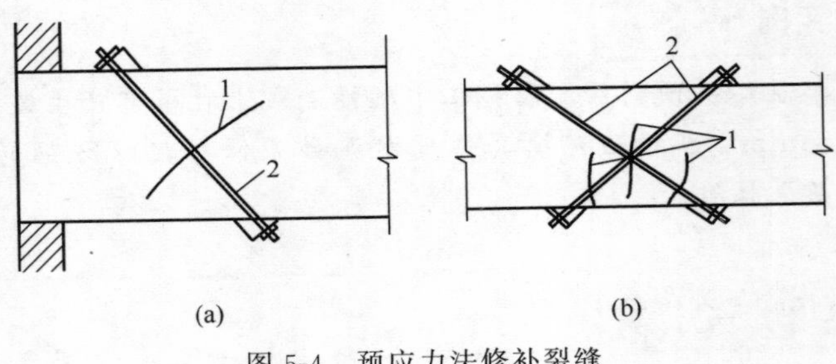

图 5-4 预应力法修补裂缝

1—裂缝；2—预应力筋

3. 部分凿除重新浇筑混凝土

对于钢筋混凝土预制桩、梁等构件，由于运输、堆放、吊装不当而造成裂缝的事故时有发生。这类裂缝可采用以下方法处理。凿除裂缝附近的混凝土，清洗、充分湿润，浇筑强度高一等级的混凝土，养护到规定强度。修补后的构件仍可使用在工程上。用这种方法修补已断裂的构件应特别慎重。此外，修补前应检查钢筋的实际应力和变形状况。修补混凝土宜用微膨胀型。修复工作必须十分仔细认真，否则新老混凝土结合不良将导致修补工作失败。这类工程实例很多，下面举例说明。

【实例 5-3】

某车间用 24m 长钢筋混凝土预制方桩，其截面尺寸为 400mm×400mm，混凝土强度等级为 C28。整根预制桩在运输、吊装中出现多根桩断裂，决定把断桩可靠地支撑在地面上，并仔细抄平放线，保证桩的轴线与桩尺寸偏差小于施工及验收规范的规定值，然后将断裂部分的混凝土凿去，再校核桩尺寸和轴线，符合要求后进行清洗湿润，浇筑 C38 混凝土并充分养护。经过处理修补的断桩仍可使用，用 7.5t 蒸汽锤打桩，均顺利沉入土中。

【实例 5-4】

某车间跨度为 9m，使用薄腹梁，由于直立的梁支撑失效而倾倒，造成梁上出现 6 条横向裂缝，最大缝宽达 1.2mm。该工程采用部分凿除裂缝及附近混凝土后、重新浇筑细石膨胀混凝土的方法处理。处理后的薄腹梁用于工程，未发现异常。

4. 局部增加钢筋后再浇混凝土

有的预制构件因施工不慎导致其产生较宽的裂缝，构件的受力钢筋应力有可能超过屈服强度时，需要凿开裂缝附近混凝土，增加钢筋后再重浇混凝土。

【实例 5-5】

某车间屋盖采用 9m 跨度的 T 形屋面梁，因吊装碰撞造成梁吊环附近混凝土出现裂缝，凿开检查，发现钢筋已弯曲，因此加焊同规格的短钢筋并安装开口箍筋后，重新浇筑细石混凝土（见图 5-5）。

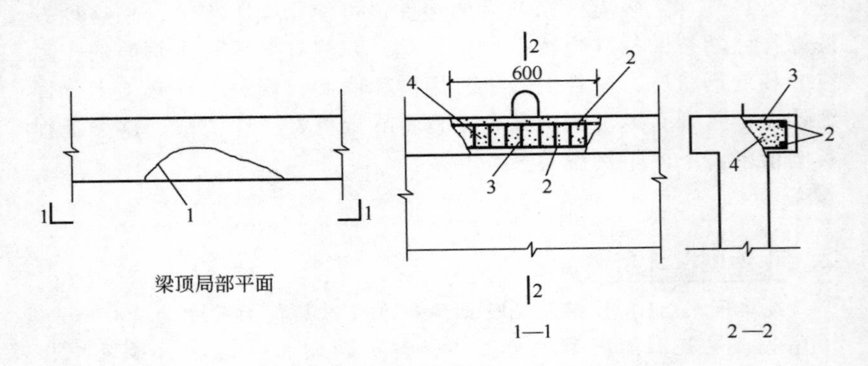

图 5-5　屋面梁裂缝修补
1—裂缝；2—加焊短钢筋；3—开口箍筋；4—细石混凝土

【实例 5-6】

某单层厂房钢筋混凝土柱，安装后因被碰撞而产生裂缝，缝宽 0.6～3.0mm，裂缝处钢筋应力已超过屈服点。该工地采用凿除裂缝附近混凝土、增加钢筋局部修复的方法处理，经使用检验，效果良好（见图 5-6）。

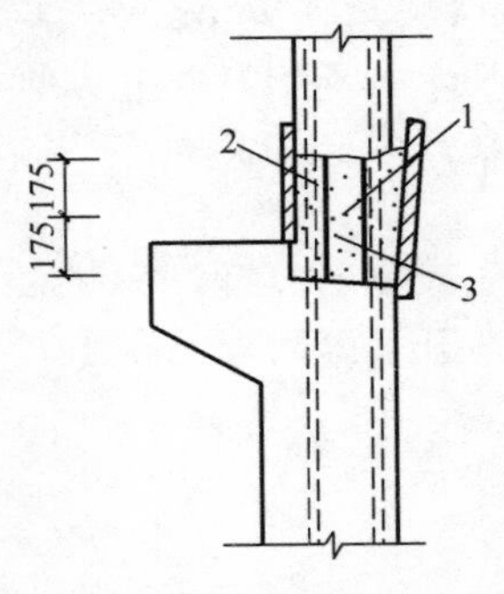

图 5-6　柱裂缝修补
1—裂缝；2—补焊Φ16 钢筋；
3—重浇混凝土

5. 局部外包型钢和钢板

山西省某车间四层屋顶次梁发现严重裂缝，其特点是裂缝都发生在梁正弯矩区段内，裂缝条数少、宽度大，最宽处达 1.2mm，裂缝未延伸至板上。裂缝两侧已碳化，混凝土中有孔洞。

经分析查明，引起裂缝的原因有三个：正弯矩区配筋不足；梁混凝土浇筑出现冷缝，未做适当处理；屋面梁受温度收缩影响较大。

经当地有关部门技术鉴定后，采取以下处理措施。

① 铲除梁抹灰层，磨去梁下棱角使其呈圆弧形，使补强用角钢能紧贴梁面。

② 按图 5-7 先在地面制作好局部加固钢支架。

③ 板上面浇筑细石混凝土，梁表面抹 1∶2 水泥砂浆后喷白。

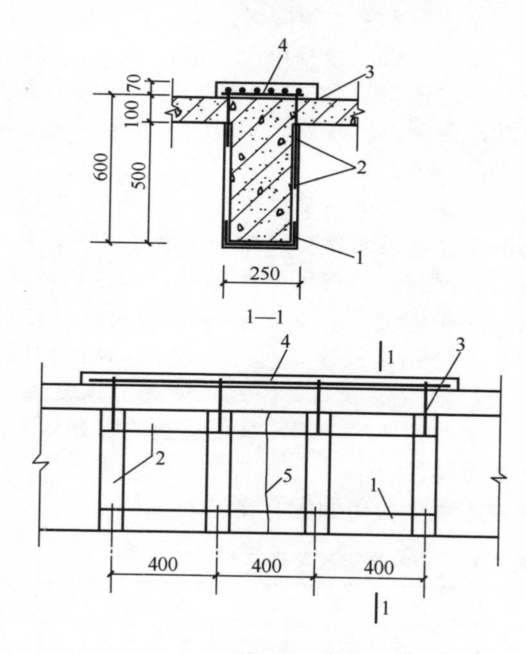

图 5-7 局部外包钢处理裂缝

1—2∟60×6；2—钢板，截面 8mm×40mm；3—ϕ16 螺栓；4—钢板，厚 8mm；5—裂缝

七、化学灌浆法处理及实例

用压送设备将化学浆液灌入混凝土缝内，达到补强加固和防渗堵漏的目的，这种修补裂缝的方法称为化学灌浆法。本节仅阐述补强加固型化学灌浆的概况与实例，具体灌浆技术见本章第七节。

1. 化学灌浆法常用材料

建筑结构补强加固用的化学灌浆材料主要有环氧树脂类和甲基

丙烯酸甲酯类两大类。

(1) 环氧树脂类灌浆材料

环氧树脂类灌浆料施工较方便，材料来源广，因此在建筑工程中得到广泛的应用。根据北京市建筑设计院等单位的试验，环氧树脂浆液只要配方适当，其抗压、抗拉、黏结强度都很高，尤其是抗拉和黏结强度远大于混凝土的相应强度。因此，只要选用的浆液黏结度达到可灌性要求，施灌过程中没有漏灌现象，进浆情况良好，浆料用量与裂缝所占体积基本接近，灌浆后进行适当养护，结构或构件的整体性和承载能力的恢复，都能满足要求。环氧树脂浆液可灌入不小于 0.1mm 的裂缝中。

(2) 甲基丙烯酸甲酯类灌浆材料

甲基丙烯酸甲酯类灌浆材料的黏度比水低得多，其表面张力仅为水的 1/3 左右。因此，不仅可灌性很好，而且扩散能力也很强。工程实践表明，用于缝宽不小于 0.05mm 的裂缝补强和防渗都可取得良好的效果。特别是用于修补干裂缝时，由于其固化物强度高，与混凝土黏结强度也较高，因此，能充分恢复混凝土的整体性。用其修补有水的裂缝时，则需采用适当的配方和工艺，方能部分恢复混凝土的整体性。

两类材料在工程中使用的配合比见表 5-11 和表 5-12。

表 5-11 环氧树脂灌浆浆液参考配合比（质量比）

材料名称	配方编号								
	1	2	3	4	5	6	7	8	9
环氧树脂	100	100	100	100	100	100	1000①	100	100
邻苯二甲酸二丁酯	10							10	10
二甲苯	30～50							40	40
环氧氯丙烷	10							20	20
乙二胺	10	16		18		8～10	25②		8～10
间苯二胺								17	
DMP-30			3						

续表

材料名称	配方编号								
	1	2	3	4	5	6	7	8	9
糠醛		25	50	40	60				
丙酮		25	50	40	20		260		
聚酰胺(600号)			15						
甲苯						30～40			
苯酚				0～15	0～20				
半酮亚胺					40		316		
焦性没食子酸							0～30		
适用的裂缝	干缝	干缝	干、湿缝	干缝	湿缝	干缝	湿缝	干缝	干缝
采用的工程	门式刚架	电站附墙牛腿	某船坞	设备基础	设备基础	梁、柱屋架	屋架	梁、墙屋架	梁、墙屋架

① 1000mL为主液，其质量配合比环氧树脂：糠醛：苯酚＝100：90：15。

② 指浆液中浓度98%的乙二胺所占比例（%）。

注：7号配方中主液、丙酮、半酮亚胺以mL计，焦性没食子酸以g计。

表5-12　甲基丙烯酸甲酯类灌浆液参考配合比

材料名称	代号	作用	用量单位	配方编号				
				1	2	3	4	5
甲基丙烯酸甲酯	MMA	主剂	mL	100	100	100	76.5g	100
过氧化苯甲酰	BPO	引发剂	g	1	1	1	1.5	1
二甲基苯胺	DMA	促进剂	mL	1	1	1	1.5g	0.5～1
对甲苯亚磺酸	TSA	除氧剂	g	1	1	1		1～2
甲基丙烯酸		改性剂	mL	—	—	—	2	—
丙烯酸		改性剂	mL	—	5	10	—	10
甲基丙烯酸丁酯		改性剂	mL	—	—	—	20	—
使用工程概况				厂房梁	厂房梁	仓库屋架厂房梁	大坝干裂缝	大坝有水裂缝

注：4号配方材料用量为质量比。

2. 工程实例

【实例 5-7】 梁裂缝灌浆实例

上海市某厂房楼板梁产生了大量的纵向裂缝，最大缝宽为1.8mm，由于上部浸入酸液，混凝土被严重腐蚀。采用灌浆补强，其配合比见表5-12中的配方1。修补时先凿除已疏松的混凝土至露出钢筋，然后埋设灌浆嘴，用手摇式压泵灌浆，压力为0.2～0.3MPa。

施工中，现场取样制作试块，测得抗压强度为80.8MPa，抗拉强度为3.6～4.0MPa。施工后，经多年观察，未发现再开裂，而且在附近新建工程打桩的影响下，该梁也未见异常。

【实例 5-8】 某修配厂修理车间钢筋混凝土吊车梁裂缝灌浆实例

由于车挡上未设制动装置，使用中吊车碰撞车挡，造成两根吊车梁的翼缘和肋上部分出现了0.15～0.4mm和0.05～0.3mm的贯穿裂缝。采用表5-11中的配方8进行灌浆修补，在施灌过程中一根吊车梁肋部垂直裂缝宽0.1～0.3mm，灌浆压力0.20～0.35MPa，进浆情况良好。另一根吊车梁肋部垂直裂缝宽为0.05～0.2mm，在用压缩空气试验时，各灌浆嘴间不够畅通，灌浆压力0.20～0.45MPa，进浆情况不如前一根。

浆液硬化后，在吊车超载条件下于修补后的吊车梁上反复行驶六趟。检查结果表明裂缝黏合情况良好，使用十六余年未见异常。

【实例 5-9】 墙牛腿裂缝灌浆实例

某电站吊车吨位为400t，吊车梁安放在附墙牛腿上。在钢筋混凝土墙及牛腿施工结束后，即发现在牛腿根部沿墙产生了2～3cm宽的裂缝，严重影响吊车的安全运行，必须进行加固。

调查分析认为，产生裂缝的原因是模板变形以及混凝土在结硬前的沉缩。

经研究决定，采用环氧树脂浆液进行灌浆补强。浆液采用表5-11中的2号配方。用压浆筒灌浆，灌浆压力为0.3～0.5MPa，共灌入浆液227kg。灌浆后两个半月，进行吊车超负荷试验，测得牛腿垂直变形仅0.1mm，卸荷后即复位，说明牛腿经灌浆补强后，达到了原设计的要求。

【实例5-10】现浇板裂缝灌浆实例

某办公楼共九层，钢筋混凝土结构，其中现浇楼板厚120mm，某层楼板浇筑后不久，表面产生了许多不规则的裂缝，28d后拆除楼板模板后，发现板底面有不少裂缝，其宽度为0.05～0.15mm，经检查这些裂缝是上下贯通的。产生裂缝的主要原因是：浇混凝土时气候异常干燥，加上施工措施不当。根据调查分析，认为裂缝对承载能力和刚度影响甚小，但考虑建筑物的耐久性要求，还是对该工程的裂缝进行了预防性修补。

对宽度大于0.08mm的裂缝，用改性环氧树脂和改性氨基树脂混合液灌浆，使开裂的混凝土重新黏合成整体。所有裂缝均采取封闭保护措施。楼板上面因做面层已可满足要求，楼板底面的裂缝，全部沿裂缝方向涂刷约100mm宽的保护层。涂层使用聚丙烯树脂及以沥青为主要成分的材料。

该工程经灌浆修补后，曾钻芯取试样检查灌浆材料的充填情况，并将芯样放在压力机上试压，检验树脂充填与黏结质量。结果证明符合要求。

【实例5-11】门式刚架裂缝灌浆实例

某体育馆为双铰门式刚架结构，跨度为21m，屋面板安装后，检查发现刚架转角部位有斜裂缝，每个转角处只有一条裂缝，最大裂缝宽度为0.4mm，裂缝形状为中间宽、两端细。裂缝主要是因为转角部位应力复杂所致。裂缝附近截面弯矩很大，裂缝位置又处在受弯和偏心受压的过渡区，外侧在弯矩作用下产生拉应力，内侧为压应力，其合力对转角混凝土产生挤压而形成这类裂缝。由于裂缝宽度已超过设计规定的0.3mm，而且是贯穿性裂缝，为防止钢筋锈蚀，该工程采用灌注环氧树脂浆液的方法补强加固，灌浆液配合比见表5-11中的配方。

灌浆20d后做鉴定性荷载试验，结果表明，裂缝开展情况满足设计要求；在使用荷载作用下最大裂缝宽度为0.12mm，总的挠度为24.94mm＜(21000/300)＝70mm，满足设计要求。

八、减小结构内力法处理及实例

1. 减小结构荷载

（1）减轻结构自重

如改砖墙为轻质墙；钢筋混凝土平屋顶改为轻钢屋盖石棉瓦；保温隔热层改用高效轻质材料等。

（2）改善建筑物使用条件，减小结构荷载

如防止积水，经常清扫厂房屋面积灰等。

（3）改变建筑用途

对有缺陷的个别房间改变使用性质，以减小使用荷载，如资料档案室改为办公室，藏书库改为阅览室，其活荷载分别从2.5kN/m^{2}或5.0kN/m^{2}下降到1.5kN/m^{2}或2.0kN/m^2。

2. 增设支点，减小结构内力

（1）加固原理

在梁、板等受弯构件中，增设新的支柱（支座）后，缩减计算跨度，而使结构内力明显减小，裂缝减轻。以均布荷载为例，在增设新的支座后，弯矩发生变化，其变量不仅与新增支座的位置、数量有关，而且取决于支座参与共同工作程度的大小（见图5-8）。

采用这种方法处理钢筋混凝土结构时，应注意实际配筋情况能否适应弯矩变化后的要求。

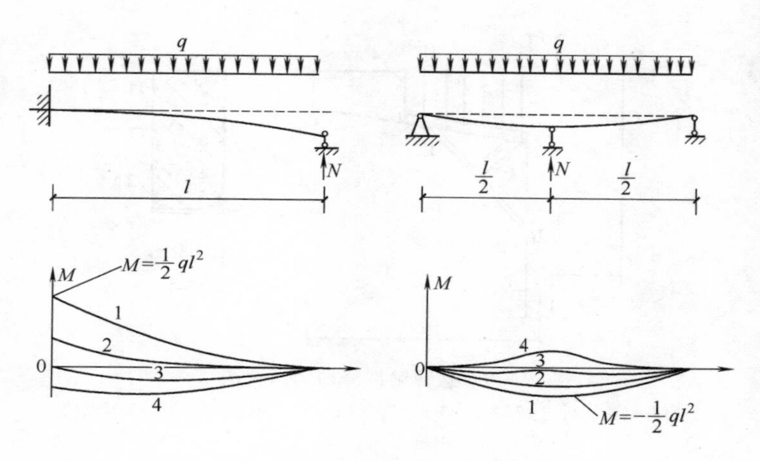

图 5-8　受弯构件增设支座后的内力变化情况

曲线 1—$N=0$ 时；曲线 2—$0<N<\frac{1}{2}ql$ 时；曲线 3—$N=\frac{1}{2}ql$ 时；

曲线 4—$N>\frac{1}{2}ql$ 时

（2）工程实例

【实例 5-12】

湖北省某工程悬臂梁因施工工艺不当，导致施工超载，负弯矩钢筋下沉，造成悬臂梁固定端附近普遍出现宽 0.3～0.5mm、长 600～800mm 的裂缝。裂缝上宽下细，从梁顶面开始向下延伸。由于该梁悬出长度和使用荷载均较大，该工程根据工地条件采用加钢支撑的方法加固补强，方法示意见图 5-9。钢支撑的尺寸构造及材料选用均通过结构计算确定。

【实例 5-13】

现浇板跨中出现过大裂缝或挠度的事故较常见，处理方法之一是增加梁作新的支点，以减小板跨度。最简单的梁可用工字钢或槽

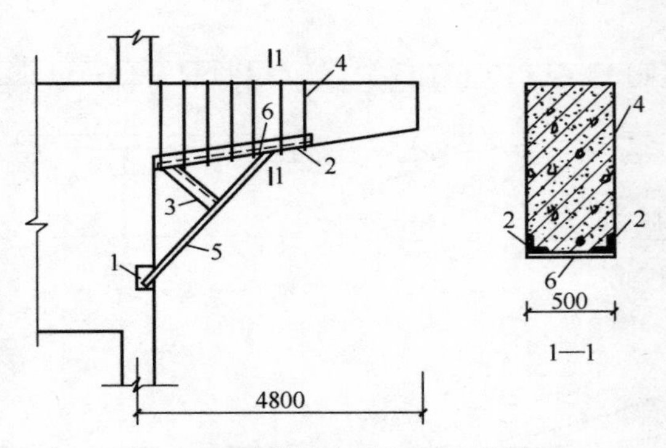

图 5-9 悬臂梁裂缝加固示意图

1—预埋钢板；2—∟ 75×8；3—∟ 75×8；4—Φ22@400；5—43 号钢轨；6—钢板 500×400×10

钢（见图 5-10）。用钢筋混凝土梁减小板跨度。

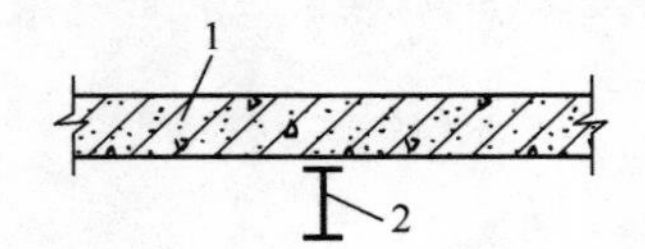

图 5-10 用型钢减小板跨度

1—楼板；2—型钢梁

3. 增设卸荷结构

（1）加固方法

梁板常用型钢作卸荷结构，梁跨度较大时，也可用框架作卸荷结构等。

（2）工程实例

【实例 5-14】

某百货商场 10m 跨度的钢筋混凝土大梁，因设计错误，加上施工质量低劣，导致其严重开裂，其中一根梁的裂缝在立面上的分布如图 5-11 所示。

考虑到梁承载能力严重不足，除了产生较宽的严重裂缝外，还

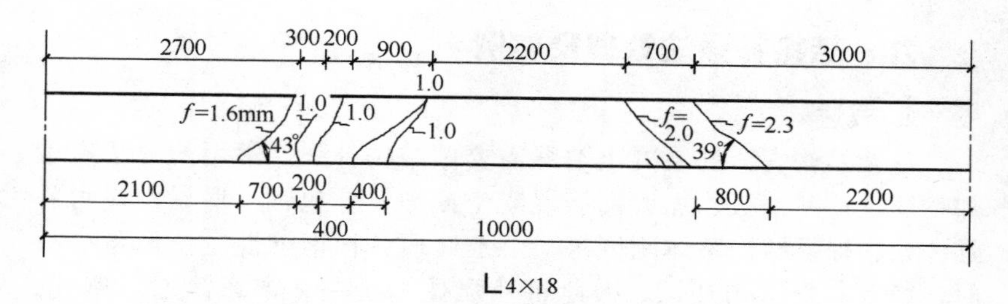

图 5-11 10m 大梁正立面上裂缝示意图
（梁截面尺寸：300mm×700mm）

可见受压区混凝土发生局部被压碎，有的部位钢筋外露。该工程采用增设卸荷框架的加固方式（见图 5-12）。

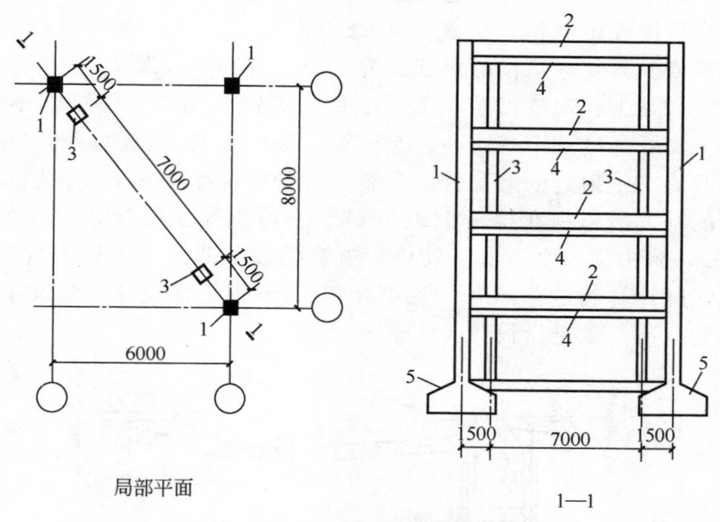

图 5-12 增设卸荷框架示意图
1—原有柱；2—10m 大梁；3—卸荷框架柱；4—卸荷框架梁；5—原柱基础

为使增设的框架与原大梁连成整体，共同工作，加固时将原梁下部的保护层凿去，使全部主筋外露，将新加框架梁的箍筋与梁的箍筋焊接。为保证新增梁与原梁共同工作，施工时还采取了把原梁略顶起，用膨胀水泥灌缝的措施。

九、结构补强法处理及实例

1. 概述

危及结构安全的混凝土裂缝需要做结构补强，常用的方法有增加钢筋、粘贴钢板、加大钢筋混凝土截面、外包钢、增设预应力补强体系、加强结构整体刚度等。由于处理各种钢筋混凝土质量事故时，经常需要结构补强，因此将补强技术统一在本章第七节阐述。本节仅介绍几种常用结构构件混凝土裂缝的补强方法与工程实例。

2. 现浇板补强

(1) 楼板补强

现浇楼板在支座上部常出现平行于支撑结构的裂缝，主要原因是板内负弯矩钢筋下移。通常采用的加固方法是：将板面凿毛，充分湿润后铺设钢筋网，浇筑 C20 细石混凝土。采用这种方法加固时，需要验算支撑结构的承载能力，防止新的事故发生。

例如某工程现浇楼盖，因板中负弯矩钢筋错位、梁配筋不足、混凝土实际强度低下等原因，造成梁、板严重发生裂缝，其中现浇板在四周支座附近的上部普遍开裂，板跨中挠度达 55mm。该工程采用的补强措施是在楼板上现浇 C20 细石混凝土一层，支座处厚 50mm，跨中浇筑平，支座处负弯矩钢筋按全部荷载及原板混凝土实际强度计算确定。同时，对梁外包 U 形钢筋混凝土，U 形截面按承受全部荷载进行设计（见图 5-13）。

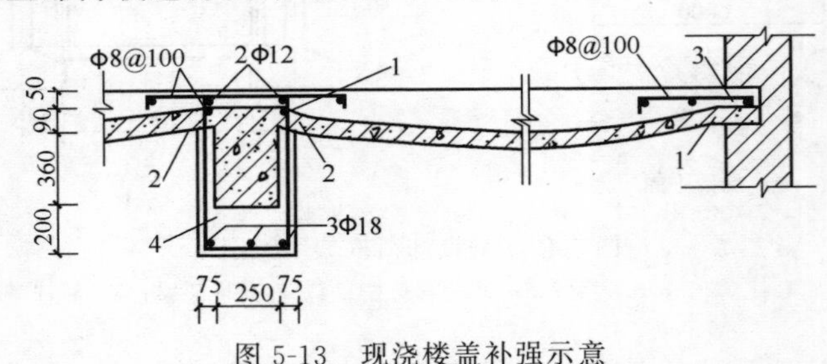

图 5-13 现浇楼盖补强示意

1—板裂缝；2—板上凿孔浇 U 形梁；3—砖墙凿槽；4—外包 U 形梁

(2) 阳台板补强

现浇阳台板靠墙边（固定端处）的裂缝较常见。其主要原因是负弯矩钢筋往下移位，有的阳台板固定端处的厚度不足，也会导致发生裂缝。通常可采用以下两种方法处理。

① 板上面加小型肋形板　首先在阳台板下设保护性支撑体系，然后将阳台表面凿毛；根据裂缝情况和原阳台板内主筋错位的大小计算所需的补强钢筋，按补强钢筋的设计间距，在板上凿出 25mm×25mm 的沟槽，并凿通墙体，伸入室内配重板内。某住宅楼阳台板加固见图 5-14 所示。

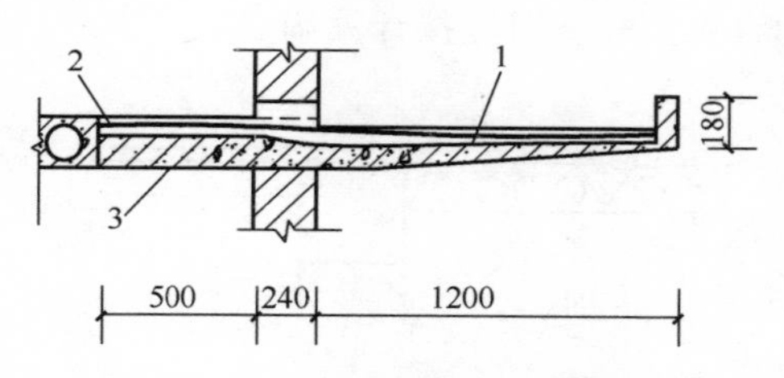

图 5-14　肋形板加固阳台板

1—补强钢筋；2—1Φ14 与补强钢筋焊接；3—配重板

安放补强钢筋，并绑扎分布筋Φ6@250，清洗阳台板并充分湿润后，浇筑 C20 细石混凝土，面层厚 30mm，随浇随压实抹平，不另做阳台抹面层，同时补好穿补强钢筋的孔洞。

② 将悬臂板改为简支板　如确认板负弯矩钢筋已下移靠近板底时，可采用悬出端加梁，并用扁钢斜拉杆和锚拉筋锚固在构造柱上，再用 2Φ12 钢筋将构造柱与墙进一步锚固（见图 5-15）。

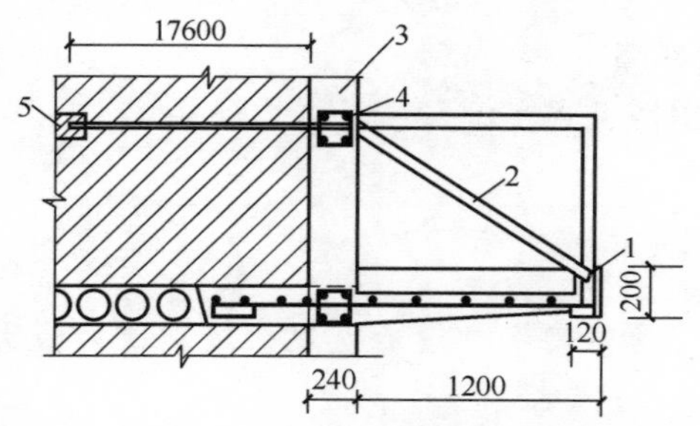

图 5-15　悬臂板改为简支板

1—后加梁；2—斜拉杆；3—构造柱；4—预埋钢板；5—2Φ12 锚拉筋

(3) 挑檐板补强

挑檐板沿墙方向的裂缝较常见，其原因主要是其中负弯矩钢筋下移，对尚未断裂的板可采用墙加钢筋网细石混凝土面层的方法补强。其要点为：先将顶面凿毛，清洗并充分湿润后，布设钢筋网，涂刷水泥净浆后，浇筑C30细石混凝土，厚30～35mm。对外挑长度小于0.9m，裂缝不严重的板，布筋并刷水泥浆后，也可再抹一层厚25mm的1∶2.5水泥砂浆层（见图5-16）。补强用钢筋网参考值见表5-13（挑檐较重时应按计算确定）。

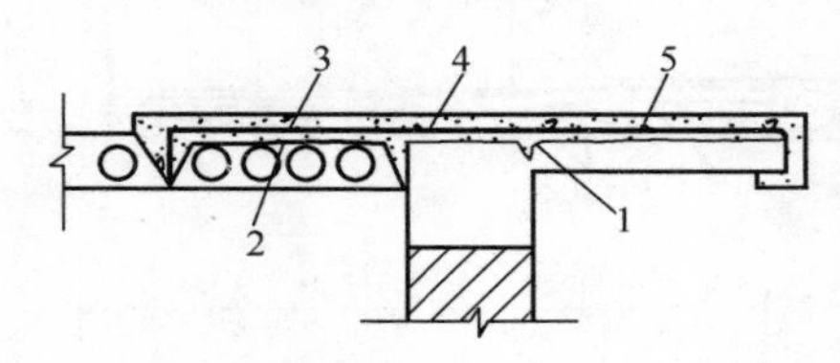

图5-16 挑檐板裂缝补强

1—裂缝；2—表面凿毛，清洗后刷水泥浆；3—主筋；4—Φ4@200；5—细石混凝土或水泥砂浆面层

表5-13 补强用钢筋网参考值

外挑长度/mm	主 筋	分 布 筋
600～900	Φ6～Φ8@150～200	Φ4@200
1200～1500	Φ8～Φ10@130～150	

3. 梁裂缝补强

(1) 补焊钢箍补强实例

【实例5-15】

深圳市某厂房框架梁拆模后发现裂缝严重，最大缝宽达1mm（见图5-17）。

① 裂缝原因　该工程用32.5级矿渣水泥配制C25混凝土，混凝土浇完后第11d就拆模，上面已作用施工荷载。这违反了施工及

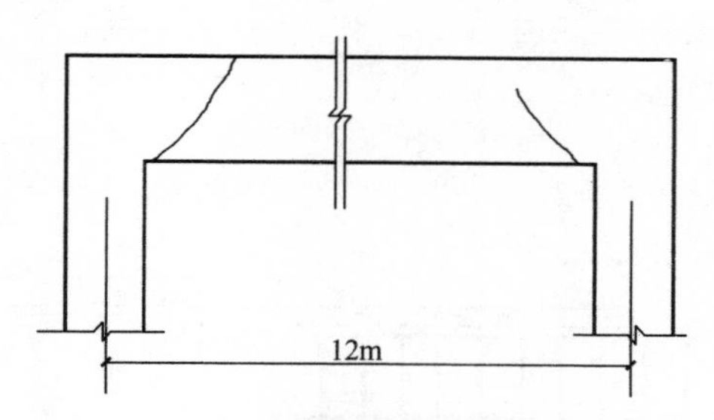

图 5-17 框架梁裂缝示意图

验收规范的有关规定。规范规定梁跨度大于 8m 时，承重模板拆模时混凝土所需强度应达到设计值的 100%。该工程用矿渣水泥配制混凝土，常温下达到设计强度一般需 25d 以上，因此拆模太早是产生裂缝的主要原因；其次，规范规定混凝土达到设计值后方可承受全部计算荷载。当施工荷载大于计算荷载时，必须经过核算并加设临时支撑。但施工中没有遵循这些规定。

② 裂缝处理　立即卸除施工荷载，继续加强混凝土养护至 28d，用灌浆法修补裂缝，再在梁的两端 1.5m 区段补设Φ12@100 钢箍，并与主筋焊接牢固后，再浇筑混凝土。

采用此法补强后，该工程投入使用后未见异常。

（2）外包钢筋混凝土

【实例 5-16】 现浇梁裂缝补强实例

某教学楼肋形楼盖因施工质量问题造成板面裂缝。增加面层处理后，又造成梁承载能力不足，产生许多裂缝。两端裂缝宽 0.5～1.2mm，跨中缝宽 0.1～0.5mm，有的裂缝贯通梁全高（见图 5-18）。采用外包钢筋混凝土 U 形梁补强。补强按 U 形梁承担全部荷载设计，梁补强截面见图 5-19。U 形梁应伸入墙内传递楼盖荷载，

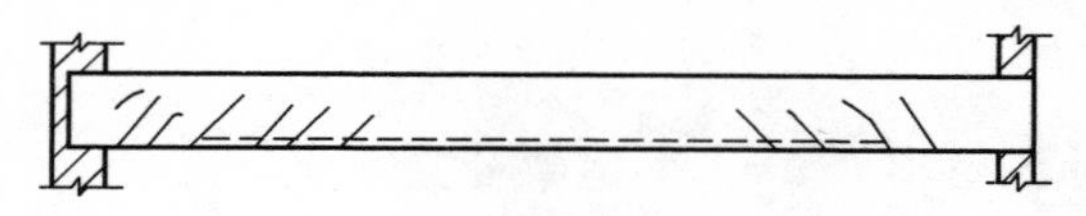

图 5-18 梁裂缝示意图

或采用增加附墙钢筋混凝土壁柱作U形梁支座，柱下基础是否需要扩大应通过验算确定。

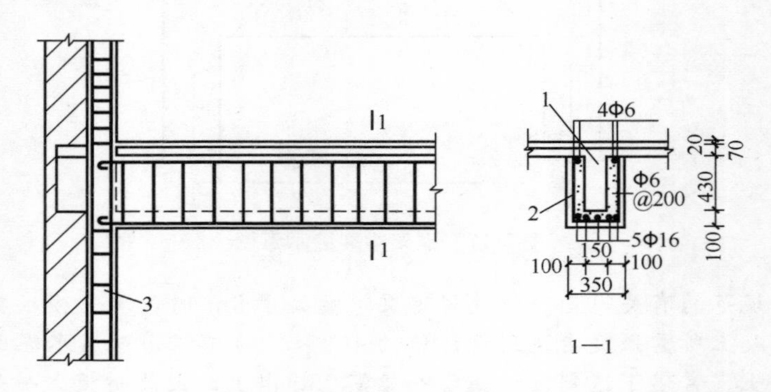

图 5-19 U形梁补强示意图

1—原梁；2—补强用U形梁；3—增加钢筋混凝土壁柱，350mm×200mm

（3）外包钢补强

【实例 5-17】 角钢钢箍小桁架补强实例

某俱乐部舞台大梁全长17.5m，净跨距12m，因混凝土早期受冻和施工超载，导致裂缝严重，最大缝宽为0.5mm，裂缝示意见图5-20。该工程采用角钢钢箍补强法加固，其要点为：用钢箍及角钢焊接成小桁架，包围在梁的裂缝处，并使钢套箍与混凝土表面紧密接触，以保证共同工作，然后用细石混凝土或水泥砂浆包裹小桁架。采用此法补强加固，使用多年后情况正常，裂缝无明显变化。

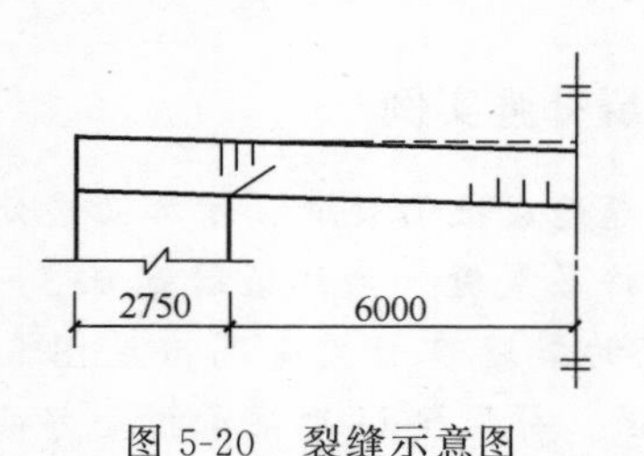

图 5-20 裂缝示意图

【实例 5-18】 钢桁架补强实例

某工程钢筋混凝土屋面梁跨距为8m，梁断面300mm×

600mm。因设计承载能力不足及施工超载（炉渣保温层淋雨），导致跨中受拉区严重裂缝，最大裂缝宽达1mm，最长为450mm，为梁高的75%。跨中挠度达70mm，挠跨比为1/114（见图5-21）。该工程采用增设钢桁架替代原有梁受力的补强方法，满足了生产急需，而且施工比较方便（见图5-22），补强后使用未见异常情况。

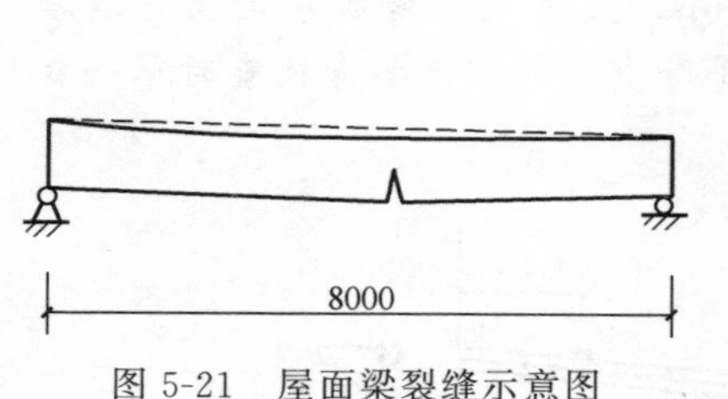

图5-21 屋面梁裂缝示意图

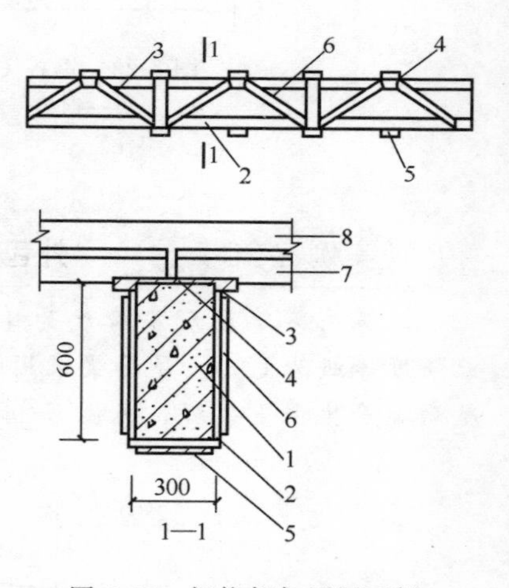

图5-22 钢桁架加固屋面梁

1—原有梁；2—下弦2∟90×8；
3—上弦2∟90×8；4—上弦缀板厚10mm；
5—下弦缀板厚10mm；6—腹杆∟60×6；
7—屋面板；8—炉渣保温层

【实例5-19】 钢板U形箍补强实例

某工程7m跨的钢筋混凝土梁，因跨中正截面强度不足，采用钢板U形箍补强（见图5-23）。补强要点为：梁上、下两面加钢板，并用环氧树脂粘贴，需拧紧U形箍，施加预应力。为了提高预应力值，将螺栓和螺帽浸入开水中预热后安装，冷却后即可建立一定的预应力值。

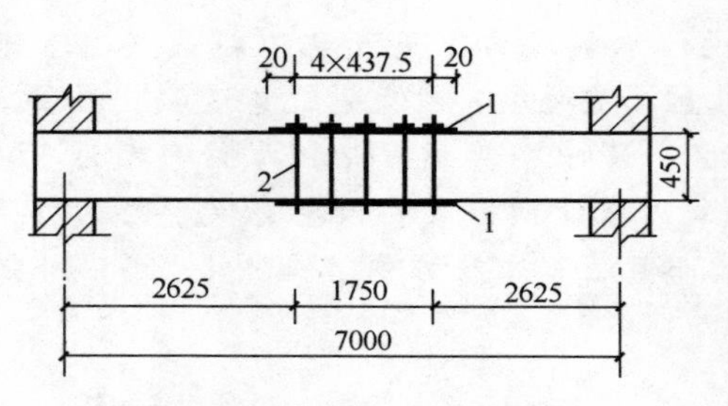

图 5-23 钢板 U 形箍补强示意图

1—钢板；2—M8U 形箍

【实例 5-20】 外包角钢和 U 形箍补强实例

江苏省某单层厂房跨度为 15m，屋架采用薄腹屋面梁，混凝土强度等级为 C30。屋面梁采用平卧重叠制作，翻身扶直时第一榀屋面梁产生严重裂缝，见图 5-24。

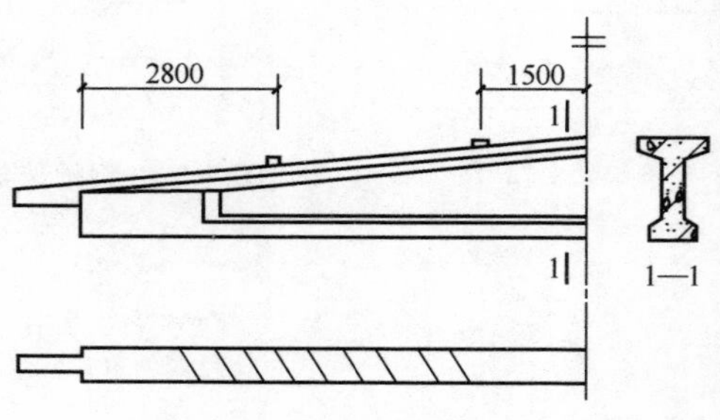

图 5-24 屋面梁裂缝示意图

上弦裂缝共 8 条，间距最小 400mm、最大 1150mm，裂缝最大宽度为 0.45mm。屋面梁端附近有两条斜裂缝，裂缝最大宽度为 0.4mm。

① 裂缝产生的主要原因

其一，原设计规定屋面梁设置两个吊环，位置离端部 2800mm，屋面梁制作时施工单位增加了两个吊环，位置距离跨中 1500mm。屋面梁翻身时，四个吊环受力不匀，而此时屋面梁的刚度很小，导致发生裂缝。

其二，屋面梁重叠生产，隔离层的质量问题。靠左端梁与下层的隔离不良，粘接力较大。起吊时，未事先轻轻凿开部分粘接的两榀梁。因此在翻身起吊时，明显可见左半部分梁脱离较慢，相当于在上弦侧向增加了较大的剪力和弯矩，从而导致裂缝产生。

② 事故处理　有关单位有两种不同意见；一种意见是裂缝最大宽度已超过 0.3mm，认为应补强加固；另一种意见是上弦在使用阶段是受压区，已有裂缝将自行闭合，故不必专门处理，仅需对薄腹梁腹部的斜裂缝进行处理。

针对上述情况提出以下三个处理方案。

方　案　一

a. 将开裂的屋面梁上翼 5～5.5m（现场共同确定）长的一段混凝土凿去，将钢筋整理好，将老混凝土连接处进行充分的湿润后，再浇筑 C30 强度等级的混凝土并浇水养护不少于 7d。

b. 端部斜裂缝。在斜裂缝区段及两端各超出 200mm 的范围内新增箍筋，其数量按实际承受的全部剪力计算确定，即不考虑混凝土截面和原有钢筋的作用。新增箍筋为：双肢箍Φ10@170。施工时，先将梁侧混凝土表面凿毛，将下弦底面及两侧的保护层凿去，安装新加箍筋后，用强度等级 C30 的喷射混凝土覆盖。

方　案　二

a. 上弦加固方案。在裂缝区段及两端各外伸 300mm 的范围内增设两根角钢，并与梁的钢筋骨架焊牢。角钢截面积的确定有两种方法：一种是与原截面等强；另一种是角钢加受压钢筋截面与梁受拉主筋截面组成的力矩，大于实际需要的弯矩设计值。两种方法在计算时都不考虑上弦混凝土的作用。

b. 端部加固方案。端部斜裂缝用 U 形螺栓箍加固，见图 5-25，钢件全部涂刷防锈漆后，表面刷灰色调和漆。

方　案　三

a. 上弦不做加固处理，仅用环氧树脂做表面封闭处理。

b. 端部斜裂缝采用方案二的加固方案。最后，经过建设、设计和施工单位三方商定，选择方案二的处理方法，既可保证结构安全可靠，处理时施工也很方便。

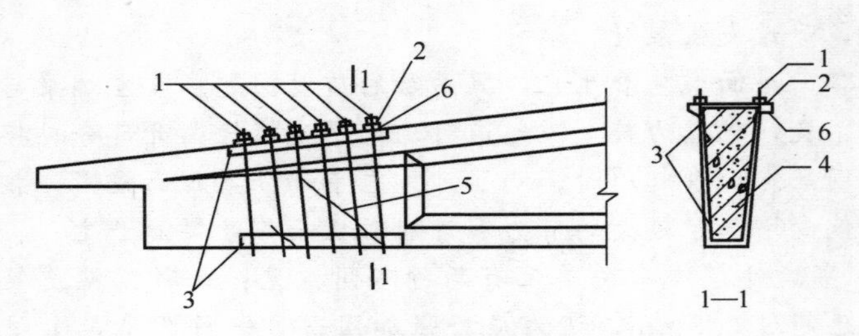

图 5-25 端部斜裂加固示意

1—6Φ20U 形螺栓@200；2—钢板，500×60，厚 10；3—4∟75×8；4—屋面梁；5—裂缝；6—加劲肋

（4）结构胶粘贴钢板

用结构胶粘贴钢板处理梁裂缝，已在国内许多地区取得良好的效果。常用的结构胶有中国科学院大连化学物理所等单位研制的 JC-1 型胶黏剂、辽宁省建筑科学研究院研制的 JGN 型胶黏剂等。

【实例 5-21】 胶黏剂应用实例

辽宁省某框架建筑，主体施工完成后，发现有几跨框架梁的跨中出现裂缝，其中最严重的一跨见图 5-26，最大裂缝宽达 0.4mm。

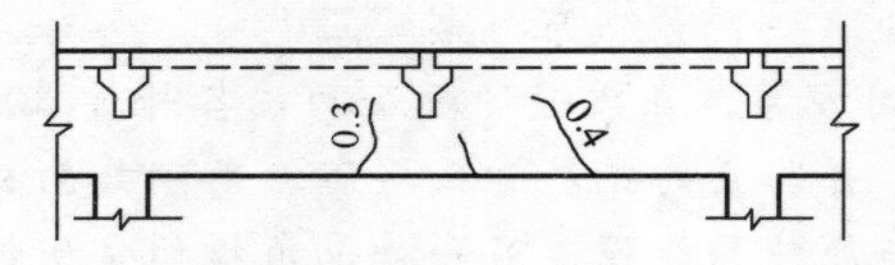

图 5-26 梁裂缝示意图

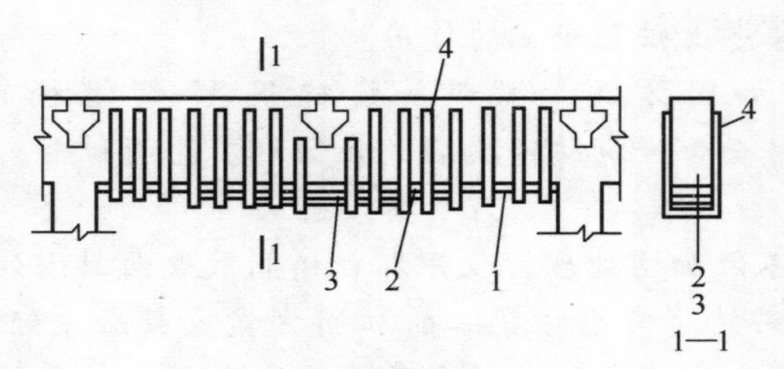

图 5-27 加固示意图

1,2,3—梁正截面受拉区补强钢板；4—箍板

引起裂缝的主要原因是跨中抗弯承载力严重不足（抗剪能力基本符合要求）。该工程采用JGN型胶黏剂粘贴钢板法加固（见图5-27）。补强箍板除了加强受拉区钢板锚固外，还可提高梁的抗剪能力。补强钢板的截面为150mm×2.5mm，受拉区钢板共3层，其厚度自跨中向支座逐渐减少（图5-27），以节省结构胶和钢板用量。

【实例5-22】 ET型建筑结构胶黏剂应用及实例

ET型建筑结构胶黏剂由甲、乙两组分组成，其中甲组分由环氧树脂、活性稀释剂、增韧剂、抗老化剂、触变剂、填料等组成，乙组分由固化剂及填料组成。使用时，甲、乙组分按（3～6）：1（质量比）拌匀后，加入适量干燥洁净的中细砂，充分搅拌即可。苏州混凝土水泥制品研究院提供的ET型建筑结构胶黏剂性能见表5-14。

表5-14 ET型建筑结构胶黏剂性能

胶黏剂强度/MPa	抗压		82.8
	抗弯		33.2
	抗拉		9.8
胶黏剂的黏结强度/MPa	混凝土-混凝土	干混凝土的粘接	＞7.1（断面在砂浆）
		湿混凝土的粘接	＞4.8（断面在砂浆）
	混凝土-钢	抗剪强度、抗拉强度	＞6.0（断面均在混凝土）
	钢-钢		11.7（断面在胶黏剂）
固化收缩率	6.7×10^{-4}		

为了验证粘接效果，该院将同一批、同规格露天堆放3～4年的预应力钢筋混凝土T形小梁，采用一点加载、两点受力的方法进行抗弯试验。试验结果说明，正常的混凝土梁或严重开裂的梁经粘接钢加固后，粘接的钢杆件与混凝土梁能协同工作，并使构件的承载力有不同程度的提高。

苏州某精密车间的屋面主梁为三跨连续梁，建成装修吊顶时发现离梁端1.8～2.1m处出现第一条裂缝。12年后，明显的裂缝已有3条（微小裂缝除外），但未发现挠度有明显增加。采用ET型胶外粘贴钢板进行修补加固，使用5年后未发现异常。此外，福州某变电站混凝土架构横梁长期运行，混凝土剥落，钢筋锈蚀严重，用ET型胶粘贴钢板加固后，使用9年多仍运行正常，说明性能可靠。

【实例 5-23】 环氧树脂砂浆应用及实例

浙江某公共建筑为框架结构，开间4m，跨度6.6m，外伸2.12m，主梁截面24cm×50cm。使用一年后发现楼面梁产生明显斜向裂缝。根据裂缝位置和特征，判定为因抗剪强度不足而导致的开裂。加强方案采用钢板外套加固法，设计施工要点如下。

① 钢板外套用扁钢，截面为50mm×5mm，加工成图5-28的形状。

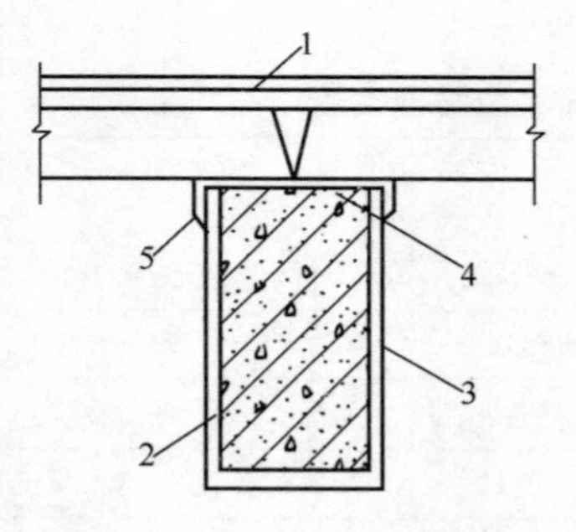

图 5-28 梁加固示意图

1—预应力多孔板；2—框架楼面梁；3—钢板外套；4—胶结砂浆；5—焊缝

② 根据计算确定钢板箍外套的间距为250mm。

③ 钢板外套分成两部分制作，上半部分加工成“Γ”形，下半部分加工成“凵”形。

④ 剔除梁底和两侧面的抹灰层，并在搁置楼板的顶面，每隔250mm在梁顶剔出贯穿的宽50～80mm、高6～15mm的缝隙。

⑤ 刷洗干净，处理表面，并使其干燥。

⑥ 梁顶缝隙灌注环氧树脂胶结剂，插入“凵”形扁钢。

⑦“凵”形扁钢上铺满一层环氧树脂砂浆（环氧树脂+硬化剂+细砂），然后套在混凝土梁上，并设带模块的临时支撑，将钢板外套、环氧砂浆和梁三者顶紧。

⑧“Γ”形扁钢一端用氧烘焰加热后弯成“凵”形，然后与下面的“凵”形扁钢焊接。

⑨ 清洁加固部位表面，清除焊渣，用普通砂浆抹平压光，钢

板外套先涂刷防锈漆，然后刷两遍白色无光漆。

钢板外套的加工主要在地面上完成，现场施工方便、安全，加固前外形无明显改变，实际使用效果良好。

（5）增设预应力拉杆

【实例 5-24】 现浇梁补强实例

陕西省某展销楼框架工程，在装饰施工时发现部分框架梁中部与次梁相交处出现裂缝，设计要求采用预应力拉杆补强。

施工时先用专用钻孔设备在梁上钻 ϕ25mm 孔，然后将 ϕ22mm 双头螺纹钢销插入孔中，套上钢板，安装张紧套筒后旋紧螺母，将钢板压紧。然后将钢销与钢板用电弧焊连接，并将外伸多余部分切割去。钢板固定完成后，把 2Φ18 钢筋两端 40～50mm 长的一段与钢板焊牢。安装角钢、张拉卡具、挂钩螺栓，然后同时拧紧挂钩螺栓的螺母，将 2Φ18 钢筋往下拉 40～50mm，拉到位后，将钢筋与钢板焊牢。焊接应分段、分层进行，防止高温烧坏混凝土。焊完后拆除卡具。

该工程采用上述方法补强后，经设计部门和质量部门检查，达到要求。

4. 柱裂缝补强

【实例 5-25】 外包钢实例

某厂抗风柱吊装前被汽车撞裂（三面开裂），由于该工程工期限制，不能重新制作，决定采用外包钢补强（见图 5-29）。

补强施工时，先将裂缝凿开，用环氧树脂或高强快硬水泥浆修补裂缝；柱四角抹高强水泥砂浆垫层，在凝固前安装 4∟75×10 角钢，其长度需超过裂缝以外 500mm。然后安装∟45×4 的缀条，并与四角的角钢电焊连接。为加强角钢与柱的共同工作，也可将柱保护层凿除，露出主筋并与角钢焊接，这种方法补强效果更可靠。

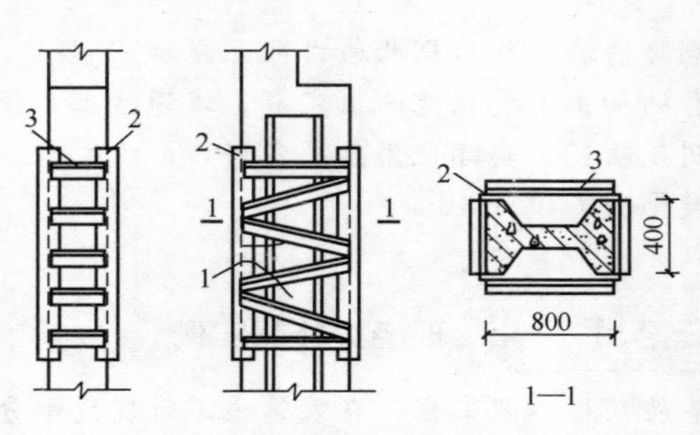

图 5-29 柱裂缝外包钢补强

1—裂缝；2—4∟75×10；3—∟45×4

5. 屋架裂缝补强

【实例 5-26】 屋架裂缝补强实例

（1）工程与事故概况

新疆某学校食堂屋盖采用 18m 跨度钢筋混凝土双铰拱屋架，现场预制，拆模后养护中发现，有两榀屋架在拱顶附近各有一条裂缝，裂缝垂直于拱轴线，贯通上弦一侧表面后，伸向上表面和底面各 2～3cm，裂缝总长 40cm，缝宽 0.5～1.2mm。

（2）裂缝处理

分析后认为，裂缝已危及屋架安全，必须进行加固处理。当时提出以下两种处理方案：

① 凿裂缝成 V 形槽，用环氧树脂砂浆修补。

② 外包钢架补强。

考虑到环氧树脂修补方案施工工艺较复杂，防止留下隐患，决定采用第 2 种处理方案。处理要点如下。

① 用角钢焊接成图 5-30 所示的钢套箍，长 1m，将裂

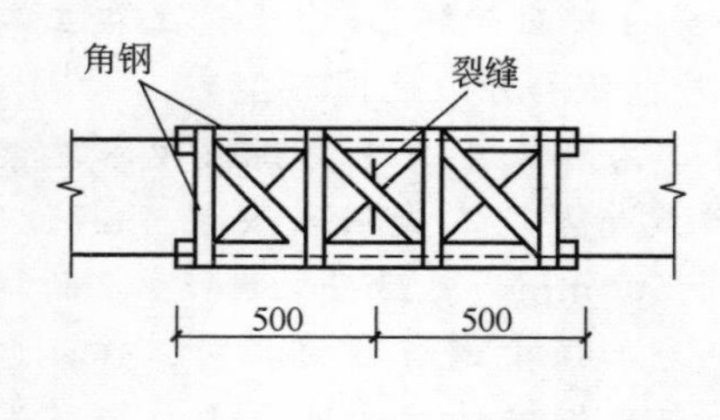

图 5-30 屋架上弦加固示意图

缝及附近的上弦箍紧。

② 卸载 减小屋盖保温层厚度，以减少屋面荷载。

经以上方法处理后，该工程已交付使用，经过六年观察，使用正常。

6. 门式刚架裂缝处理

门式刚架裂缝较为普遍，其主要形成原因是设计与构造不当(配筋不足)。虽然受拉区宽度不大的裂缝（如缝宽 0.3mm）属于混凝土带裂缝工作的正常情况，设计规范允许。但有些斜裂缝可能导致节点核心混凝土斜压破坏和主筋内混凝土局部破坏，以及斜向劈裂破坏，最终可能出现构件脆性破坏。因此，其危害性不容忽视。

【实例 5-27】 门式刚架裂缝处理实例

(1) 工程与事故概况

包钢某厂房局部采用门式刚架，跨度 19m，柱距 6m，门架混凝土截面尺寸 400mm×(500～900)mm，混凝土设计强度等级为 C40，处理时实测评定为 C35。配筋与标准图类似。实测裂缝如图 5-31 所示。

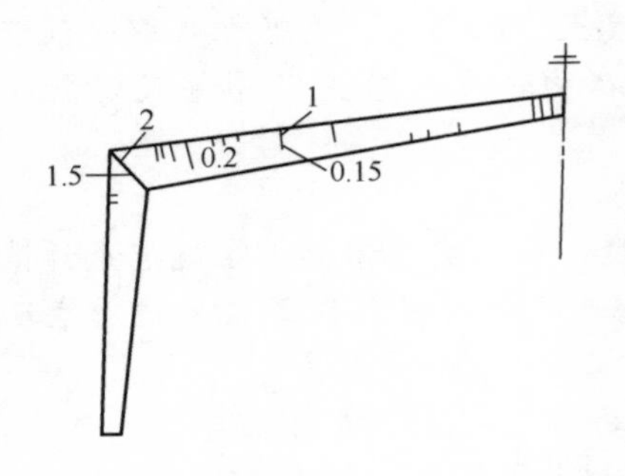

图 5-31 裂缝示意图（缝宽单位：mm）
1—垂直构件轴线的裂缝；2—斜裂缝

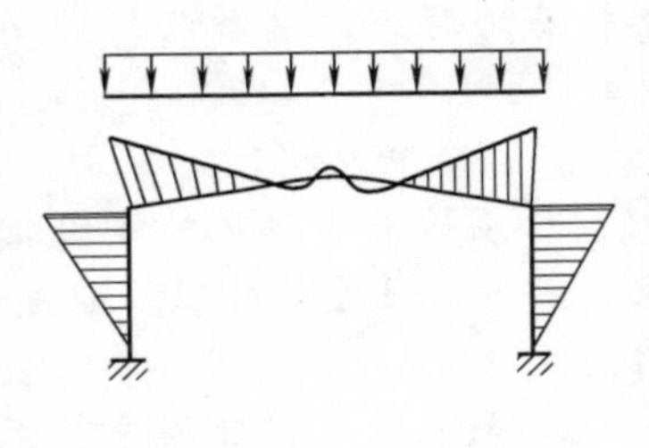

图 5-32 三铰门架垂直荷载下的弯矩示意图

(2) 裂缝原因

① 横梁与立柱上的垂直裂缝，主要原因有以下三点。

a. 荷载引起的拉应力　从三铰门架垂直荷载作用下的弯矩图（图 5-32）可见，这类裂缝的分布与弯矩图大致对应。

b. 横梁顶铰附近的裂缝除了由荷载应力造成外，还与顶铰焊接应力的影响以及混凝土局部应力集中有关。所以尽管顶铰附近内力不大，但裂缝却较严重，裂缝较长。

c. 混凝土收缩。

② 斜裂缝产生的原因较复杂，既可能是弯矩，又可能是水平剪力与垂直剪力，同时存在主拉应力与主压应力。采用简单的结构力学公式并不能正确分析计算这种复杂的内力状态。某建筑研究院采用弹性力学平面应力问题线性有限元法对节点进行了计算分析，结果表明：节点核心区内有斜拉应力集中区。斜拉应力方向大致垂直于对角线，最大拉应力为 $2.5N/mm^2$，超过 C35 混凝土抗拉强度标准值。

③ 配筋不足和构造不当。节点核心区仅配置了沿对角线方向的箍筋（见图 5-33），其方向与主拉应力方向垂直，不能阻止裂缝的出现与开展。此外，横梁与立柱交接处受拉主筋呈折线布置（无旋转弧角），致使应力不能有效地传递。同时因为主筋应力很高，弯折主筋的合力对混凝土产生局部挤压应力而造成混凝土开裂。

④ 收缩影响。门架节点刚度大、配筋多，混凝土收缩受到密集钢筋的约束，这种收缩应力在构件受力后更容易导致混凝土开裂。

（3）裂缝处理

① 对垂直于构件轴线的裂缝，由于宽度不大，在规范允许范围，不用专门进行处理。若考虑耐久性，可用环氧浆液进行表面封闭。

② 斜裂缝。对配筋率较低的门架，只要不裂至受压区范围，这类斜裂缝尚不影响结构安全。但当配筋率较高时，可能会产生脆性破坏，必须进行加固处理。处理方法见图 5-34。

（4）加固处理注意事项

① 外包钢前先对斜裂缝做灌浆处理；

② 确保钢板与门架混凝土粘紧，使其共同工作。

图 5-33 门架转角节点配筋示意图

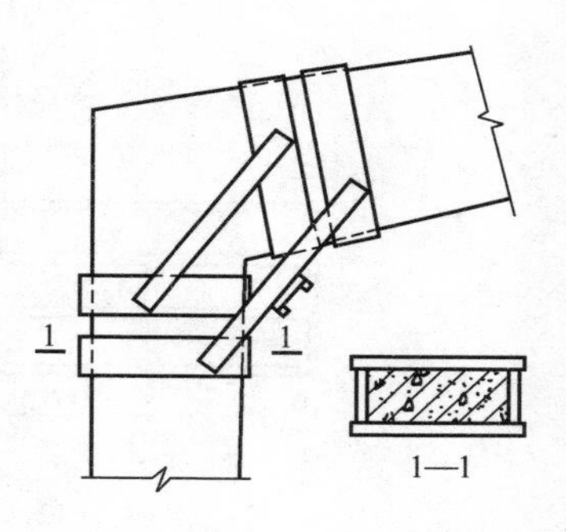

图 5-34 门架节点加固示意图

十、混凝土裂缝的其他处理方法

1. 隔板深梁补强

【实例 5-28】 隔板深梁补强实例

(1) 工程事故概况

某多层现浇框架结构工程，其平面图与局部剖面图见图 5-35。工程竣工后开始使用，一年半后发现在标高 12.31m 以下的柱与框架转角处产生裂缝，其数量与尺寸不断加大，裂缝最宽达 4mm，裂缝示意图见图 5-36。除有裂缝外，柱子发生倾斜，且变形严重。

(2) 事故原因

该工程发生事故的原因是连系梁设计存在问题。从图 5-35 中可见原地面标高为 3.00m，基低标高为−5.70m。工程建成后的地面标高为 9.16m。在地下部分设有两道连系梁。原设计考虑该梁上、下均有回填土，不考虑其承受荷重，故梁内仅配置了构造钢筋。实际上回填土质量再好也达不到这种理想的状况。经过一段时间后，梁下的填土逐渐固结下沉，使梁悬空，梁上填土使梁承受较大荷载。经验算，当梁只承受梁宽以上的矩形土体重量时，尚不致造成梁的严重破坏。在土的内摩擦角等因素的影响下，实际上连系

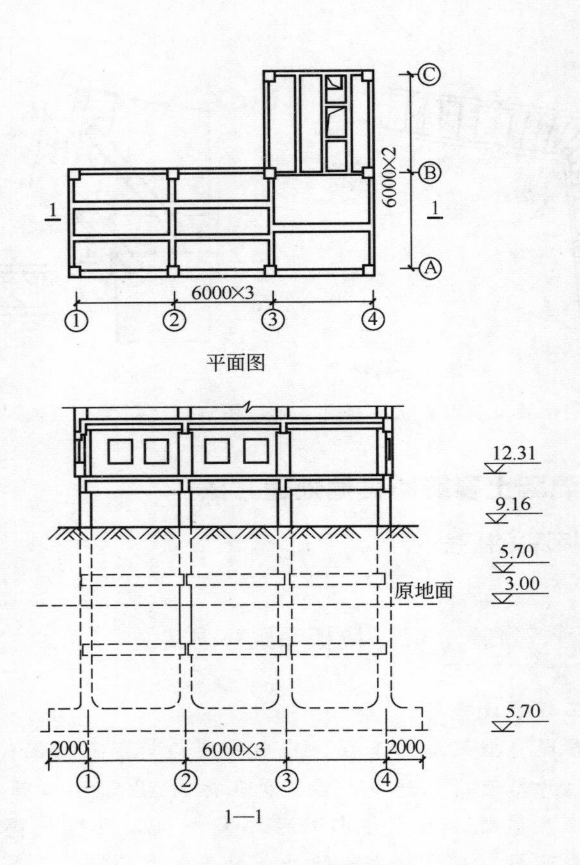

图 5-35　平面图与局部剖面示意图

梁所受的荷载是一个倒梯形填土重量，因而导致连系梁破坏，并对柱产生了很大的水平方向拉力，造成柱开裂与倾斜。

(3) 处理方案及施工要点

由于裂缝严重，柱变形较大，必须加固补强。该工程采用了在各框架柱之间增加隔板深梁的处理方案（图 5-37）。

补强施工要点为：将柱保护层凿去，露出四周主筋，并加焊 1Φ25 纵筋，扎上钢箍后浇筑混凝土。在各框架柱间增设隔板深梁，厚 200mm，高 3460mm，梁底标高为 5.70m。由于③④ⒷⒸ区内

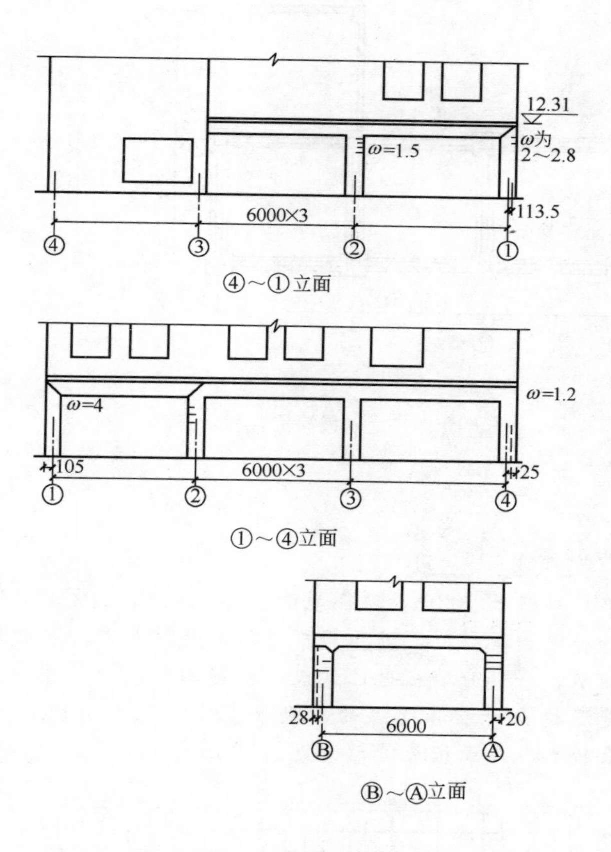

图 5-36　裂缝示意图

有地下室，四周墙已成隔板深梁，与之相连的柱无裂缝，因此不用处理。

2. 改善结构使用条件

针对混凝土产生裂缝的原因，在构造上或使用中采取有效的措施，可以控制裂缝发展或防止裂缝再次发生。例如，经常清扫屋面积灰防止超载、改善建筑物的热工构造等，都能取得预期的效果。

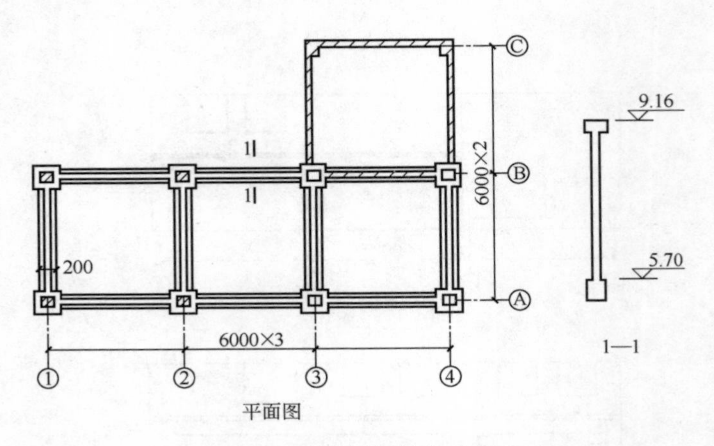

图 5-37 隔板深梁补强示意图

【实例 5-29】

某单层厂房长 102m，现浇屋面板厚 120mm。竣工使用一年后发现天棚一侧出现裂缝，五年后厂房屋顶开裂严重，因油毡防水层断裂而漏水，一部分墙板也已开裂。根据调查分析，屋面开裂的主要原因是混凝土干缩和气温的周期性变化，次要原因是建筑物较长，约束较大。屋面板裂缝示意见图 5-38。

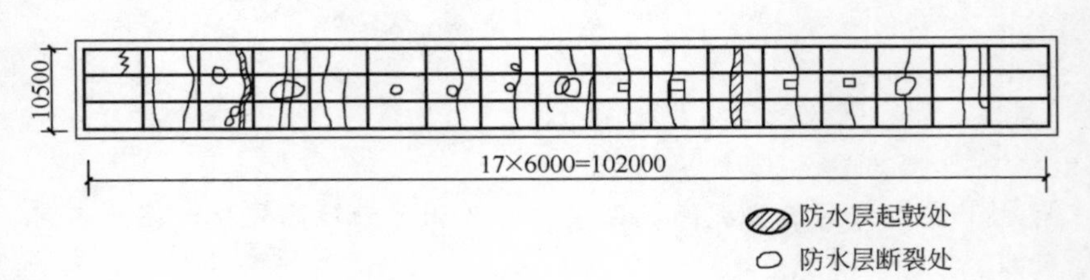

图 5-38 屋面板裂缝示意图

上述裂缝虽不危及结构安全，但已影响使用，因此必须进行处理。由于当地气温昼夜温差达 22℃左右，相应的混凝土屋面板内的温差为 17℃左右。在这种使用条件下，屋面修补后仍可能因周期性温度变化而开裂。该工程采用的修补方法是将裂缝凿成V形槽，填充弹性填料，然后铺设一层隔热性好的氨基甲酸乙酯泡沫塑料，再做油毡防水层，最上面铺两层混凝土，压紧防水层。通过结构验算证明，增加结构自重后承载力无问题。修补后测定防水层昼夜温差为22℃左右，相应的屋面板内温差很小。因此，可以防止屋面板因气温周期变化而再次开裂。

3. 重力灌浸法修补裂缝

利用重力将修补浆液灌入裂缝的方法简称重力灌浸法。由于不需要专用设备和动力，施工较方便。

国外用双组分的环氧树脂系列作修补液。主剂是环氧树脂加活性稀释剂，硬化剂是改性的聚酰胺树脂。

重力灌浸法修补裂缝操作要点。

① 裂缝调查。测量并记录裂缝情况和数据，做出修补标记。

② 表面封闭。将 ϕ8mm 聚氯乙烯软管切成两个半圆形的管片，用胶黏剂将软管片固定在裂缝表面，除了留出加料口外，其他裂缝部位应全部封严，不准出现渗漏。

③ 配制灌浆液。表面封闭固化后，配灌浆液，临灌前加入引发剂、促进剂，并搅拌均匀。一般一次配制20～30g。

④ 灌缝。将拌匀的浆液从预留的加料口灌入，每次以灌满为度。由于渗透和充满裂缝需要一定时间。因此要求每隔2～3h补加一次浆液，直至不再渗入为止。

⑤ 修整。修补液聚合后，将软管及多余的浆液铲除，表面磨光。

4. 涂覆法修补量大的表面裂缝

混凝土表面出现数量较多的表面裂缝时，可采用手工或机械喷涂的方法，将修补材料涂覆于混凝土表面，起表面封闭作用。涂膜厚度在0.3～2.5mm之间，厚度越大者适应裂缝变化能力越强。

(1) 修补材料

选用时应考虑使用条件（室内、室外、环境温度和湿度变化、介质腐蚀情况），以及裂缝活动情况等。

① 刚性材料　要求耐磨的地坪可选用钢性材料涂覆，常用的有环氧沥青涂料、聚氨酯涂料、聚氨酯沥青涂料等。

② 弹性材料　适用于不稳定（变化的）裂缝的修补。这类材料主要有聚氨酯弹性体、橡胶型丙烯酸酯涂料等。苏州混凝土水泥制品研究院研制的 SIA 水性丙烯酸弹性涂料，用来修补表面量大的裂缝有较好的效果。

（2）涂覆法操作要点

① 表面准备。将表面清洗干净，剔除疏松部分，不平处用水泥制品修补膏嵌平。

② 涂上合适的修补材料。

③ 按修补材料的要求进行养护。

5. 托板换梁法处理预制梁裂缝

【实例 5-30】托板换梁法处理预制梁裂缝实例

（1）工程与事故概况

黑龙江省某中学教学楼为三层砖混结构，采用 6m 进深（跨度）的预制梁和空心板构成的屋盖。使用两年多后发现，大部分预制梁在距离端部 600mm 左右出现数量不等、尺寸大小不同的裂缝，有逐渐发展的趋势。经当地检测部门确定为危险构件，需进行处理。

（2）处理方案

提出以下两种处理方案。

方案一　采用钢桁架加固梁。

方案二　用支架托住空心板，拆除预制梁，换成现浇梁。

根据当地条件决定采用方案二，虽然处理工作量大、工期长，但造价低，材料与设备易于解决。处理前、后的楼盖局部截面见图 5-39。

（3）处理要点

① 设支架托住空心板。混合结构常用硬架支模，先安装楼板再浇筑梁，设专用支架托住已安装的空心板。支架构造见图 5-40。

支架构造、杆件尺寸及支撑间距均由计算确定，同时注意以下几个问题。

a. 考虑施工安全，在计算确定的支撑之间均加设一根支撑，

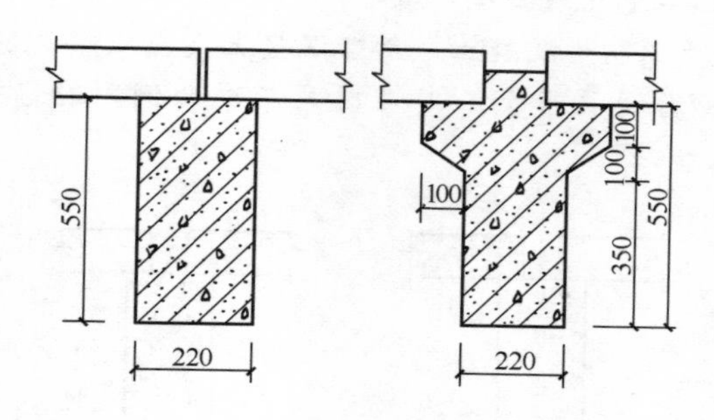

图 5-39 处理前后楼盖局部截面

以防某一支撑松脱，造成楼板变形或塌落而影响新增加的梁。

b. 托板支架和新浇梁的模板支架各为独立的支撑体系，互不干扰。

c. 梁两侧的支撑间距不超过500mm，防止梁拆除后空心板悬挑长度过大。

d. 三层的梁、板同时架设支架，并保证各层支架的支柱在同一铅垂线上，以保证将施工荷载传至底层地面。

e. 托板支架的支撑松紧程度要适当，每根梁上板的支托力度由一人掌握，防止各支撑松紧不一。

f. 各支撑均设拉结及剪刀撑，使整个支架有足够的刚度和稳定性。

g. 施工全过程应设专人检查支架有无松脱，是否稳定，发现问题应及时处理。

② 局部凿断楼板，以利后加梁的混凝土浇筑。凿板时应注意安全，操作人员不准站在图5-40中“3”所示的位置，同时还应注意保护原敷设在板孔内的各种管线，

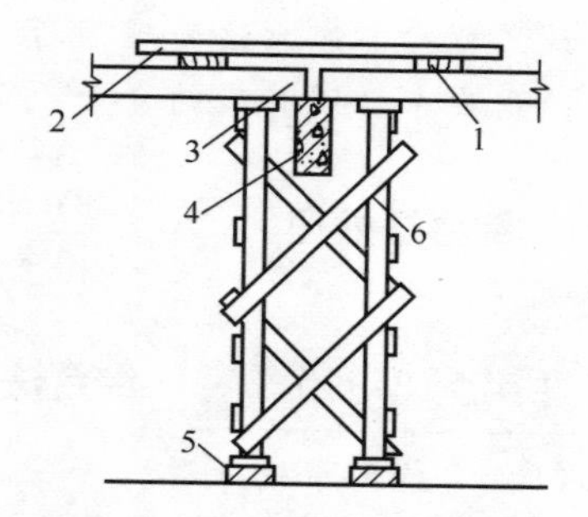

图 5-40 托板支架示意图

1—通长铺30mm厚木板；2—厚30mm木板；3—梁拆除后，空心板悬挑部分；4—原有预制梁；5—通长木跳板；6—托板支架立柱

防止被损坏，避免出现安全事故。

③ 拆除原预制梁混凝土。拆凿混凝土梁应从梁的底侧面开始，拆凿的两种顺序见图 5-41。拆凿时严禁梁两侧同时进行，防止发生安全事故。

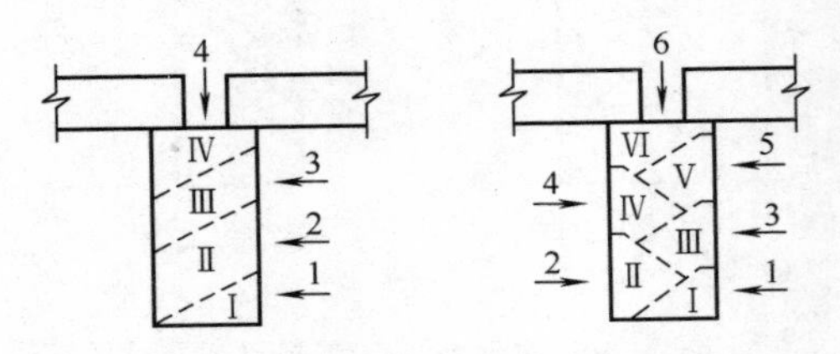

图 5-41 拆凿梁顺序示意图

④ 新加现浇梁

a. 原混凝土梁截面为矩形，空心板支撑长度为 10cm，空心板被局部凿除后，空心板的支撑长度达不到规范规定。因此，将新加的梁改为花篮梁，其截面形状及尺寸见图 5-39。

b. 花篮梁的支架与托板支架各成体系，互不干扰影响，以确保安全。

c. 堵塞楼板端部的孔洞。

d. 为保证新浇混凝土与板底处接触密实，混凝土坍落度选用 5～7cm，并且充分振捣。

e. 混凝土浇至楼面标高下 2cm 处，以便修复楼地面。

该工程按前述方法处理了近 30 根钢筋混凝土梁，满足结构安全和使用要求，同时节约资金 1.74 万元（与钢桁架结构相比），节省费用 29%。

6. 综合法处理

【实例 5-31】 综合法处理实例

(1) 工程与事故概况

上海市某厂房为两层多跨现浇钢筋混凝土框架，厂房总宽 30m，长 144m，底层柱网尺寸 (15＋15)m×6m，框架梁为花篮梁，截面尺寸为 300mm×1300mm，梁支座处均设坡度为 1∶3 的梁托，混凝土设计强度为 C25，楼、屋盖采用预应力多孔板。

该工程在屋盖施工中发现，顶层框架横梁离中柱与支座1.5m区段处产生裂缝，在已铺设屋面板的16～27轴线的12根框架梁上均可见，裂缝方向均垂直于梁轴线，裂缝宽度一般为0.3～0.5mm。最大宽度为1.2mm，裂缝长度一般为0.6m，最长约1m，有的裂缝已贯穿梁前后截面。

（2）原因分析

首先采用超声回弹综合法检验梁混凝土的实际强度，结果表明均已达到设计要求。然后检查施工情况，发现顶层框架花篮梁分两次浇筑，在15m跨框架梁上部钢筋（10Φ25）还没有浇入混凝土前，已安装了预应力多孔板，并且拆除了梁下支撑，此时的框架花篮梁实际上是上部为素混凝土的T形梁，梁支撑附近的抗负弯矩能力严重不足是裂缝发生的根本原因。

（3）加固方案

在两跨框架的跨中施加反向集中荷载，一方面减小跨中弯矩和挠度，并大幅度释放梁跨中下部主筋的应力；另一方面使支撑附近的裂缝减小或闭合。在保持反向集中荷载的条件下，在支座上部两侧增设抗剪钢板和受力钢筋，然后浇筑花篮梁上半部分的混凝土。此外，对已有的裂缝用化学灌浆进行封闭处理，防止钢筋锈蚀。在后浇混凝土强度达到设计值后，再拆除反向支撑。

（4）加固施工

① 反向集中荷载施加方法，见图5-42。加载点取屋顶大梁跨中，千斤顶放在底层柱顶面形心处，两跨同步加载。

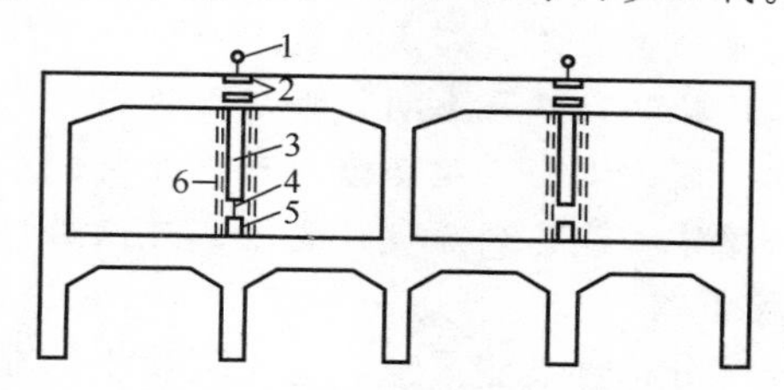

图5-42　施加反向荷载示意图

1—百分表；2—应变片；3—支柱；4—压力传感器；5—千斤顶；6—固定支撑

② 在加载装置两侧设固定支撑，千斤顶加载达到预定值后，顶紧固定支撑，确保千斤顶减压后梁顶下挠不超过2mm。

③ 反向加载值的控制。当达到下述条件之一时即终止加载。

a. 反力不大于265kN（一般为207kN）；

b. 梁向上位移不大于9.2mm（一般大于7.9mm）；

c. 梁的上、下应变不大于870×10^{-6}；

d. 支座附近梁上部裂缝完全闭合。

④ 裂缝修补　固定支撑设置完成后，即可进行裂缝修补及灌浆。灌浆由下向上进行。化学灌浆补缝的抗拉强度应大于$1.3N/mm^2$，现场用断裂试件做黏结强度检验。

⑤ 梁上部混凝土浇筑

a. 浇混凝土前在裂缝处加放6Φ8钢筋，其长度为裂缝一侧外伸350mm。

b. 后浇花篮梁上半部前两侧加焊高180mm、厚6mm的钢板，其长度应超出最外处的裂缝500mm，见图5-43。外包钢板与主筋焊接间隔焊，每段焊缝长70mm@200，钢板与箍筋焊牢。

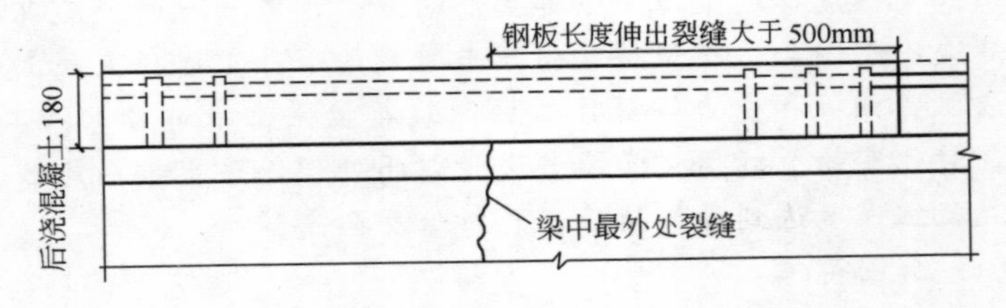

图5-43　增设钢板立面示意图

通过对花篮梁一次浇筑、二次浇筑未开裂以及二次浇筑开裂后加固的梁进行对比检测。结果表明，加固梁的刚度与一次浇捣梁的刚度相似，证明加固方案与措施是合理和有效的，经综合计算分析和评估，加固后梁基本能达到原设计要求，可以正常使用。

7. 局部拆除重做

施工中发现部分构件裂缝严重，达不到验收标准时，可以局部拆除重做。例如四川省某宿舍采用普通钢筋混凝土空心楼板及砖墙，砌砖采用里脚手架。在脚手架支腿下的空心板因超载严重而开裂，并产生较大挠度。发现问题后，立即停止砌砖，拆除脚手架，凿掉裂缝严重的空心板，支模配筋后浇筑一块等高的现浇板。

第二节　错位变形事故处理

一、错位变形事故类别与原因

1. 错位变形事故类别

① 构件平面位置偏差太大。

② 建筑物整体错位或方向错误。

③ 构件竖向位置偏差太大。

④ 柱、屋架等构件倾斜过量。

⑤ 构件变形太大。

⑥ 建筑物整体变形。

2. 错位变形常见原因

产生错位变形的原因有以下几种。

① 看错图　把柱、墙中心线与轴线位置混淆；不注意设计图纸说明的特殊方向，如一般平面图上方为北，但有的施工图纸因特殊原因则上方为南。

② 测量标志错位　如控制桩设置不牢固，施工中被碰撞、碾压而错位。

③ 测量错误　常见的是读错尺或计算错误。

④ 施工顺序错误　如单层厂房中吊装柱后先砌墙，再吊装屋盖，造成柱墙倾斜等。

⑤ 施工工艺不当　如柱或吊车梁安装中，未经校正即最后固定等。

⑥ 施工质量差　如构件尺寸、形状误差大，预埋件错位、变形严重，预制构件吊装就位偏差大，模板支撑刚度不足等。

⑦ 地基不均匀沉降　如地基沉降差引起柱、墙倾斜，吊车轨顶标高不平等。

⑧ 其他原因　如大型施工机械碰撞等。

二、错位变形事故处理方法

由地基基础造成的错位变形事故的处理详见本书的第二章、第三章。上部结构错位变形常用的处理方法有以下几种。

① 纠偏复位　用千斤顶对倾斜的构件进行纠偏；用杠杆和千斤顶调整吊车梁安装标高（图 5-44）。

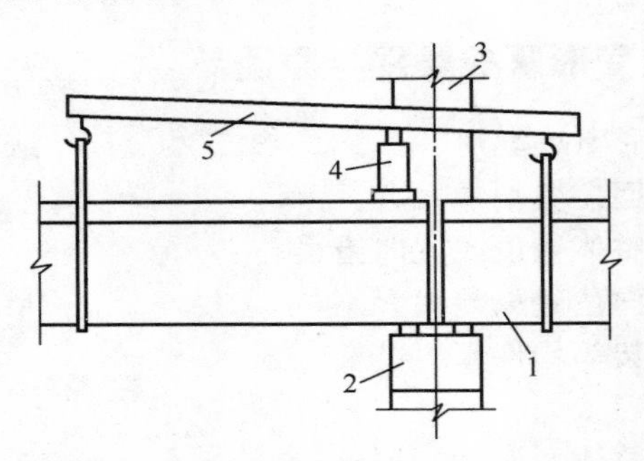

图 5-44　吊车梁标高调整方法示意图

1—被顶升的吊车梁；2—牛腿；3—上柱；4—千斤顶；5—杠杆

② 改变建筑构造　如大型屋面板在屋架上支撑长度不足，可增加钢牛腿或铁件；空心楼板安装中，因构件尺寸误差大，无法使用标准型号板时，可浇筑一块等高的现浇板。

③ 后续工程中逐渐纠偏或局部调整　如多层现浇框架中，柱轴线出现不大的偏位时，可在上层柱施工时逐渐纠正到设计位置；又如单层厂房中，预制柱的弯曲变形，可在结构安装中局部调整，以满足各构件的连接要求。需要注意的是，采用这种处理方法前应考虑偏差产生的附加应力对结构的影响。

④ 增设支撑　如屋架安装固定后，垂直度偏差超过规定值时可增设上弦或下弦平面支撑，有时还可增设垂直支撑和纵向连系杆。

⑤ 补做预埋件或补留洞　结构或构件中应预埋的铁件遗漏或错位严重时，可局部凿除混凝土（有的需钻孔）后补做预埋件，也可用角钢、螺栓等固定在构件上代替预埋件。预留洞遗漏时可补做，洞口边长或直径不大于 500mm 时，应在孔口增加 2Φ12 封闭钢箍或环形钢筋。钢筋搭接长度应不小于 L_a（L_a 是纵向受拉钢筋最小锚固长度），在 C20 混凝土中，L_a＝360mm。当洞口宽或直径大于 500mm 时，宜在洞边增加钢筋混凝土框架（见图 5-45）。

⑥ 加固补强　错位、倾斜、变形过大时，可能产生较大的附

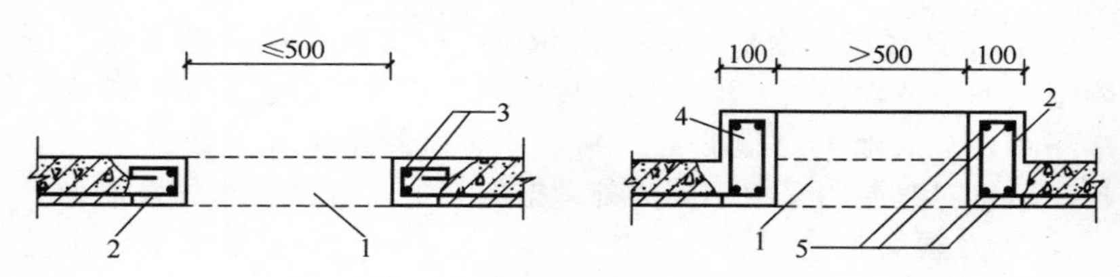

图 5-45 现浇板中补做预留洞示意图

1—凿除部分板；2—原板内配筋弯曲；3—2Φ12 钢筋；
4—钢筋混凝土框架；5—4Φ12 钢筋

加应力，需要加固补强。方法有外包钢筋混凝土、外包钢、粘贴钢板等。

⑦ 局部拆除重做 根据事故具体情况酌情处理。

三、处理方法选择及注意事项

1. 处理方法选择

错位变形事故处理方法选择可参考表 5-15。

表 5-15 错位变形事故处理方法选择

结构类别		处理方法					
		纠偏复位	改变构造	后续工程纠正	增设支撑	加固补强	拆除重做
现浇结构	柱	△	⊙	✓		△	⊙
	梁		△			△	
	板		△				
装配结构	柱	✓		✓		△	△
	屋架	✓	△		✓		△
	梁	✓					△
	板	✓	✓			△	△

注：1. ✓表示较常用；△表示有时也用；⊙表示必要时用。

2. 遗漏预埋件或预留洞，对各类结构构件一般都用做方法，故表中未列入。

2. 注意事项

在处理错位变形时应注意以下几点。

① 对结构安全影响进行评估是选择处理方法的前提 错位、偏差或变形较大时，必须对结构承载能力及稳定性等进行必要的验算，根据验算结果选择处理方法。

② 要针对错位变形的原因选择适当的方法　如地基不均匀沉降造成的事故，需要根据地基变形发展趋势选择处理方法；因施工顺序错误、或施工质量低劣、或意外的荷载作用等造成的错位变形，应针对其原因采取不同的处理措施，方可取得满意的效果。

③ 必须满足使用要求　如吊车梁调平、柱变形的消除应满足吊车行驶的坡度、净空尺寸等要求，根据生产流水线对建筑的要求确定结构或构件错位的处理方法。

④ 注意纠偏复位中的附加应力　如用千斤顶校正柱、墙倾斜时，必须验算构件的弯曲和抗剪强度。

⑤ 确保施工安全　错位变形事故处理过程中，可能造成结构强度或稳定性不足，应有相应的措施；局部拆除重做时，注意拆除工作的安全作业，并考虑拆除断面以上结构的稳定性；处理梁板等水平结构时应设置必要的安全支架等。

四、错位变形事故处理实例

1. 单层厂房柱倾斜过大的三种处理方法及工程实例

【实例 5-32】 整体顶升屋盖后纠正柱偏斜实例

江苏省某厂冷作车间，柱距 6m，跨距 18m，采用矩形截面柱，钢筋混凝土屋架，大型屋面板。结构吊装完成后发现有一根柱向厂房内倾斜，柱顶处位移 50mm。柱子安装后未经校正即做最后固定是产生此事故的原因。吊装屋架时，虽发现柱、屋架连接节点因错位而造成安装困难，但仍未分析原因和做必要的处理，直至结构全部吊完后复查时，才发现此问题。

该工程采用了分离该柱与屋架连接的处理方法，即用临时支柱和千斤顶将屋架连同屋面板整体顶起，然后对柱进行纠偏（见图 5-46）。

具体处理要点如下。

① 先将两根钢管组合柱从吊车梁及柱顶连系梁间的空隙中穿过，并支在柱内侧屋架的下面（见图 5-46）。

② 加固屋架端部节点间的上弦杆。

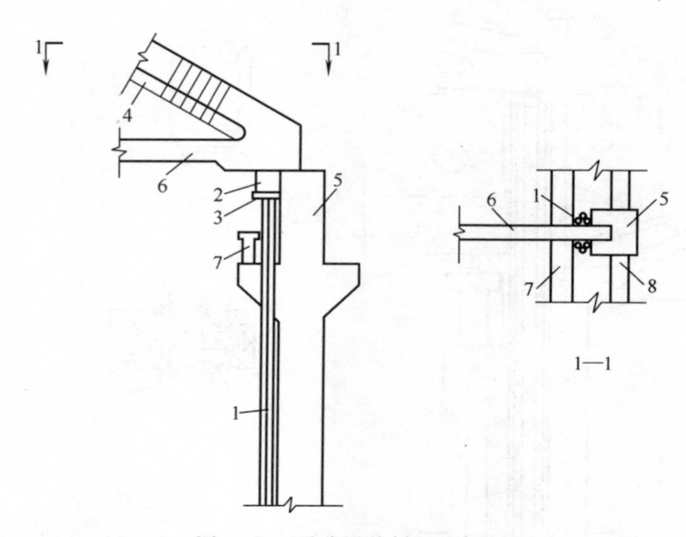

图 5-46 顶升屋盖纠正柱倾斜

1—每米钢管加一道箍，由 3Φ100×3 钢管组成柱；2—15t 千斤顶；3—木方；4—200mm×200mm 加固木方；5—柱；6—屋架；7—吊车梁；8—连系梁

③ 凿除杯口中后浇的细石混凝土，并用钢楔将柱临时固定。

④ 将与柱有牵连的杆件割开，包括屋架、吊车梁、连系梁及柱间支撑上部节点，并撑牢吊车梁端部。

⑤ 用千斤顶顶起屋架，上升值不超过 5mm，同时将柱校正到正确位置。

⑥ 重新焊接各杆件，然后浇混凝土。

【实例 5-33】 外包钢加固处理实例

某车间竣工投产后，发现一根柱的上柱偏离设计中心线 80mm，影响吊车行驶。该工程的处理方法为：用角钢加固柱子后，凿除部分上柱的混凝土与钢筋，保证吊车行驶需要的净空尺寸(见图 5-47)。

具体处理要点如下。

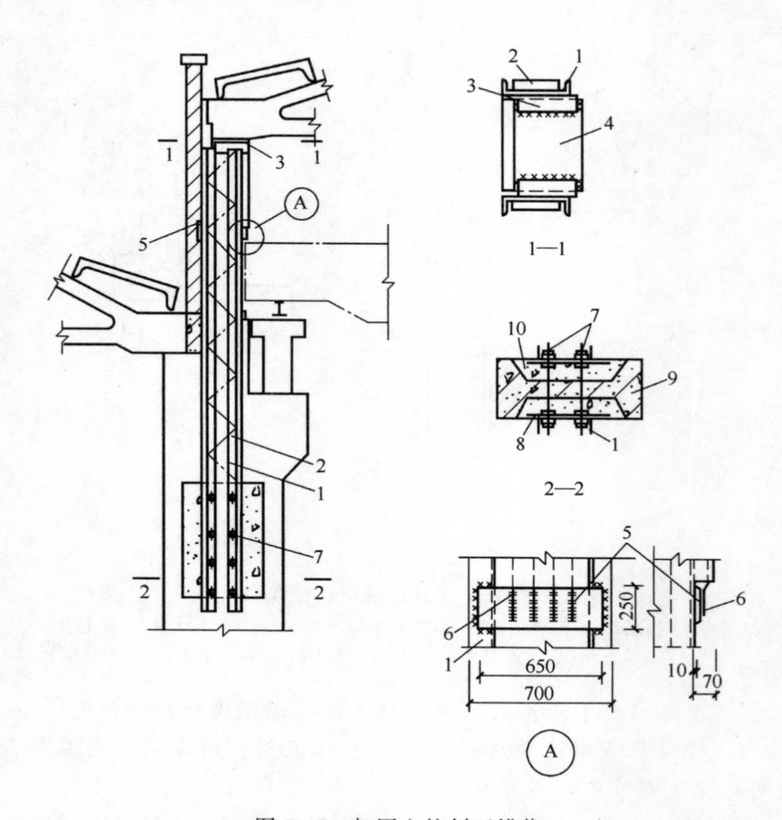

图 5-47 加固上柱纠正错位

1—4 根L100×10；2—L50×6 缀条；3—L90×10；4—原柱顶钢板；5—640mm×250mm×10mm 钢板；6—切断的上柱主筋，弯折后与钢板 5 焊接；7—ϕ25 螺栓；8—加设钢筋网；9—下柱截面；10—后浇混凝土，局部柱形为矩形截面

① 用 2 根L100×10 角钢和L50×6 缀条焊接成加固架共 2 片，其上端焊 2 根L90×10 角钢。

② 在柱两侧安装角钢加固骨架，上端将 2 根L90×10 角钢与固定屋架用的原柱顶钢板焊牢，下端用 8ϕ25 螺栓固定。

③ 将影响吊车行驶部位的上柱混凝土凿除 70mm、露出的主筋切断后，与钢板 5 焊牢，钢板 5 与 2 根L100×10 角钢焊牢。

④ 在上柱部分与凿除处相对应的位置，拆除部分墙体，将一

块钢板5与两侧加固骨架的∟100×100角钢焊牢。

【实例5-34】 通过验算后修改结构构造实例

湖北省某车间在施工时，先吊装柱，再砌墙，然后吊装屋盖。施工中发现车间边排柱普遍向外倾斜，柱顶向外移位40～60mm，最大处达120mm。

(1) 引起事故的原因

① 施工顺序错误 屋盖尚未安装前，边柱是一个独立构件，并未形成排架结构。此时在外侧砌筑高10m、厚370mm的砖墙时，墙荷重通过地梁传递到独立柱基础，使基础承受较大的偏心荷载，引起地基不均匀沉降，导致柱身向外倾斜。

② 柱基坑没有及时回填土 检查时发现基坑内还有积水，地基长期泡水后承载能力下降，加剧了柱基的不均匀沉降。

(2) 结构安全和后续工程施工问题

① 根据实际偏斜产生的附加内力，对原设计进行结构验算。发现柱的倾斜不危及结构安全，因此可不纠正柱的倾斜。

② 修改屋架与柱顶的连续构造。将柱顶预埋螺栓外露部分切割去，屋架吊装就位后，用电焊将屋架与柱顶埋设的钢板相连。

这种处理方法虽然简单，但屋架与柱顶的连接方式已与设计计算简图中的铰接有差别。此外，由于柱外倾程度不一，会影响建筑物外观。

2. 单层厂房柱局部弯曲的处理实例

【实例5-35】 单层厂房柱局部弯曲的处理实例

(1) 工程事故概况

湖北省某车间预制柱，因场地地基不均匀下沉和柱模板质量问题（柱模板刚度不足与尺寸误差）等原因，造成九根柱局部严重弯曲，弯曲出现在矩形截面的短边方向，弯曲矢高为30～40mm，最大达80mm。

(2) 事故处理

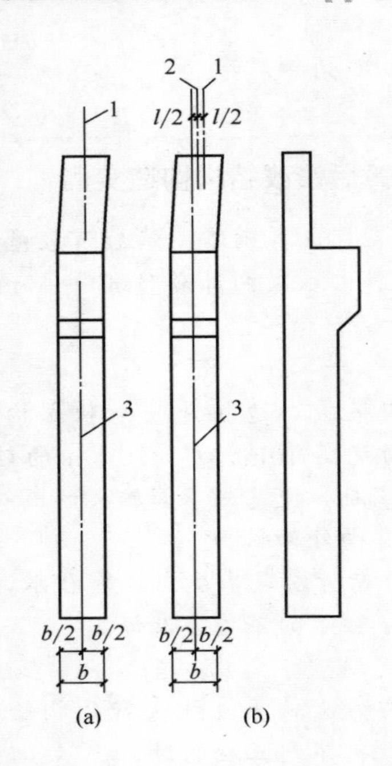

图 5-48 厂房短边方向立面示意图
1—柱顶面中心线；2—屋架安装中心线；
3—柱安装中心线

首先考虑柱弯曲变形对结构安装的影响，尤其应注意屋盖系统安装的困难程度。经研究，初步确定了构件安装线的调整方案。根据上述安装线，计算构件的实际偏差值，然后用原设计内力与偏差引起的附加内力组合，并考虑柱实际截面小于设计值，进行结构验算。验算结果证明，结构安全无问题，因此决定不必加固补强即可进行吊装。为了尽量减小偏差对结构的不利影响，采取了以下 4 项措施。

① 偏差在 20mm 以内的，柱安装中心线为柱底中心与大牛腿中心的连线。安装柱时将此线对准杯口的中心线。安装屋架时，将屋架轴线对准柱顶截面中心线［见图 5-48 (a)］。

② 偏差在 20～40mm 范围时柱的安装中心线同上，而屋架安装中心线用下述方法确定：先将安装中心线延长至柱顶面，并在柱顶画出此安装线，然后画出柱顶截面中心线，用上述两线的中点线作为屋架安装的中心线［见图 5-48 (b)］。

③ 安装时尽可能保持下柱位置与其垂直角度准确。

④ 若相邻柱顶均存在偏差，安装时需要注意使其偏差移位方向一致。

采用上述方法处理，工程竣工后使用多年，未见异常情况。

3. 现浇混凝土柱错位处理方法与工程实例

(1) 错位偏差较小时的处理方法

① 后续工程中逐步调整法　发现柱错位后，对结构进行验算，不影响下部结构和地基基础安全的，可采用将主筋缓慢弯折到正确

位置（弯折角度 1∶6），并随弯折后的位置安装模板。如有必要，弯折处可增设钢筋混凝土横梁，其截面尺寸及配筋根据柱尺寸和偏差情况而定（见图 5-49）。

② 外包钢筋混凝土法　凿去错位部位柱的混凝土保护层，加配适当的钢筋后，外包混凝土把柱截面加大，保证错位的柱边达到设计边线。新加的钢筋应伸入基础并有足够的锚固长度。后浇筑的柱按正确的位置接在加大的下部柱上（见图 5-50）。

（2）错位偏差较大时的处理方法

柱错位严重且必须纠正时，可采用局部修改设计的方法处理。

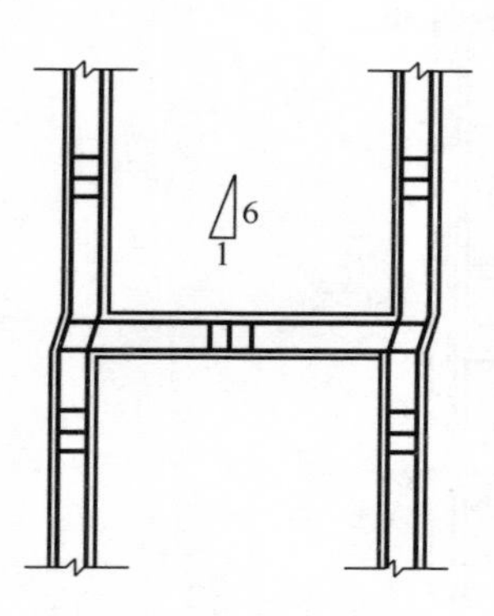

图 5-49　逐渐调整法

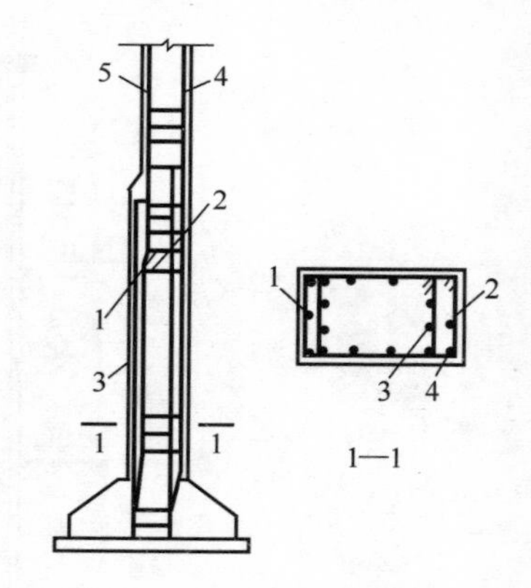

图 5-50　外包钢筋混凝土

1—原箍筋；2—新加箍筋；3—原柱主筋；4—新加主筋；5—插筋

【实例 5-36】 错位偏差处理方法实例

某工程为 4 根柱组成的框架结构，地面以上高约 34m，地下部分约 9m。当柱浇筑至标高 14m 附近位置时，发现整个工程南北和东西方向分别错位 1250mm 和 1000mm。使用者要求标高 23.40m 以上部分必须位置正确，并有足够的使用面积。根据工程进度情况，返工重做困难很大，决定柱子仍按偏差位置施工，而 23.40m 以上的楼层，顶层与屋面需要扩大到原设计的位置（图 5-51）。这种处理方法虽然满足了使用要求，但是标高23.40m以上的建筑面积和结构自重加大，同时悬挑部分的尺寸也加大。因此，必须验算地基基础和下部结构是否安全。查阅资料证明，地基基础承载力无问题。上部结构仅最上面两层的柱与梁承载能力不足，考虑到这两层尚未施工而采用保持混凝土截面尺寸不变而增加钢筋的方法处理。

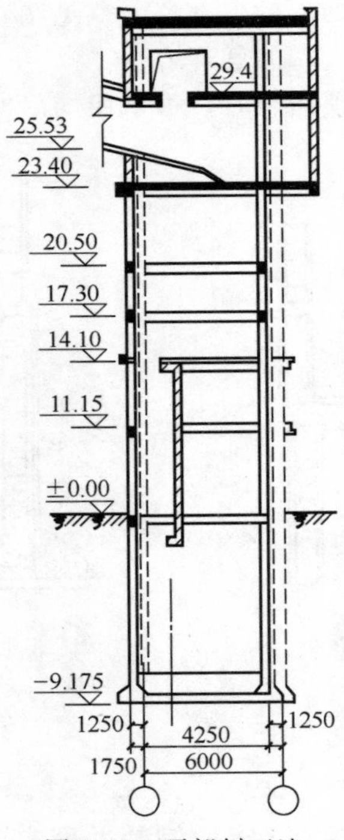

图 5-51　顶部纠正法

4. 现浇框架柱倾斜的处理方法与实例

(1) 逐渐纠偏法

【实例 5-37】 逐渐纠偏法工程实例

(1) 工程事故概况

某厂现浇框架立面示意见图5-52。由于施工工艺不当和质量检查验收工作马虎，在施工到标高12.90m时，发现Ⓐ轴线的柱向外偏移，最大偏移量为60mm（见图5-53）。由于框架柱倾斜已明显超出规范的允许值，因此需要处理。

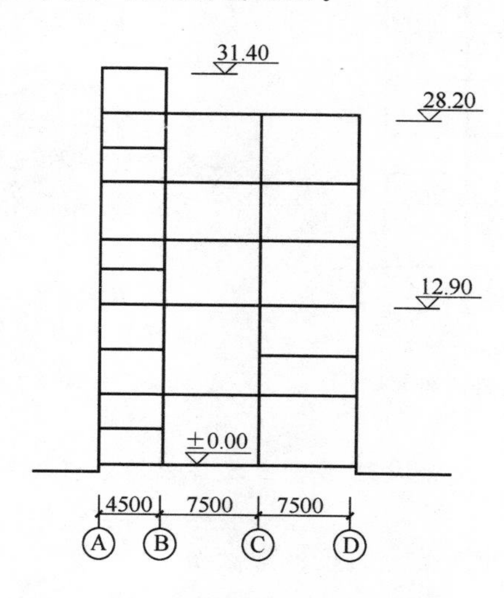

图5-52　框架立面示意图

（2）处理方法

首先根据柱倾斜后的实际尺寸对框架进行验算。即把柱倾斜后产生的附加内力组合到设计内力中，重新计算柱的配筋，结果表明原柱钢筋用量仍满足要求，因此不必对柱进行加固补强，初步确定采用逐层纠偏的方法。

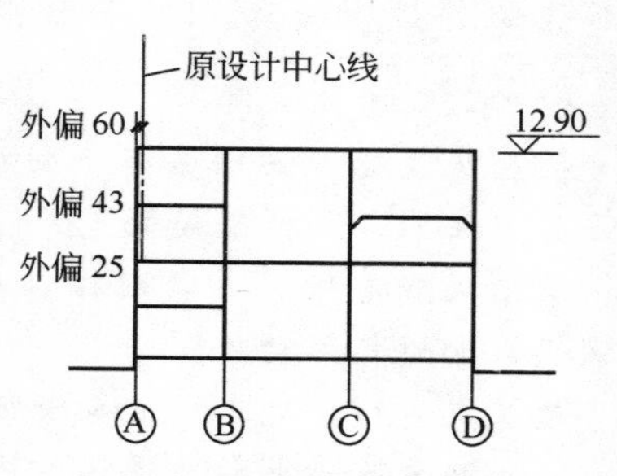

图5-53　框架柱倾斜示意图

其次，考虑到该工程顶层外凸，刚度相对较差。因此采用在标高28.20m处把柱倾斜全部纠正的方案，各层纠偏的尺寸见图5-54。这种处理方法造成后浇各层柱中心线仍偏离设计位置。因此必须把由此产生的附加内力组合到设计内力中去；对框架进行验算，

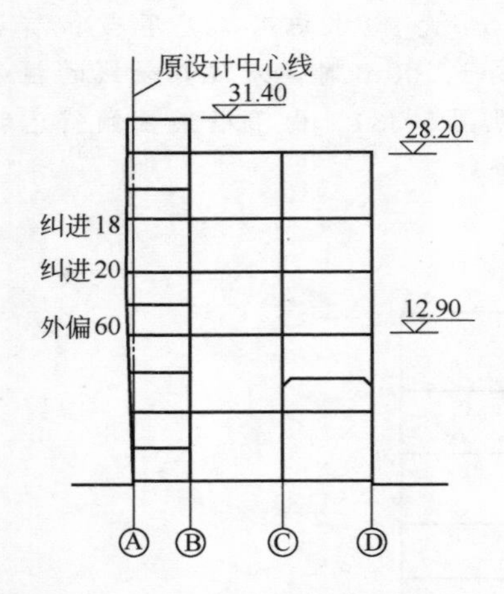

图 5-54 框架柱纠偏尺寸

结果表明，各层柱均不必加固。

(3) 注意事项

采用上述处理方法，在施工中应注意以下几个问题。

a. 各层横梁受力钢筋下料时，均应根据柱偏移值将钢筋加长，防止梁主筋伸入柱内长度不足或锚固过早的弯折。

b. 要认真检查验收钢筋和模板的尺寸、位置。

c. 在装饰工程施工时，适当调整抹灰层厚度和三面线条，使厂房主面外观不出现明显缺陷。

该厂房经上述方法处理后，未发现裂缝和其他异常，满足使用要求。

(2) 外包钢筋混凝土纠正框架倾斜

【实例 5-38】 外包钢筋混凝土纠正框架倾斜工程实例

(1) 工程事故概况

某厂房现浇框架柱偏移平面示意见图 5-55 中实线所示，厂房共五层。在第二层框架模板支完后，因运输大构件时发生碰撞，造成框架模板严重倾斜，实测柱偏移情况如图 5-55 中虚线所示，框架梁模板也随之移动。

事故发生后，对工程质量进行了全面复查，发现第一层框架略有倾斜，部分基础混凝土强度未达到设计值。

(2) 处理方法

技术人员根据现场实际情况，决定不采用拆除已倾斜变形的模板和钢筋重做的方案，而采用对倾斜较大的柱外包钢筋混凝土的方法处理，加固范围从基础到标高 8.56m 处。

工地选择这种方法的主要依据是：

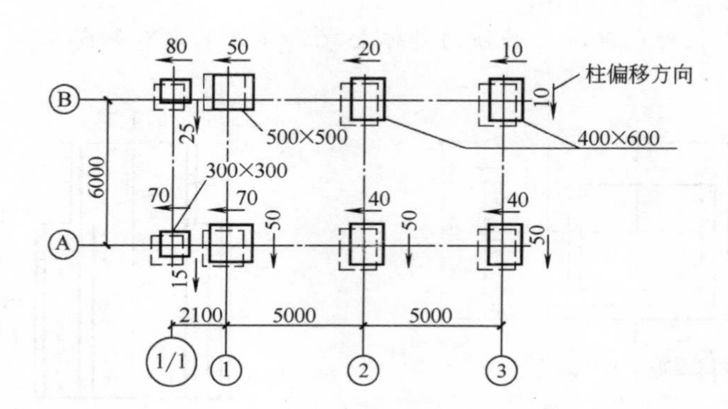

图 5-55　框架柱偏移平面示意图

① 框架在纵横两个方向均产生较大的倾斜，钢筋位置偏差较大；

② 该框架外加荷载较大，经设计复核，双向倾斜的柱需加固补强，采用外包钢筋混凝土的方法较可靠；

③ 框架原设计潜力较大，可不加固；

④ 柱、梁交叉处的加固补强较复杂，处理不慎会影响加固质量；

⑤ 有利于三层以上的框架柱按原设计的位置施工。

（3）注意事项

① 外包后的柱截面，仍对称于原柱截面的中心线，Ⓐ—①框架柱加固后的横截面见图 5-56。

② 二层和三层连接处柱断面及钢筋的处理见图 5-57。新补加的钢筋和外包混凝土都向上延伸至二层（标高 8.56m 处）以上 $35d$ 的高度（d 为柱纵向钢筋直径）。

③ 框架梁、柱交叉处必须有足够的钢箍，新加钢箍必须闭合，钢箍穿越框架梁时，在梁上凿孔，孔中插入钢筋后用环氧砂浆填实。

④ 这种处理方法造成框架成为不等截面柱，已通过设计验算。但在建筑立面处理和砖墙砌筑时，还应采取相应的措施。

⑤ 由于框架柱双向倾斜，柱外包混凝土有两面的较薄，施工中应十分谨慎。当柱纵向钢筋较多时，梁柱交接区附近应防止纵向

钢筋集中在柱角附近。

⑥ 柱外包混凝土补强的具体要求，详见本章有关内容。

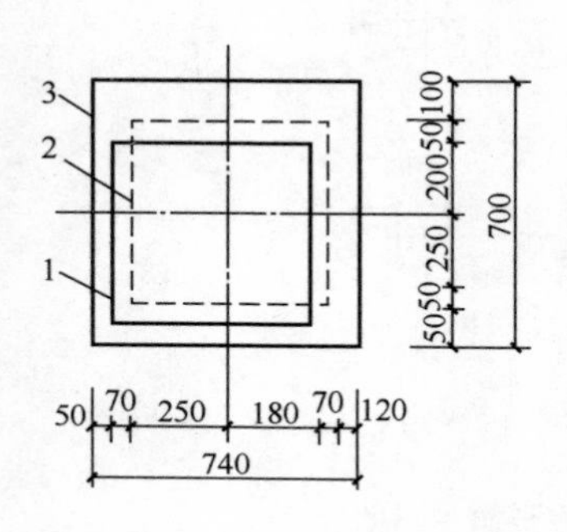

图 5-56 Ⓐ—①框架柱加固截面

1—倾斜后的柱截面；2—设计柱截面；3—外包混凝土截面

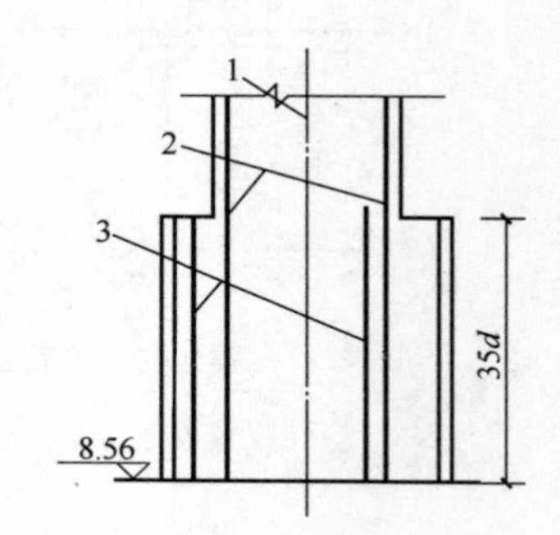

图 5-57 二层和三层柱连接处

1—柱中心线；2—第三层柱设计主筋；3—第二层柱向上延伸的错位筋

5. 现浇框架错位处理方法与实例

现浇框架错位事故发生的主要原因是看错图或测量放线错误，其处理方法取决于错位对使用和承载能力的影响。由于错位事故表现为多种形式，处理时应针对工程特点与错位大小，并根据本章第二节二的要求，选择合适的处理方法。

6. 吊车梁位置偏差过大事故处理及实例

吊车梁平面位置或标高偏差太大的常见原因是施工工艺不当(校正马虎或未校正)，或地基产生较大的沉降差。纠正过大偏差常用以下三种方法。

① 偏差不大时，可在安装吊车轨道时调整，这种处理方法最简单，应优先采用。

② 偏差较大时，在吊车轨安装中调整尚不能纠正，可采用图 5-44 所示方法调整吊车梁的位置和标高。

③ 因地基沉降差太大造成的偏差，有的需要纠正柱的倾斜或做必要的加固，有的需要加固地基。

【实例 5-39】 采用调整吊车梁轨道方法处理吊车梁标高偏差事故实例

（1） 工程事故概况

某单层厂房局部平面图和剖面见图 5-58。安装吊车梁时未经复测和调整即做了最后固定，因而造成吊车梁出现过大的标高误差（见表 5-16）。

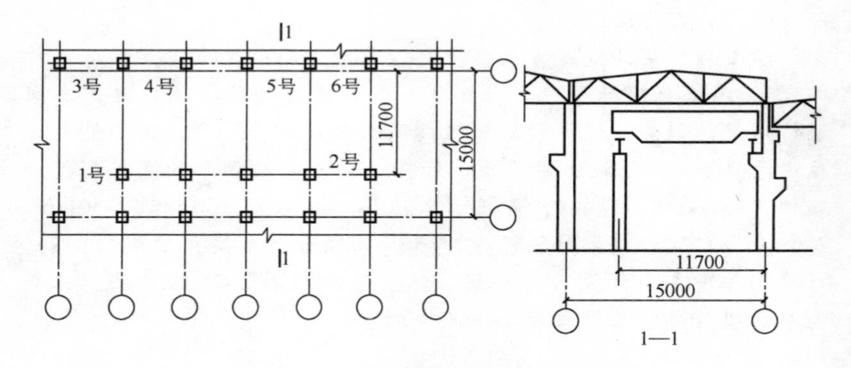

图 5-58 厂房局部平面图和剖面图

表 5-16 吊车梁标高误差

测点	1	2	3	4	5	6
误差/mm	+59	+50	+139	+114	+120	+116

（2） 处理方法

因吊车梁已固定，调整梁标高较困难，因此拟用调整轨道标高的方法处理。首先计算误差最大的 3 号点标高提高 139mm 后，吊车与屋架下弦之间的净空尺寸是否符合安全要求；其次要检查标高提高对有关生产工艺及设备的影响，并采取相应的措施，以上两项是处理的前提。计算结果证明，该工程均能满足要求。处理时，以 3 号点为标准，把吊车轨道普遍提高。轨道与梁顶之间的空隙填嵌不同厚度的钢板，经检查合格后用电焊固定，最后用设计强度等级的水泥砂浆或细石混凝土填实此缝隙。

【实例 5-40】 采用钢托座调整吊车梁标高偏差过大处理实例

（1） 工程事故概况

某单层厂房因地基发生不均匀下沉，造成吊车轨道不平，导致吊车刹车困难，出现滑轨现象。同时又因地基不均匀下沉造成吊车轨距减小，出现吊车轧轨现象。

（2） 处理方法

该工程采用的处理方法要点有以下四方面。

① 调整轨顶标高　测量轨顶及吊车梁支座处标高；考虑车间继续下沉的趋势，设计新的轨顶标高曲线呈“︵”形，控制最大坡度小于0.3%；根据上述两项，计算各支座处应调整的高差，设计四种不同高度尺寸的钢托座，其高分别为 100mm、150mm、200mm、240mm（见图 5-59）；用千斤顶顶升吊车梁至要求的标高，可将千斤顶支在柱旁活动支架上，也可采用图 5-60 的方法。标高调整后垫入合适的钢托座，不足处加垫钢板。

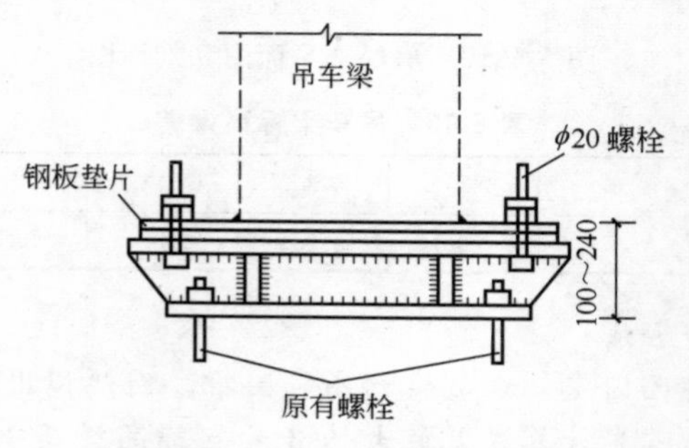

图 5-59　钢托座调整吊车梁标高

② 调整轨距　保证吊车轨与上柱间有足够的空隙尺寸，并使吊车轨形成一条曲率不大的曲线，当个别柱与轨之间空隙尺寸不足时，凿除部分柱混凝土，并加固补强。

③ 吊车梁与柱设横向连接板　此项工作应实地测量放样制作（见图 5-60）。

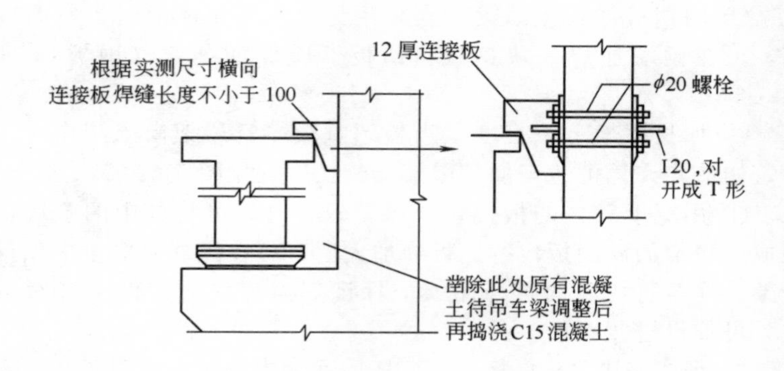

图 5-60　吊车梁与柱的连接

④ 缓慢开动吊车，检查吊车栏杆等上部构件与屋架下弦之间净距，不符合要求处可切割去部分角钢。

7. 屋面板安装宽度与屋架（屋面梁）上弦长度不符事故处理

由于屋面板超宽（胀模），在无组织排水屋面中使檐口屋面板出现悬空；而在内排水屋面中，造成最外边的一块屋面板安装不下。通常处理的方法有以下几种。

① 调整板的安装位置　当屋面板超宽不大时，如每块超宽小于 10mm，或仅是个别屋面板超宽时，可采用调整板缝宽度的方法处理。若个别板与屋架预埋钢板不能直接焊接时，可加一块铜板先与屋架焊接，再将屋面板焊接在后加的钢板上。

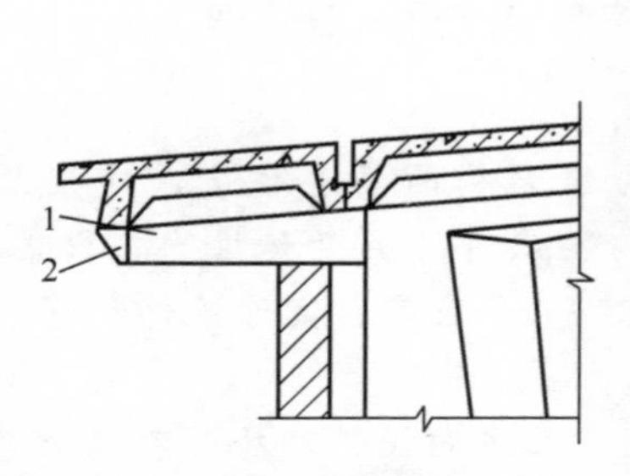

图 5-61　用钢板加长屋面梁

1—后加钢板与屋面梁焊接；2—焊加劲肋（钢板）

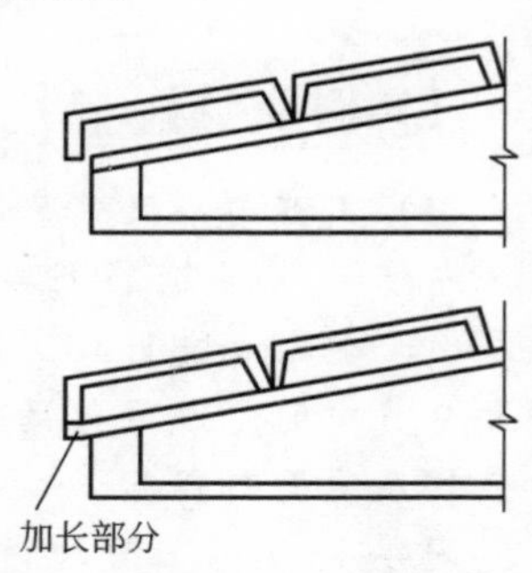

图 5-62　用混凝土加长屋面梁

② 用钢板加长屋面梁　当采用无组织排水屋面时，屋面板超宽，可在梁端加焊一块钢板，钢板下应焊加劲肋（钢板）（见图 5-61）。

③ 加长屋架上弦长度　当板超宽较多且屋架尚未制作时，如建筑构造允许，可适当加长屋架上弦长度（见图 5-62）。

④ 用宽度较狭的板代替　超宽较多时，可将其中的一块板用现成的较窄的屋面板代替。板缝加大后，可在灌缝混凝土中加钢筋骨架。注意每块屋面板与屋架应保证三点焊接，铁件位置对不上时，可加设过渡钢板。

⑤ 现浇一块非标准板　若厂房屋面为内排水，屋面板超宽无法安装，只能按实际尺寸现浇一块非标准尺寸的屋面板（见图 5-63）。

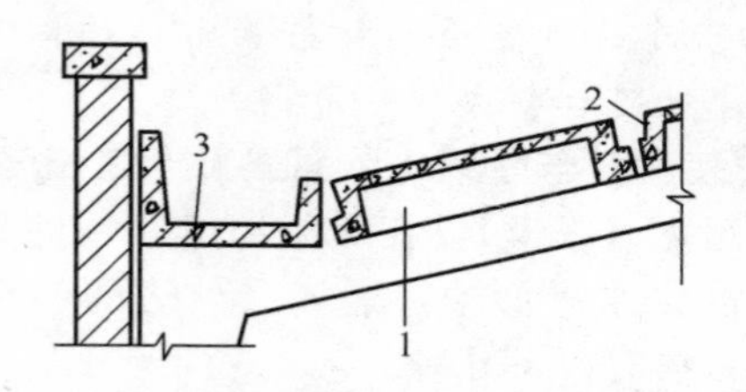

图 5-63　用非标准板处理

1—非标准屋面板；2—标准屋面板；3—天沟板

8. 大部控制爆破拆除法处理实例

【实例 5-41】 大部控制爆破拆除法处理实例

（1）工程与事故概况

一栋十八层钢筋混凝土剪力墙结构的高层住宅，建筑总高 56.6m，建筑面积 $1.46\times10^4 m^2$。1995 年 1 月开始桩基工程施工，同年 9 月中旬完成主体结构工程，11 月底完成室外装饰和室内部分装饰及地面工程。

同年 12 月 3 日发现该建筑朝东北方向倾斜，房屋顶端水平位移为 47cm。为防止地基基础不均匀沉降进一步发展，现场迅速采取了一系列纠偏措施，包括沉降大的一侧减载、注浆、高压粉喷、增加锚杆静压桩等，并对沉降小的一侧进行加载。房屋倾斜曾一度得到控制。但是从12月21日起，该住宅楼又突然转向西北方向倾斜，虽然也迅速采取了一些纠偏措施，但无济于事，且倾斜速度加快，至12月25日，房屋顶端因倾斜而发生水平位移2884mm，房屋的重心偏移了1442mm。

（2）事故原因

当地组织专家调查分析后的结论是："引起该楼严重倾斜的原因是群桩整体失稳"。而造成群桩失稳的原因是"设计和施工均存有问题"，具体有以下几方面因素。

① 桩型选用不当。该工程地下有厚达11.5～19m的杂填土和淤泥（或淤泥质黏土），而强度较好的砂卵石层面在地面下40m或更深处。地质勘察报告建议：18层住宅选用大直径钻孔灌注桩，持力层为砂卵石层。但是工程实际用的是夯扩桩。一些专家形象地说："该工程的夯扩桩如同一把筷子插到稀饭里。"因此发生严重的不均匀沉降与选用桩型不当直接有关。

② 错误地提高地下室底板标高。原设计桩顶标高为－5.50m，总桩数为336根。施工完190根桩时，建设单位提出地下室底板标高提高2m，经设计人员同意后实施，由此造成的严重后果有以下两方面。

a. 违反钢筋混凝土高层建筑结构设计与施工规程的规定，即建筑物的最小埋置深度不应小于建筑物高度的1/15。这项修改使工程埋置深度由5m多改为3m多，仅为建筑物高度的1/18.9，削弱了建筑物的整体稳定性。

b. 由于底板标高提高，已完成的190根桩必须全部接长，整栋房屋一半以上的桩在同一截面附近接桩，由此带来的危险且不说，已完成的桩不少是倾斜的，再用垂直地面的接桩，整个桩呈折线形，不仅严重降低了单桩承载力，而且在地震等水平力的作用下，这些接桩部位可能首先被破坏。

③ 基坑支护失误。该楼基坑壁的土质为高压缩性淤泥层，含水量高达78.1%，孔隙比最高为2.30，属物理力学性能状态很差的一种土层。地质勘察报告要求基坑在开挖时，应采取坑壁支护及封底补强施工。实际施工时仅在基坑南侧和东南侧打了5排粉喷桩，在

西侧段打了2排粉喷桩，其余坑边均采用放坡开挖。施工中发生坑内淤泥移动，对桩产生了水平推力，严重影响了桩体的稳定。

④ 基坑开挖方法不当。技术规范对桩基工程的基坑土方挖土作过一些规定，如：挖土应分层进行，高差不宜过大，软土地基的基坑开挖，基坑内土面高度应保持均匀，高差不宜超过1m；机械挖土时必须确保桩体不受损坏；挖出的土方不得堆置基坑附近等。该工程的实际情况是挖土没有分层进行，一次挖至设计标高，因此高差达3m左右；挖土机械不仅往复碾压桩体，而且挖土机铲斗还碰撞有的桩身；挖出的土方都堆置在基坑旁。这些违反规范规定的做法，使桩基情况进一步恶化。

⑤ 成桩质量存在严重缺陷。对完成的336根桩进行动测检验，结果有172根是歪桩，其垂直度超出规范的允许值，其中最大偏位达1700mm。桩自身完整性检验抽检了63根桩，结果有13根桩体存在严重缺陷，属Ⅲ类桩。

⑥ 其他质量问题。该工程原设计为先打砂桩后做夯扩桩，实际施工中未做砂桩，对桩又增加了不利因素，基坑回填时，使用杂土并且不进行分层夯实，降低了基础侧向限止而不利于建筑物的稳定。

⑦ 对前述严重质量问题处理失误。该工程存在六方面的严重质量问题，没有及时做出正确处理，对工程进展中所产生的异常现象如沉降突然加大等，也未引起重视，更谈不上采取适当的对策，直至施工单位得知桩的严重质量问题后，提出增加160根锚杆静压桩建议后，建设单位以影响工期为由也没有采纳。而是邀请有关工程技术人员咨询，提出了如下处理方案，并得到了设计人员的认可。

a. 沿底板四周预留40个350mm×350mm洞口，以备出现不均匀沉降时进行加固补强。

b. 在±0.00标高以上采用信息法施工，每层做沉降观测。

c. 减轻上部主体荷载。

这种处理方案已被事实证明不能解决工程桩基存在的严重质量问题，也因为采用了这个方案，导致失去了早期治理和补救的时机，最终造成无可挽回的严重后果。

（3）事故处理

该高层住宅位于某大城市闹市区，一旦倒塌后果将不堪设想。为彻底根除工程质量隐患，只好将该楼地面以上5～18层控爆拆除。

第三节 钢筋工程事故处理

一、钢筋工程事故类别与原因

1. 钢筋材质达不到材料标准或设计要求

常见的有钢筋屈服点和极限强度低、钢筋裂缝、钢筋脆断、焊接性能不良等。钢筋材质不合要求主要原因：首先是钢筋流通渠道复杂，大量钢筋经过多次转手，出厂证明与货源不一致的情况较普遍，加上从多个国家进口钢筋的材质不同，造成进场的钢筋质量问题较多；其次，进场后的钢筋管理混乱，不同品种的钢筋混杂存放；最后，使用前未按施工规范的规定进行验收与抽查等。

2. 漏筋或少筋

漏放或错放钢筋造成钢筋设计截面不足。主要原因有：看错图；钢筋配料错误；钢筋代用不当。

3. 钢筋错位偏差

常见的有：基础预留插筋错误，梁板上面钢筋下移，柱与柱或柱与梁连接钢筋错位等。主要原因除看错图外，还有施工工艺不当、钢筋固定不牢固、施工操作中踩踏或碰撞钢筋等。

4. 钢筋脆断

这里所指的钢筋脆断，不包括因材质不合格而发生的钢筋脆断。常见的有低合金钢筋或进口钢筋运输装卸中脆断、电焊脆断等。主要原因有：钢筋加工成型工艺错误；运输装卸方法不当，使钢筋承受过大的冲击应力；对进口钢筋的性能不够了解，焊接工艺不良，以及不适当地使用了点焊固定钢筋位置等。

5. 钢筋锈蚀

常见的有：钢筋严重锈蚀、掉皮、有效截面减小；构件内钢筋严重锈蚀后，导致混凝土裂缝。主要原因有：钢筋贮存保管不当，构件混凝土密实度差，保护层小，不适当地掺用了氯盐。

二、钢筋工程事故处理方法

1. 补加遗漏的钢筋

如果预埋钢筋遗漏或错位严重，可在混凝土中钻孔补埋规定的钢筋。也可凿除混凝土保护层，补加所需的钢筋，再用喷射混凝土等方法修复保护层。

2. 增密箍筋加固

纵向钢筋弯折严重将降低承载能力并造成抗裂性能恶化等后果。此时可在钢筋弯折处及附近用间距较小（如 30mm 左右）的钢箍加固。试验结果表明，这种密箍处理方法对混凝土有一定的约束作用，能提高混凝土的极限强度，推迟混凝土中斜裂缝出现的时间，并保证弯折受压钢筋强度得以充分发挥。

3. 结构或构件补强加固

常用的方法有外包钢筋混凝土、外包钢、粘贴钢板、增设预应力卸荷体系等。

4. 降级使用

锈蚀严重的钢筋，或性能不良但仍可使用的钢筋，可降级使用；因钢筋事故导致构件承载能力等性能降低的预制构件，也可采用降低等级使用的方法处理。

5. 试验分析排除疑点

常用的方法有：对可疑的钢筋进行全面试验分析；对有钢筋事故的结构构件进行理论分析、进行载荷试验等。如果试验结果证明不必采用专门处理措施也可确保结构安全，则不必处理，但需征得设计部门同意。

6. 焊接热处理

电弧点焊可能造成钢筋脆断，可用高温或中温回火或正火处理，改善焊点及附近区域的钢材性能。

7. 更换钢筋

在浇筑混凝土前，若发现钢筋材质有问题，通常采用更换钢筋的方法。

三、处理方法选择及注意事项

（1）处理方法

钢筋工程事故处理方法选择见表 5-17。

表 5-17　钢筋工程事故处理方法选择

事故类别	处理方法						
	补筋	设密箍	加固	降级	试验分析	热处理	调换
钢材质量	△		△	△	✓		✓
漏筋、少筋	✓		✓	△	✓		
钢筋错位、弯折	△	△	△		✓		
钢筋脆断			△		✓	△	✓
钢筋锈蚀	△		✓	✓	△		

注：✓表示较常用；△表示也可采用。

（2）选择处理方法应注意的事项

除了遵守一般要求外，应注意以下事项。

① 确认事故钢筋的性质与作用　即区分事故钢筋是受力钢筋还是构造钢筋，或仅是施工阶段所需的钢筋。实践证明，并非所有的钢筋工程事故都只能选择加固补强的方法处理。

② 注意区分同类性质事故的不同原因　例如钢筋脆断并非都是材质问题，不一定都需要调换钢筋。

③ 以试验分析结果为前提　处理钢筋工程事故前，往往需要对钢材做必要的试验，有的还要做荷载试验。只有对试验结果进行分析才能正确选择处理方法。对表 5-17 中的设密箍、热处理等方法，还要以相应的试验结果为依据。

四、钢筋工程事故处理实例

1. 现浇板钢筋错位事故处理

现浇板支座附近的负弯矩钢筋，因施工人员踩踏往往造成其位置下移，轻则造成混凝土裂缝，严重的会影响结构安全。通常的处理方法是补放负弯矩钢筋，加浇一层混凝土。这类事故处理的实例很多，图 5-64 是某工程悬臂板支座钢筋下移后处理的实例。

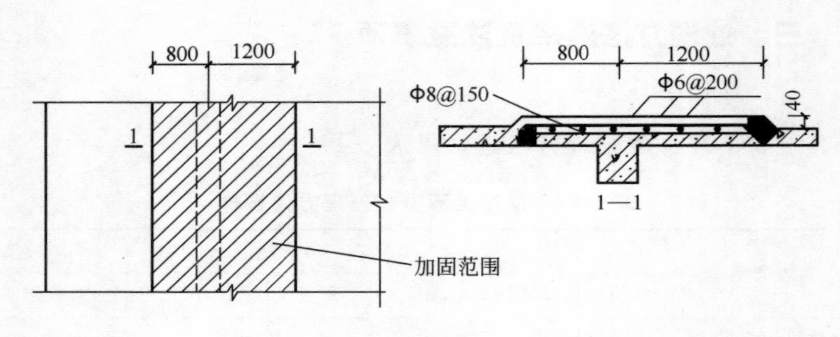

图 5-64　钢筋移位的处理

处理这类事故时，板下应设安全支架，板上面应凿毛、清洗，并应充分湿润。所加受力钢筋数量应根据计算确定。

2. 钢筋横向裂缝事故处理

某构件厂生产板时，发现Φ8 受力钢筋弯钩处有横向裂缝。

（1）钢筋裂缝原因分析

① 从弯钩有裂纹的钢筋中取样试验，结果没有发现明显的屈服台阶，延伸率较低，达不到规范要求。尤其是钢筋断裂前没有明显的缩颈现象，而且沿钢筋全长出现很多横向裂缝。这些现象都与常见钢筋试件有很大差异。

② 从无裂纹的钢筋中取样试验，虽然塑性、韧性较好，但几乎有一半试件的极限强度达不到规范的要求，而且屈服强度与极限强度比较接近。

③ 钢筋成分分析结果见表 5-18。经与标准值对比可见，钢材的含碳量偏高，这与塑性差的特性是一致的，但是仅仅含碳量偏高 0.06%也不至于出现上述严重问题，可能此次分析不能全面反映钢筋的真实成分。

表 5-18　钢筋成分分析结果

元素含量/%	C	Si	Mn	S	P
Φ8 钢筋	0.28	0.23	0.50	0.031	0.015
标准数值	0.14～0.22	0.12～0.30	0.40～0.65	≤0.045	≤0.055

（2）事故处理

① 对尚未使用在板内的钢筋可降级使用，如Φ8 作为Φ6 用。

② 对已用这批钢筋生产的空心板也降级使用，即降低板的承受荷载级别。在不能降级使用的情况下，可在板缝之间增加钢筋网片，并现浇钢筋混凝土肋，这也能加强空心板的承载能力（见图 5-65）。

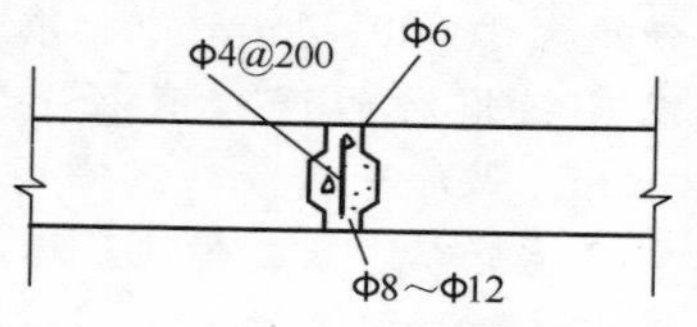

图 5-65 空心板补强示意图

3. 钢筋脆断事故处理

Ⅱ、Ⅲ级粗钢筋在制作、运输、装卸中脆断时有发生，其常见原因除了材质不良外，还有钢筋加工制作工艺不当、野蛮装卸、钢筋遭受冲击碰撞等。钢筋脆断后，首先需要复验钢材质量，然后检查其加工制作工艺和运输装卸方法等。对于因材质不良发生的钢筋脆断事故，通常都采用调换钢筋的方法处理；对于施工原因造成的脆断，通常采用改变施工工艺等措施处理，下面用一实例说明。

【实例 5-42】 钢筋脆断事故处理实例

（1）事故情况

四川省某单层厂房建筑面积 12000m^2，屋盖主要承重构件为 12m 跨的薄腹梁，梁高 1300mm，主钢筋 5Φ25，其中两根为元宝形钢筋，其外形见图 5-66。

图 5-66 钢筋外形示意图

第一次脆断的两根钢筋是在运输中发生的，钢筋的 A 段弯钩在混凝土门桩上脆断，断点在 B 处；第二次脆断的 5 根钢筋是在卸车时发生的，断口也在 B 处。当时已制作完成这种钢筋 210 根，其中两次脆断 7 根，占已制作钢筋的 3.3%。

（2）原因分析

为了确定钢筋材质是否有问题，首先检查了钢筋进场的材质证明和使用前的施工检验报告。在钢筋脆断后，又重新取样检验，最后还对两根脆断的钢筋进行拉伸试验，前后共做了 6 次拉伸与冷弯试验，其结果全部符合Ⅱ级钢筋的标准。尤其需要指出的是，延伸

率 δ_5 达到 22.5%～36%，超过标准值的 16%以上，有 83%试件的屈服强度大于 400N/mm^2（标准值 340N/mm^2），92%试件的极限强度大于 600N/mm^2（标准值 520N/mm^2）。此外，还对脆断钢筋以其制作时的弯心直径 60mm（标准规定弯心直径为 $4d=100$mm）做冷弯检验，试件均无裂缝。综上所述这批钢筋的物理力学性能全部达到或超过了标准的规定。钢筋脆断后，对钢材的成分提出怀疑，因而做了检测，结果表明：试件 2 完全符合要求，试件 1 的 P、S 含量符合要求，C、Si、Mn 含量超出或略高于标准的规定，这与钢筋强度较高有一定关系，其中 C 含量超过 0.01%等因素不可能造成钢筋脆断。综上所述，钢筋脆断的主要原因不是材质问题，而是因撞击、摔打造成，钢筋弯曲时弯心太小，也造成了不利的影响。

（3）处理意见

在上述分析的基础上，提出了以下处理意见。

① 这批钢筋的材质可以满足设计要求，因此可以用到工程。

② 必须改变目前的运输、装卸方法，避免对钢筋造成撞击或冲击。

③ 对已制作的钢筋，用 5 倍放大镜检查弯曲处有无裂纹。如有裂纹者暂不使用，另行研究处理。实际检查后没有发现裂纹。

④ 今后再加工钢筋时，弯心直径一定要符合规范的规定。

4. 现浇梁少配钢筋事故处理

现浇梁大多数为主要承重构件，一旦发现少配了钢筋，必须认真分析处理，如果影响结构安全或正常使用，应采取加固补强措施进行处理。但是也有些梁配筋虽少于设计值或规范规定的计算值，仍可满足使用要求，无须专门处理。下面举例说明。

【实例 5-43】 现浇梁少配钢筋事故处理实例

（1）工程事故概况与原因

某三层混合结构办公楼，砖墙承重，现浇梁板，板厚 8cm。二层和三层共有八个大间（见图 5-67）。每个大间中间设置一根肋形梁，尺寸为 22cm×40cm。工程交工使用数月后，发现梁配筋比设计少配了2/3。

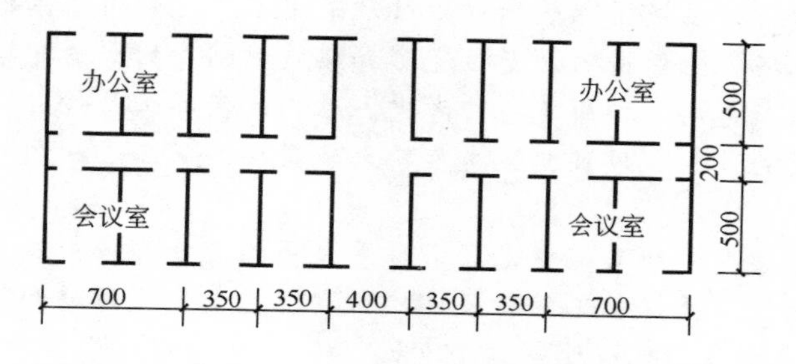

图5-67　二、三层平面示意图

造成这一事故的原因属设计错误。按规范计算梁主筋截面应为7.09cm^2，而施工图中主筋截面积仅为2.26cm^2。

(2) 事故分析

① 由于梁实际配筋量明显少于按设计规范计算的需要量，必须分析由此造成的影响和危害。

② 工程使用情况调查表明，工程交工后使用的数月中，大房间中曾集中五六十人开会（相当于活荷载约1kN/m^2）。发现问题后，对梁进行了检查，在二楼只发现梁跨中有两条裂缝，宽0.1mm，裂缝伸展到梁高的2/3处；在三楼只发现梁的跨中有一条宽约0.2mm的裂缝，裂缝伸展至板的下边缘。因此对此梁能否安全使用必须做进一步分析。

③ 按照使用荷载的要求，分四级加荷进行结构荷载试验，并测量跨中挠度、支座转角和钢筋应变。结果表明，它们均与荷载基本呈线性关系，这说明构件处于正常使用状态。在设计荷载2kN/m^{2}作用下，二楼和三楼梁跨中的最大挠度分别为5.08mm和5.3mm，挠跨比为1/984和1/983，均小于规范规定值1/200，可见在使用荷载作用下的结构变形满足使用要求。在2kN/m^{2}荷载作用下，裂缝宽度与长度均无变化，都在规范允许范围内。在2kN/m^{2}活荷载作用下钢筋应力约为110N/mm^2，加上自重产生的应力，也不可能达到屈服强度。以上试验数据说明，结构在使用荷载作用下处于正常工作状态。

④ 梁内少配 2/3 钢筋仍能正常工作的原因分析。在计算钢筋混凝土肋形楼盖使用阶段的内力时，采用了下述两条基本假设：一是不考虑混凝土材料的弹塑性变形和裂缝对刚度的影响，按弹性理论计算；二是周边按简支条件考虑。结构的实际工作情况与上述假设有较大的差别。现仅就梁支座约束和梁板共同工作问题做如下简要分析。

关于梁支座约束问题，通常称支座平均弯矩与跨中弯矩之比为支座约束度。根据该工程荷载试验所测得的支座角位移和跨中挠度可以求得支座约束度。该工程二楼梁的平均支座约束度为 75.87%，三楼为 54.03%。由于支座约束度的影响，使梁跨中弯矩明显减小。

关于梁板共同工作问题。设计肋形楼盖时，通常将作用在楼盖上的荷载分成两部分计算：一部分为直接作用在梁上的荷载；另一部分为作用在板上的荷载。实际上由于梁板的共同作用影响，梁上的荷载并非全部由梁承担，板也承担一部分。通过理论分析，并与荷载试验结果对比证明，考虑梁板共同工作，按弹性理论分析是比较符合构件实际工作状况的。这种计算分析的方法使跨中弯矩进一步减小。

(3) 事故处理

荷载试验与理论分析证明：结构在使用荷载下工作正常，梁虽然少配了 2/3 钢筋，但由于支座约束和梁板共同工作等有利因素的影响，实际所配钢筋仍能满足使用要求，因此不用做结构加固处理。经过多年使用观察检查，结构一直处于正常工作状态。

但需强调指出：应用这种分析处理方法必须十分慎重，切勿盲目套用。

5. 梁钢筋长度不足事故处理

【实例 5-44】 梁钢筋长度不足事故处理实例

(1) 事故概况及原因分析

某工程钢筋混凝土梁一端为悬臂梁，外墙内侧的大梁上部出现了较宽的裂缝（见图 5-68）。其主要原因是悬臂梁主筋伸入邻跨内的长度不足，次要原因是梁混凝土强度未达设计要求。

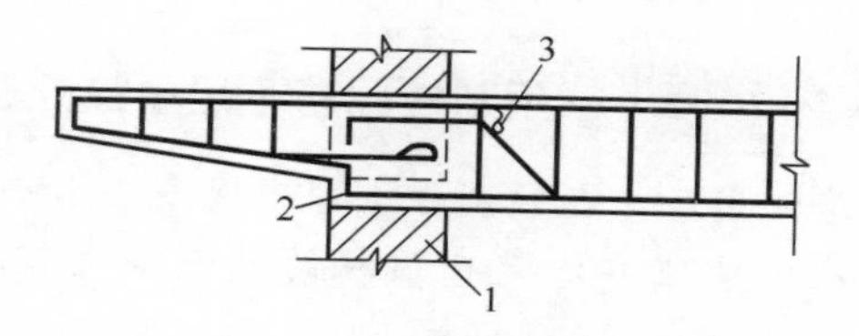

图 5-68 梁配筋示意图

1—外墙；2—圈梁；3—裂缝

（2）事故处理

由于这类事故危及结构安全，必须进行加固处理。该工程采用结构胶粘贴钢板加固（见图 5-69）。加固钢板厚 3mm，由两部分组成：一是梁上部两侧的抗拉钢板，为加强其锚固，在支座处弯折成 90°，用 ϕ19 螺栓锚固在圈梁上；二是梁两侧的抗剪钢板，用于混凝土强度不足的抗剪能力补强。该工程经加固处理后，使用效果良好。

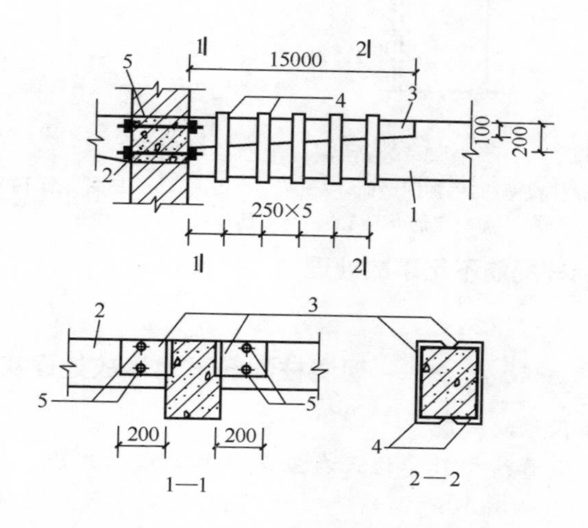

图 5-69 梁粘贴钢板加固示意

1—大梁；2—圈梁；3—抗拉钢板；

4—抗剪钢板；5—ϕ19 螺栓

6. 预制柱配筋不足事故处理

【实例 5-45】 预制柱配筋不足事故处理实例

某单层厂房使用后，在预制柱上部出现多条水平裂缝，其主要原因是配筋不足。处理方法是在该柱的外侧加大钢筋混凝土截面（见图 5-70）。

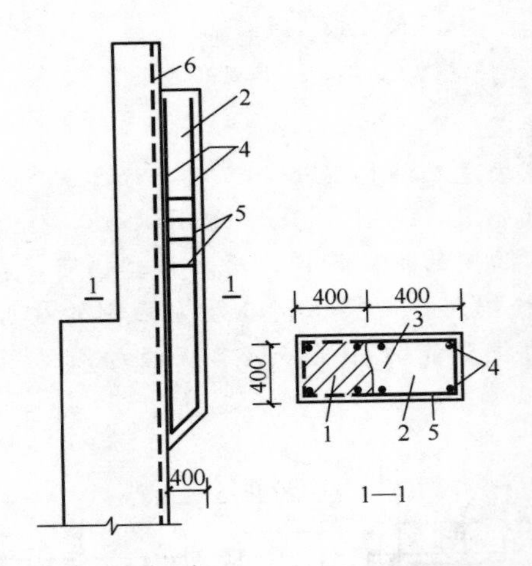

图 5-70 预制柱配筋不足加固

1—原柱截面；2—加固截面；3—结合面凿毛；4—加配主筋 4Φ28；5—加配箍筋Φ8@300，与主筋焊接；6—原主筋

7. 现浇柱配筋不足事故处理

【实例 5-46】 现浇柱配筋不足事故处理实例

（1）工程事故概况

某十层框剪结构教学楼，在五层结构完成后发现，四层、五层柱少配了 39％～66％的钢筋。事故原因是误将六层柱截面用于四层、五层两层，施工及质量检查中又未能及时发现和纠正这些错误。由于现浇柱在框剪结构中属主要受力构件，配筋严重不足，影响结构安全，必须进行加固处理。

（2）加固方案

凿去四层、五层柱的保护层，露出柱四角的主筋和全部箍筋，用通长钢筋加固。钢筋截面为：内跨柱 8Φ28＋4Φ14，外跨柱 4Φ22＋4Φ14，Φ14 为构造筋，与梁交叉时可切断。加固箍筋Φ8@200，安装后将接口焊牢（见图 5-71）。

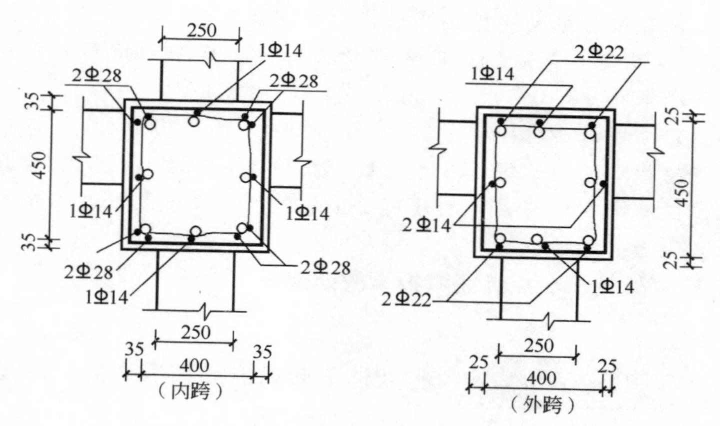

图 5-71　柱加固断面及配筋

加固钢筋从四层柱脚起伸入六层 1m 处锚固。新加主筋与原柱四角凿出的主筋焊接牢固，使两者能共同工作。焊接间距 600mm，每段焊缝长约 190mm（箍筋净距）。加固主筋焊好后，绑扎加固箍筋，箍筋的接口采用单面搭接焊，形成焊接封闭箍。加固主筋在通过梁边时，设开口箍筋，并将加固主筋与原柱主筋的焊接间距减为 300mm。钢箍工程完成并经检查合格后，支模浇灌比原设计强度高两级的细石混凝土。

（3）加固处理注意事项

① 需先将与加固柱连接的纵、横梁用支撑顶住。

② 凿除混凝土保护层只准用小锤、小钢钎轻凿，以免破坏柱内混凝土结构。

③ 加固主筋Φ28 或Φ22 采用 9m 长整根钢筋。钢筋按上述加固方案焊接后，严格检查钢筋品种、规格、尺寸及焊缝间距等。

④ 清洗凿开的混凝土，并保持湿润 24h 以上，以利新旧混凝

土结合。

⑤ 按图 5-71 的尺寸安装柱模板，为方便混凝土浇筑振实和保证质量，模板每次支 80～90cm 高，混凝土浇筑完成后，接着支上一节模板，如此往复进行。

⑥ 混凝土掺 TF 减水剂，坍落度 8～10cm，用竹片人工振捣，并用木锤敲击和振动棒振捣模板，以振实混凝土。

⑦ 在混凝土浇完 24h 后方可拆模。拆模后立即用草袋将柱包裹，并浇水养护 7d。

(4) 加固后质量检验

框架柱加固后，经过 8 个月的观察检查，未发现裂缝、空鼓等现象，仅有个别柱与梁连接处有 2mm 左右的收缩裂缝，不影响柱的承载能力。

8. 框架柱下节点纵筋弯折事故处理

【实例 5-47】 框架柱下节点纵筋弯折事故处理实例

(1) 工程事故概况

浙江省某地一幢钢筋混凝土框架建筑，在施工中由于支模不牢，浇筑混凝土时柱模产生偏斜，造成柱纵向钢筋错位并露筋。为了保证梁上柱的钢筋保护层厚度，施工人员将纵向钢筋在梁表面做成“ϟ”形折线，最大水平距离偏差 5cm，水平距离与垂直距离之比为 1/3。由于柱纵筋在梁上表面处明显弯折，又未采取相应的加固处理措施，因此势必降低结构的安全度。

根据浙江省建筑科学研究所的试验结果：钢筋弯折后，柱下端较早出现斜裂缝、形成塑性铰，导致结构内力重分配，梁跨中内力明显加大，对结构强度及使用性能产生严重危害。

(2) 事故处理

发现上述问题及认识到其严重性时，框架主体结构已完成。考虑到返工重做损失太大，因而采用上述研究所的科研成果——矩形密箍加固法。其要点为：在钢筋弯折处及附近区域（柱下端）300mm 高范围内，用 8Φ8 箍筋将柱箍紧后，再用高强度水泥砂浆抹实压平，厚 30mm。

根据模拟试件的检验证明，这种矩形密箍对柱内混凝土有一定的约束作用，主要是约束混凝土的水平变形，推迟斜裂缝出现，极限强度也有提高。矩形密箍对受压弯折钢筋的约束作用很明显，直至柱身横截面达到极限强度、受压钢筋达屈服强度时，在弯折处也未出现纵向裂缝，而斜裂缝在柱截面达到极限强度的同时出现。这些试验结果说明，这种加固处理方法是可靠、有效的。

9. 粗钢筋电弧焊点焊脆断事故处理

（1）工程事故概况

钢筋混凝土梁柱中，大多采用低合金Ⅱ级、Ⅲ级钢筋，或进口的类似强度的钢筋，主筋直径往往在 30mm 以上。施工时，为了固定位置，有时将主筋与垂直交叉的箍筋电弧点焊（简称“粗钢筋电弧点焊”），由此而造成粗钢筋脆断的事故曾在山西、山东等地出现多次，调查试验发现有电弧点焊脆断现象的钢筋有：日本的 SD35 竹节钢（类似中国的Ⅲ级钢筋），中国的Ⅲ级钢筋，德国的中、高碳钢筋等。

（2）原因分析及处理方法

产生脆断的主要原因是焊点热影响区产生淬硬组织使钢筋局部硬化。因此，为防止已焊钢筋脆断，对已电弧点焊的钢筋可采用高温或中温回火或正火方法处理。具体做法是用乙炔火焰大号焊炬烘烤钢筋点焊处，以焊点为中心的回火长度为 60～100mm（即钢筋直径的 2～3 倍），使钢筋蓄有较多的热量，然后慢慢冷却，达到回火的目的。回火温度控制在钢筋烘烤刚见红为宜，其温度为 420～620℃。经过这种方法处理后，钢筋焊接热影响区的硬度从 330 降到 198，金相组织基本恢复到与母材相同，钢筋冷弯性能也得到恢复，弯心直径为 $2d$～$4.5d$（d 为钢筋直径）时，冷弯 90°均合格。

10. 现浇框架钢筋工程事故处理

【实例 5-48】 现浇框架钢筋工程事故处理实例

（1）工程事故概况

某工程位于抗震 7 度设防区，横向为现浇框架结构，纵向是框架一抗震墙，平面和剖面示意图见图 5-72。

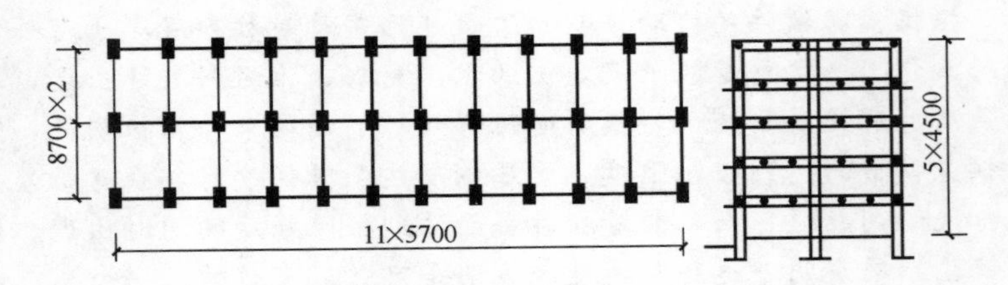

图 5-72 平面和剖面示意图

一层结构完成后，发现以下三个问题。

① 梁柱节点区柱箍筋Φ6@100 漏放；

② 柱内箍筋弯钩是 90°直钩，不符合抗震要求，同时箍筋间距错位；

③ 施工中乱改设计，致使柱主筋错位和局部弯折。这些问题危及抗震安全，因此必须进行加固处理。

（2）处理方法

加固方案采用柱外包角钢，并在室外地坪以下采用外包钢筋混凝土的方法锚固外包角钢（见图 5-73）。

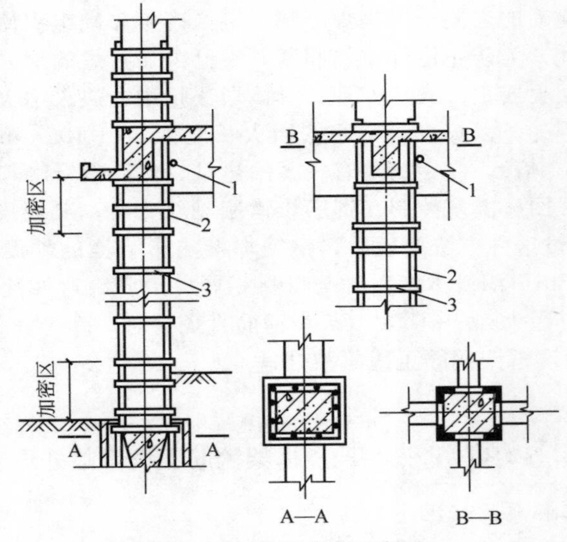

图 5-73 加固方案示意图

1—ϕ20 圆钢缀条；2—∟75×6；3—－60×6

(3) 事故处理施工要点

① 用砂轮磨平外包角钢位置不平的柱面，将柱角磨成圆角，以保证角钢紧贴柱角。

② 角钢与柱之间涂抹乳胶水泥砂浆（1∶1 水泥砂浆加入 5% 水泥质量的乳胶）后，立即贴上角钢，安装工具夹，挤出多余砂浆，控制砂浆厚度≤5mm，工具夹间距≤500mm（见图 5-73）。

③ 安装角钢，先点焊临时固定，然后按图 5-74 顺序焊接固定。为防止角钢过热变形和影响砂浆强度，应在砂浆初凝前完成焊接固定工作。

④ 用同样的乳胶水泥砂浆填充压实扁钢与柱之间的空隙；刮去角钢和扁钢外的多余砂浆，并浇水养护砂浆。

⑤ 在较高的梁中钻孔安装 ϕ20 圆钢缀条（见图 5-74），然后用压力泵在孔内挤入乳胶水泥砂浆。

⑥ 外包角钢加固完成后，柱表面抹 20～30mm 普通砂浆作保护层，必要时加钢丝网再抹灰。

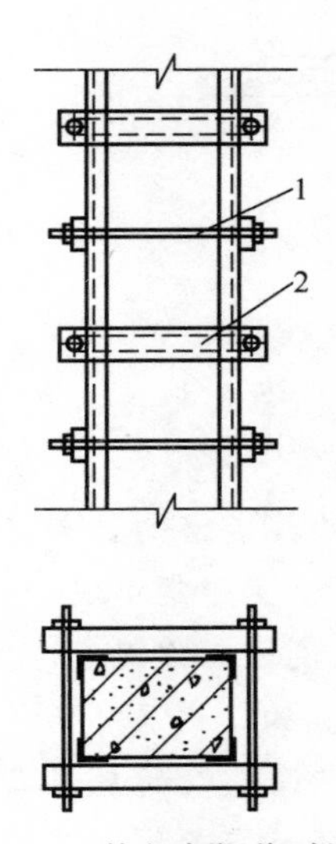

图 5-74　外包角钢临时固定

1—ϕ20 圆钢缀条；2—[14

11. 现浇框架梁柱节点处柱箍筋少放或漏放事故处理

【实例 5-49】现浇框架梁柱节点处柱箍筋少放或漏放事故处理实例

（1）工程事故概况

某框架工程位于 8 度抗震设防区，其平面、立面示意见图 5-75。框架施工到五层时，发现梁柱节点处柱箍筋普遍少放，个别漏放。设计箍筋Φ8@100，实际@大部分为 150mm，少量为 200mm，个别未放此箍筋。此外，箍筋弯钩是 90°直钩，不符合规范要求，除了钢筋问题外，各层框架梁底部与柱连接处混凝土质量差，有不同程度夹渣。

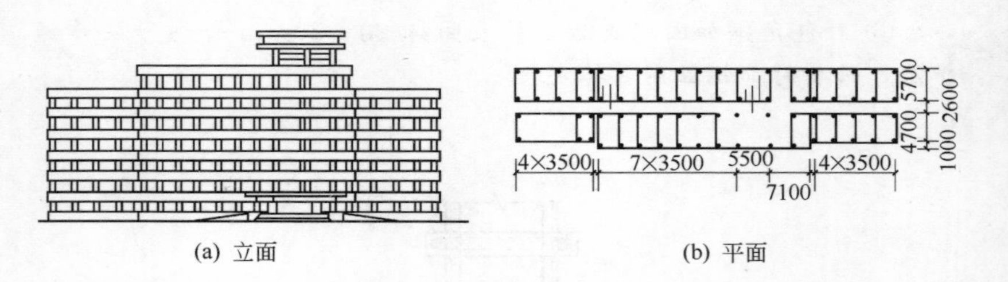

(a) 立面　　(b) 平面

图 5-75　立面、平面示意图

（2）处理方法

经中国建筑科学研究院有关技术人员鉴定，提出如下处理意见。

① 原设计有相当大的抗震潜力，但在强烈地震作用下，在底层的薄弱部位将产生弹塑性变形集中现象，配箍少的节点不能满足抗震要求；其他各层在 8 度地震作用下，实际箍筋的间距尚能满足抗震要求；箍筋采用 90°直钩，明显降低了对主筋的固定作用。

② 基于上述分析，建议框架的底层各节点均采用外包钢加固处理（见图 5-76），其他各节点原则上不做专门处理。

加固实施要点参见上例。

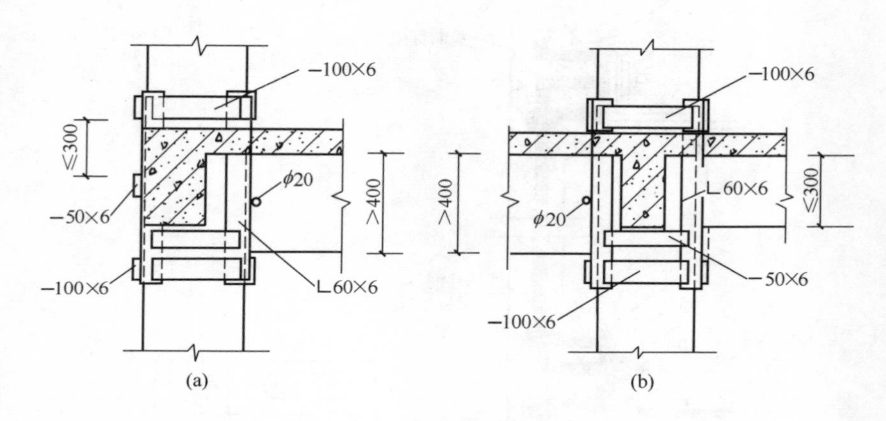

图 5-76　外包钢加固节点示意图

12. 高层建筑墙板预埋圆钢脆断事故处理

【实例 5-50】 高层建筑墙板预埋圆钢脆断事故处理实例

(1) 工程与事故概况

北京市某大厦，地上 52 层，总高 183.5m，工程幕墙采用钢筋混凝土预制墙板。墙板的连接构造见图 5-77，钢材除注明者外均为 Q235。施工中发现已吊装就位的墙板突然脱落。除脱落事故外，工程还存在严重隐患。

(2) 事故原因分析

经检查墙板脱落是因为用 35 号钢制作 M24 螺栓焊接脆断造成。具体原因有以下两方面。

① 钢材选用不当。幕墙板主要连接件是 M24 螺栓，它在使用中承受地震荷载和风荷载引起的动载拉力。而该工程却采用可焊性很差的 35 号钢制作 M24，因而留下严重隐患。

② 焊接工艺不当。35 号钢属优质中碳钢，工程所用的 35 号钢含碳量 0.35%～0.38%，对焊接有特定的要求：焊接前应预热；焊条应采用烘干的碱性焊条，焊丝直径宜小，如 3.2mm；焊接应

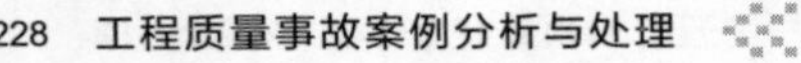

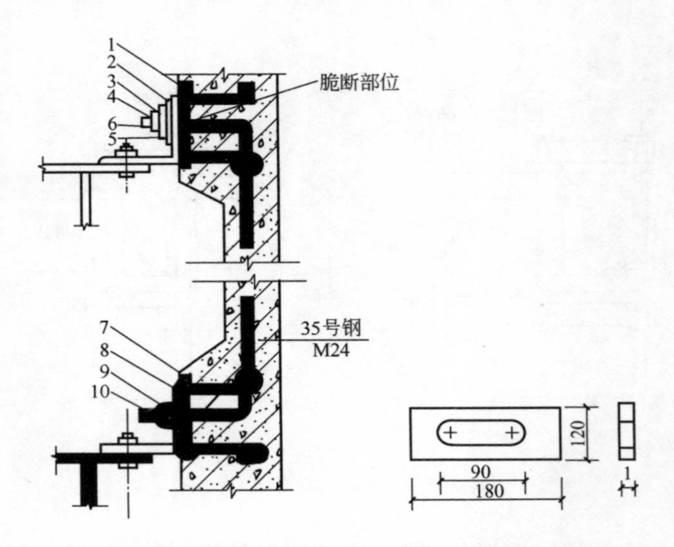

图 5-77 墙板上下节点连接构造

1—预埋钢板 240×190×10；2—等肢角钢∟160×16，16Mn；3—导移板 160×90×10；4—滑移片，聚四氟乙烯；5—垫板 90×90×6；6—螺母 M24，35 号钢；7—预埋钢板 350×200×10；8—∟160×16，16Mn；9—垫板 90×90×6；10—螺母 M24，35 号钢

采用小电流（135A）、慢焊速、短段多层焊接的工艺；焊接长度小于 100mm；焊后应缓慢冷却，并进行回火热处理。加工单位不了解这些要求，盲目使用 T422 焊条，并采用一般 Q235 钢的焊接工艺。因此在焊缝热影响区产生低塑性的淬硬马氏体脆性组织，焊件冷却时易产生冷裂纹。这是导致连接件脆断的直接原因。

（3）事故处理

针对以下四种不同情况采取相应的措施。

① 对未焊接预埋件的处理

a. 为避免损失过大，圆钢与钢板焊接改用螺栓连接，即圆钢套丝扣，安装后再焊 4 个爪子。已下料的圆钢仍然可用到工程。

b. 35 号钢需焊接时，应遵守下述工艺要求：采用碱性焊条并烘干；采用 ϕ3.2mm 的细焊条、135A 的小电流、慢焊速、短段多层焊，焊接长度小于 100mm；焊接前应预热，温度 150～200℃，范围为焊缝两侧各 150～200mm；焊后可采用包石棉等方法使其缓慢冷却；焊后热处理的回火温度为450～650℃。

c. 未下料的35号钢一律改为16Mn圆钢，直径相应加大。

② 对已焊接预埋件的处理　只用作幕墙的下节点，上节点圆钢改用16Mn钢，代替35号钢，并等强换算加大截面。

③ 对已预制未安装墙板的处理　在固定螺母一侧加贴角焊缝，先预热后焊接，采用结606或结507碱性焊条施焊，并将角钢孔扩大，避开贴角焊缝，见图5-78 (a)，上下节点类同。

④ 对已安装墙板的处理　对下节点，将固定角钢和预埋钢板焊接固定，见图5-78 (b)；对上节点，加设角钢的一个翼缘和预埋钢板焊牢，另一翼缘压住固定角钢，但不得焊接，见图5-78 (c)。

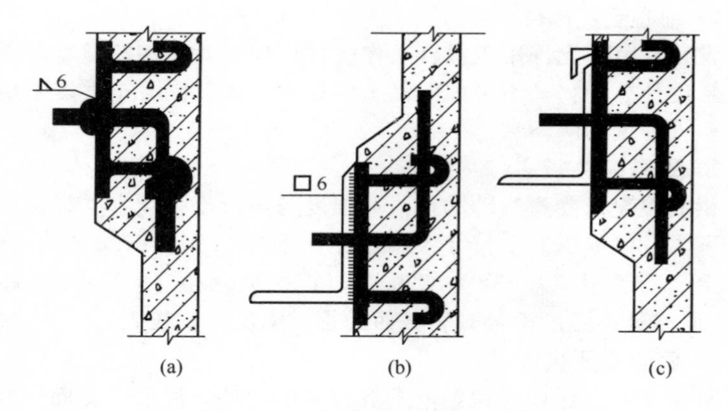

图5-78　墙板节点加固处理示意

第四节　混凝土强度不足事故处理

一、混凝土强度不足对不同结构的影响

混凝土强度不足除了影响结构的承载能力，还伴随着抗渗、抗冻、耐久性的降低，处理这类事故的前提是必须明确处理的主要目的。如为提高承载能力，可采用一般加固补强方法处理。如果因为混凝土密实性差等内在原因，造成抗渗、抗冻、耐久性差，则主要

应从提高混凝土密实度或增加强度、抗渗、抗冻、耐久性能等方面着手进行处理。

混凝土强度不足导致的结构承载能力降低主要表现在以下三方面：一是降低结构强度；二是抗裂性能差，主要表现为过早地产生过宽、数量过多的裂缝；三是构件刚度下降，如变形过大影响正常使用等。

根据钢筋混凝土结构设计原理分析，混凝土强度不足对不同结构强度的影响程度差别较大，其一般规律如下。

1. 轴心受压构件

通常按混凝土承受全部或大部分荷载进行设计。因此，混凝土强度不足对构件的强度影响较大。

2. 轴心受拉构件

设计规范不允许用素混凝土作受拉构件，而在钢筋混凝土受拉构件强度计算中，又不考虑混凝土的作用，因此混凝土强度不足对受拉构件强度影响不大。

3. 受弯构件

钢筋混凝土受弯构件的正截面强度与混凝土强度有关，但影响幅度不大。例如纵向受拉Ⅱ级钢筋配筋率为0.2%～1.0%的构件，当混凝土强度由C30降为C20时，正截面强度下降一般不超过5%，但混凝土强度不足对斜截面的抗剪强度影响较大。

4. 偏心受压构件

对小偏心受压或受拉钢筋配置较多的构件，混凝土截面全部或大部受压，可能发生混凝土受压破坏，因此混凝土强度不足对构件强度影响明显。对大偏心受压且受拉钢筋配置不多的构件，混凝土强度不足对构件正截面强度的影响与受弯构件相似。

5. 对冲切强度的影响

冲切承载能力与混凝土抗拉强度成正比，而混凝土抗拉强度为抗压强度的7%～14%（平均10%）。因此混凝土强度不足时抗冲切能力明显下降。

在处理混凝土强度不足事故前，必须区别结构构件的受力性能，正确估计混凝土强度降低后对承载能力的影响，然后综合考虑抗裂、刚度、抗渗、耐久性等要求，选择适当的处理措施。

二、混凝土强度不足的常见原因

1. 原材料质量差

(1) 水泥质量不佳

① 水泥实际强度低　常见的有两种情况：一是水泥出厂质量差，而在实际工程中应用时，又在水泥 28d 强度试验结果未测出前，先估计水泥强度配制混凝土，当 28d 水泥实测强度低于原估计值时，就会造成混凝土强度不足；二是水泥保管条件差，或贮存时间过长，造成水泥结块、活性降低，从而影响强度。

② 水泥安定性不合格　其主要原因是水泥熟料中含有过多的游离氧化钙 (CaO) 或游离氧化镁 (MgO)，有时也可能是因掺入石膏过多而造成。因为水泥熟料中的游离 CaO 和 MgO 都是烧过的，遇水后熟化极缓慢，熟化所产生的体积膨胀延续时间很长。当石膏掺量过多时，石膏与水化后水泥中的水化铝酸钙反应会使体积膨胀。这些体积变形若在混凝土硬化后产生，会破坏水泥结构，导致混凝土开裂，同时也降低了混凝土强度。尤其需要注意的是，用安定性不合格的水泥配制的混凝土，有些表面虽无明显裂缝，但强度极低。

(2) 骨料（砂、石）质量不佳

① 石子强度低　在有些混凝土试块试压中，可见不少石子被压碎，说明石子强度低于混凝土的强度，导致混凝土实际强度下降。

② 石子体积稳定性差　有些由多孔燧石、页岩、带有膨胀黏土的石灰岩等制成的碎石，在干湿交替或冻融循环作用下，常表现为体积稳定性差，导致混凝土强度下降。例如变质粗玄岩，在干湿交替作用下体积变形巨大。以这种石子配制的混凝土，在干湿变化条件下，可能发生混凝土强度下降，严重的甚至破坏结构。

③ 石子形状与表面状态不良　针片状石子含量高，会影响混凝土强度。而石子具有粗糙、多孔的表面，因与水泥结合较好，则对混凝土强度产生有利的影响，尤其是抗弯和抗拉强度。最常见的现象是在水泥和水灰比相同的条件下，碎石混凝土比卵石混凝土的强度高 10%左右。

④ 骨料（尤其是砂）中有机杂质含量高　如骨料中含腐烂动

植物等有机杂质（主要是鞣酸及其衍生物），会对水泥水化产生不利影响，而使混凝土强度下降。

⑤ 黏土、粉尘含量高　由此造成的混凝土强度下降主要表现在以下三方面：一是这些很细小的微粒包裹在骨料表面，影响骨料与水泥的黏结；二是加大骨料表面积，增加用水量；三是黏土颗粒体积不稳定，干缩湿胀，对混凝土有一定破坏作用。

⑥ 二氧化硫含量高　骨料中含有硫铁矿或生石膏等硫化物或硫酸盐，当其含量以二氧化硫量计较高时（例如大于1%），有可能与水泥的水化物作用，发生体积膨胀，导致硬化的混凝土产生裂缝或强度下降。

⑦ 砂中云母含量高　由于云母表面光滑，与水泥的黏结性极差，加之其极易沿纹理裂开，因此若砂中云母含量较高，对混凝土的物理力学性能（包括强度）均有不利影响。

(3) 拌和用水质量不合格　拌制混凝土若使用有机杂质含量较高的沼泽水，或使用含有腐殖酸或其他酸、盐（特别是硫酸盐）的污水和工业废水，可能造成混凝土物理力学性能下降。

(4) 外加剂质量差　目前一些小厂生产的外加剂质量不合格的现象相当普遍，但这些外加剂的出厂证明却是合格品，因此应特别注意。防止由于外加剂造成混凝土强度不足，甚至混凝土不凝结的事故发生。

2. 混凝土配合比不当

配合比是决定混凝土强度的重要因素之一，其中水灰比的大小直接影响混凝土强度，其他如用水量、砂率、骨灰比等也影响混凝土的性能，从而造成强度不足事故。这些因素在工程施工中一般表现在如下几个方面。

① 随意套用配合比　混凝土配合比应根据工程特点、施工条件和原材料情况，由工地向试验室申请试配后确定。但是，目前不少工地却不顾这些特定条件，仅根据混凝土强度等级的指标，随意套用配合比，因而造成混凝土强度不足的事故。

② 用水量加大　较常见的有：搅拌机上加水装置计量不准；不扣除砂、石中的含水量；甚至在浇灌地点任意加水等。用水量加大后，混凝土的水灰比和坍落度增大，造成强度不足的事故。

③ 水泥用量不足　除了施工工地计量不准外，包装水泥量不足的情况也经常存在。而工地习惯采用以包计量的方法，因此混凝土中水泥用量不足，造成强度偏低。

④ 砂、石计量不准　较普遍的原因是计量工具陈旧或维修管理不好，精度不合格。有的工地砂石过磅不认真，有的将质量比折合成体积比，造成砂、石计量不准。

⑤ 外加剂用错　主要有两种情况：一是品种用错，未搞清外加剂性能（早强、缓凝、减水等），盲目乱掺外加剂，导致混凝土达不到预期的强度；二是掺量不准，曾发现四川省和江苏省的两个工地掺用木质素磺酸钙，因掺量失控，造成混凝土凝结时间推迟，强度发展缓慢，其中一个工地混凝土浇完后7d不凝固，另一工地混凝土28d强度仅为正常值的32%。

⑥ 碱-骨料反应　当混凝土总含碱量较高时，又使用含有碳酸盐或活性氧化硅成分的粗骨料（蛋白石、玉髓、黑曜石、沸石、多孔燧石、流纹岩、安山岩、凝灰岩等制成的骨料），可能产生碱-骨料反应，即碱性氧化物水解后形成的氢氧化钠与氢氧化钾，它们与活性骨料起化学反应，生成不断吸水膨胀的凝胶体，造成混凝土易开裂和强度下降。有资料介绍，在其他条件相同的情况下，碱-骨料反应后混凝土强度仅为正常值的60%左右。

3. 混凝土施工工艺存在问题

① 混凝土拌制不佳　向搅拌机中加料顺序颠倒，搅拌时间过短，造成拌合物不均匀，影响强度。

② 运输条件差　在运输中发现混凝土离析，但没有采取有效的措施（如重新搅拌等），运输工具漏浆等均影响强度。

③ 浇灌方法不当　如浇灌时混凝土已初凝；混凝土浇灌前已发生离析等，均可造成混凝土强度不足。

④ 模板严重漏浆　深圳某工程钢模严重变形，板缝5～10mm，严重漏浆，实测混凝土28d强度仅达设计值的一半。

⑤ 成型振捣不密实　混凝土入模后的空隙率达10%～20%，如果振捣不实或模板漏浆，必然影响混凝土强度。

⑥ 养护制度不良　主要是温度、湿度不够，早期缺水干燥，或早期受冻，造成混凝土强度偏低。

4. 试块管理不善

① 试块未经标准养护　不少施工人员不知道交工用混凝土试块应在温度为（20±3)℃和相对湿度为90%以上的潮湿环境或水中进行标准条件下养护，而将试块放在施工条件下养护。有些试块的养护温度、湿度条件很差，有的试块被撞砸，因此试块的测试强度偏低。

② 试模管理差　试模变形后不及时修理或更换。

③ 不按规定制作试块　如试模尺寸与石料粒径不相适应、试块中石子过少、试块没有用相应的机具振实等。

三、混凝土强度不足事故的处理方法与选择

混凝土强度不足常采用以下方法处理。

（1）测定混凝土的实际强度

当试块试压结果不合格，估计结构中的混凝土实际强度可能达不到设计要求时，可用非破损检验方法，或钻孔取样等方法，测定混凝土实际强度，作为事故处理的依据。

（2）利用混凝土后期强度

混凝土强度随龄期增加而提高，在干燥环境下3个月的强度可达28d的1.2倍左右，一年可达1.35～1.75倍。如果混凝土实际强度比设计要求低得不多，结构加荷时间又比较晚，可以加强养护，利用混凝土后期强度的方法处理强度不足事故。

（3）减小结构荷载

由于混凝土强度不足造成结构承载能力明显下降，又不便采用加固补强方法处理时，通常采用减小结构荷载的方法处理。例如，采用高效轻质的保温材料代替白灰炉渣或水泥炉渣等措施，减轻建筑物自重，还可降低建筑物的总高度。

（4）结构加固

柱混凝土强度不足时，可采用外包钢筋混凝土或外包钢加固，也可采用螺旋筋约束柱法加固。梁混凝土强度低导致抗剪能力不足时，可采用外包钢筋混凝土及粘贴钢板的方法加固。当梁混凝土强度严重不足，导致正截面强度达不到规范要求时，可采用钢筋混凝土加高梁，也可采用预应力拉杆补强体系加固等。

（5）分析验算，挖掘潜力

当混凝土实际强度与设计要求相差不多时，一般通过分析验算后，多数可不做专门加固处理。因为混凝土强度不足对受弯构件正截面强度影响较小，所以经常采用这种方法处理。必要时可在验算的基础上做荷载试验，进一步验证结构是否安全可靠，而不必处理。装配式框架梁柱节点核心区混凝土强度不足，可能导致抗震安全度不足，根据抗震规范验算后，在相当于设计震级的作用下，若强度满足要求，结构裂缝和变形不经修理或经一般修理仍可继续使用，则不必采用专门措施处理。需要指出：分析验算后得出不处理的结论，必须经设计部门签字同意方有效。同时还应强调指出，这种处理方法实际上是挖设计潜力，一般不提倡。

（6）拆除重建

由于原材料质量问题严重和混凝土配合比错误，造成混凝土不凝结或强度低下时，通常都需拆除重建。中心受压或小偏心受压柱混凝土强度不足时，对承载力影响较大，在不宜用加固方法处理时也多用此法处理。

混凝土强度不足处理方法选择见表5-19。

表5-19 混凝土强度不足处理方法选择

原因或影响程度		处理方法					
		测定实际强度	利用后期强度	减小结构荷载	结构加固	分析验算	拆除重建
强度不足差值	大			△	√		△
	小	△	√		△	√	
构件受力特征	轴心或小偏心受压、	△		△	√		
	冲切受弯（正截面）			△	△	√	
	抗剪			△	√		
强度不足原因	原材料质量差 严重	△			√		√
	原材料质量差 一般				△	√	
	配合比不当	△		△	√	√	
	施工工艺不当	△	△	△	√	√	
	试块代表性差	√			△	△	

注：√表示常用；△表示也可选用。

四、混凝土强度不足事故处理实例

1. 柱

【实例 5-51】 螺旋筋约束柱法加固实例

某两栋框架结构厂房，主体结构完成后，发现部分构件混凝土强度不足，实测结果，有不少柱混凝土强度仅为 17～19MPa，个别柱为 15MPa，因此需要加固。经同济大学有关人员对设计复核验算后，确定凡混凝土强度小于 20MPa 的，均采用螺旋筋约束柱法进行加固。其中一幢八层厂房，对 3～8 层共 26 根柱做了加固；另一幢五层厂房，1～5 层共加固了 36 根柱、4 根大梁。

加固时用Φ4 钢筋（Φ4 冷拔丝退火成Ⅰ级钢筋强度）连续缠绕成螺旋状，柱上下端各 1/3 柱高的螺距为 15mm，中间 1/3 高的螺距为 20mm。螺旋筋与后加的 4Φ20 纵向钢筋采用间隔点焊。然后用 C30 细石混凝土填实原柱与螺旋筋之间的空隙，柱表面抹平后，再用 1∶2.5 水泥砂浆压平抹光 14～15mm 厚的保护层。加固前后柱截面见图 5-79。

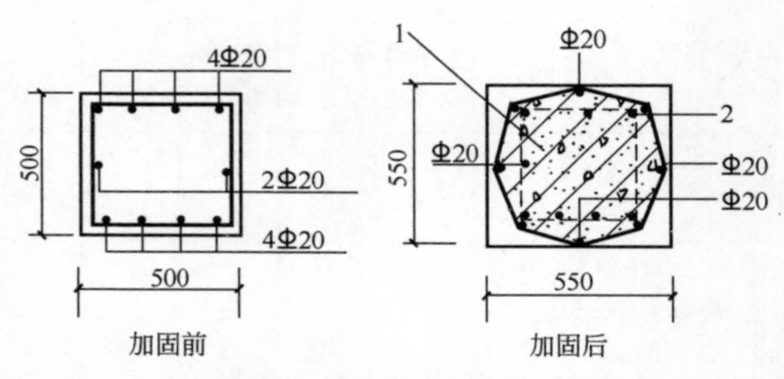

图 5-79 加固前后柱截面

1—柱核心；2—Φ4 螺旋筋

加固设计按普通钢筋混凝土轴心受压柱与配置螺旋式间接钢筋的钢筋混凝土轴心受压柱承载能力相等的原则，计算螺旋筋用量。

加固施工要点如下。

① 将原柱表面凿毛，柱棱角凿成圆弧，用清水配合钢丝刷将柱表面清洗干净。

② 由上向下并向一个方向旋转，将Φ4 钢筋紧紧地缠绕在柱核心上，螺距必须符合前述要求。绕几圈后，将Φ4 钢筋点焊在Φ20 纵向筋上，要防止Φ4 钢筋烧熔或断面削弱。

③ 检查缠绕后的螺旋筋，不紧固处用钢楔揳紧。

④ 在柱核心与螺旋筋表面抹一层高强度水泥浆，然后自下向上按螺距填塞高强度细石混凝土，边填边仔细捣实。

⑤ 检查合格后，抹水泥砂浆保护层，并压实抹光。

该事故处理费用低，工程加固后，经一年多时间观察，使用情况良好。

【实例 5-52】 外包普通钢筋混凝土加固实例

某单层厂房混凝土强度不足，造成承载能力达不到设计要求，需要加固。加固采用普通的外包钢筋混凝土方法，其要点如下。

① 凿开柱两侧保护层，露出原主筋。

② 每侧增加 2Φ20 纵向筋，并用长 250mmΦ20@500 的短筋与原主筋焊接固定，焊缝长 50mm。

③ 新加纵筋底部以 45°角弯折埋入柱基新增的混凝土内，锚固长度大于 500mm。

④ 柱两侧每隔 250mm，加焊Φ8 “⊓” 形箍筋一道。

⑤ 将原柱表面清洗干净，柱两侧各浇筑厚 50mm 的 C20 细石混凝土（见图 5-80）。

【实例 5-53】 预应力外包钢加固实例

广东省某商住楼，主体结构完工后，发现第五层、六层柱发生裂缝。经当地质监站检测，混凝土实际强度仅 13N/mm^2，达不到原设计 C20 的要求。用混凝土实际强度进行结构验算，柱承载力不足，必须进行加固处理。

该工程采用预应力外包钢的方法进行加固，见图 5-81。其主

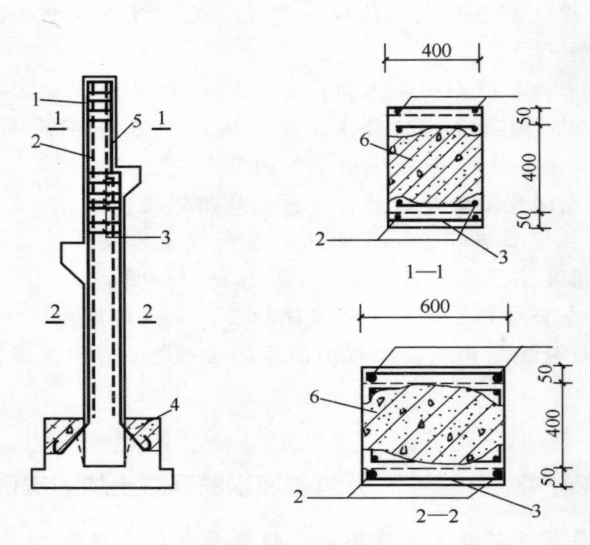

图 5-80 单层厂房柱外包钢筋混凝土加固

1—新加纵筋，每侧 2Φ20，与短筋两面焊；2—新加短筋，长 250mmΦ20@500；3—新加“冂”形箍筋，Φ8@250；4—基础新增加混凝土；5—满焊；6—原柱

要优点是能可靠地将结构内力传递至加固结构上。加固要点是：安装扁钢箍前用焊枪进行预热，并迅速将扁钢箍焊接在角钢上，加热温度控制在 120℃以上。扁钢冷却至常温时就产生预应力，使后加荷载转移至角钢和扁钢上。

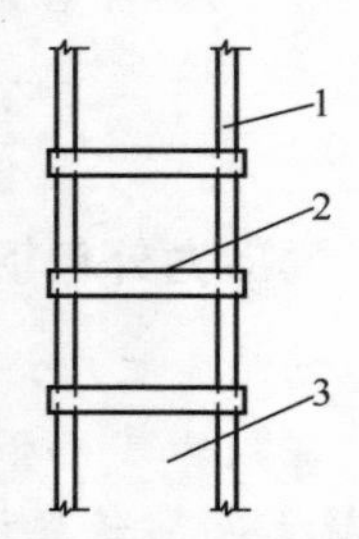

图 5-81 预应力外包钢加固柱

1—角钢；2—扁钢箍（施加预应力）；3—高强度钢丝网，水泥砂浆（厚 3cm）

【实例 5-54】 预应力撑杆加固法实例

广东省某商住楼为七层框架结构工程。屋盖板完成后，发现五层、六层柱的混凝土强度不足，经检测，实际强度为设计值的70%左右，必须进行加固。加固方案采用预应力撑杆加固法，见图5-82。

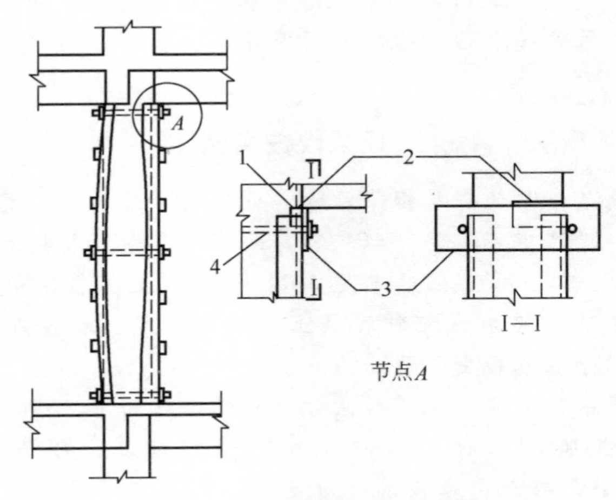

图 5-82　预应力撑杆加固法

1—凿掉混凝土表层，用水泥砂浆镶贴传力角钢；2—传力角钢，L≥梁宽；3—连接传力板；4—拉紧螺栓

加固设计与施工要点。

① 按照原混凝土柱与预应力撑杆共同承载的原则进行设计。

② 根据钢结构设计规范的有关规定，计算确定竖向角钢采用∟ 50mm×5mm，撑杆的两端传力板用 100mm×15mm，竖向角钢间的连接板用 60mm×5mm，净距 400mm，拉紧用普通螺栓。

③ 在加固地点附近，先用连接板（缀板）焊连两个角钢，形成撑杆肢。然后在撑杆肢中点处将角钢的侧立肢切割出三角形缺口，弯折成设计形状。再将补强钢板弯好，焊在弯折后角钢的正平肢上。

④ 安装撑杆后，将两个撑杆上下两端连接板用拉紧螺栓收紧，再拉紧撑杆中部的拉紧螺栓。

⑤ 按设计要求把横向连接板焊在角钢上。将两个撑杆连接成组合钢构架。

⑥ 拆除拉紧螺栓，将角钢中部翼缘的切口焊上补强盖板，并切割去连接板的伸出部分。

⑦ 在钢构架的表面安装模板，以 0.4MPa 的压力灌入 1：2 的水泥砂浆，形成 25mm 厚的水泥砂浆保护层，以提高耐久性。

加固处理两年多后，回访未发现异常。

【实例 5-55】 托梁换柱实例

福建省某工程为五层框架结构，施工到第三层时，发现 6 根柱的混凝土强度严重不足，可以较容易地从柱上剥下混凝土块。经检测，2 个月龄期混凝土强度不足 $10N/mm^2$。主要原因是使用了无出厂证明的不合格水泥配制混凝土，水泥安定性和强度都存在问题，致使柱子基本丧失承载能力。

该工程事故采用托梁换柱法处理，其要点如下。

① 设置临时支撑　按施工实际情况计算，每根柱需承受 1412kN 荷载，按此要求设计临时支撑，并适当考虑各支撑受力不均匀的情况，共用 131 根直径为 12cm 的圆木支撑，每根长 3.8m。支撑主要设于框架横梁及次梁下，柱四周留出 50cm 空隙，支撑底均加木跳板垫平，用木楔顶紧，力度应均匀，并派专人操作控制。

② 分段施工　6 根柱分两批流水作业，分别进行拆除、浇筑混凝土和养护。全部修复工程共用了 18d。

③ 保留原柱主筋，并在柱顶与柱底加设密箍筋Φ8@150。

④ 柱混凝土采用 C30 代替原设计的 C20。

⑤ 冬期施工采取混凝土早强措施，其做法为：混凝土搅拌用水加温至 60℃，每天用温水养护 5～6 次，可使混凝土表面温度维持在 15℃左右，使 7d 强度达到 60%的设计强度。

⑥ 保证混凝土的浇筑捣实质量，其措施有柱侧模留浇灌与振捣口，坚持用插入式振动器分层捣实，柱顶端模板留斜口，待混

凝土有一定强度后凿去并抹平，柱梁接口处用半干硬性砂浆填塞。

【实例 5-56】减层与部分加固相结合处理框架柱混凝土强度不足事故实例

某地一幢十四层教学楼，施工到第九层后，发现大部分混凝土试块强度未达到要求。经验算，柱子承载能力比设计要求低23%～35%。

测定混凝土实际强度发现，已施工的1431根柱中，有40根柱承载能力比计算内力小10%～40%。

该工程事故处理措施主要有以下几个方面。

① 结合基建计划和投资情况，将该工程由十四层减为十层。

② 考虑现浇筑架整体性强，不合格柱又分布在各层各区中，如果其中某柱承载能力不足，其他柱可以分担外加荷载，因此只决定对12根承载能力小于计算内力20%以上的柱做加固处理。

③ 柱加固采用外包钢筋混凝土方法，混凝土强度等级为C25（见图5-83）。柱箍用焊接封闭钢箍，焊缝长80mm、厚4mm。上层楼板中用电钻凿孔作为混凝土浇灌口，凿孔不得切断板内钢筋，也不得损坏梁、柱。

【实例 5-57】装配式框架节点核心区混凝土强度不足事故实例

某四层装配式框架厂房，在三层、四层两层框架节点核心区，混凝土强度比设计值偏低。

处理该事故时，先测定核心区混凝土的实际强度，并以此为依据对框架进行抗震验算。验算结果表明，虽然混凝土强度偏低甚多，但因核心区配筋较多，箍筋施工质量又较好，混凝土和箍筋共同承担核心区剪力，能够承受设计规定的地震力，符合核心区比梁（柱）强的构造要求，因此不必对核心区做加固处理。

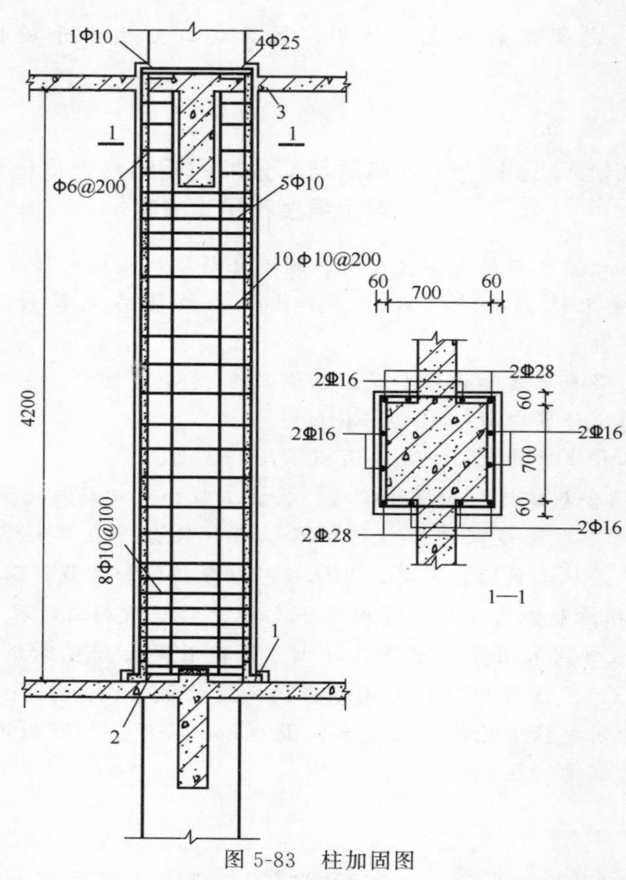

图 5-83 柱加固图

1—∟50×6，下垫 10mm 水泥砂浆，主筋与角钢焊牢；2—ϕ14 螺栓，拉紧角钢；3—混凝土浇灌口

2. 梁

【实例 5-58】 卸载和外包钢筋混凝土加固薄腹梁实例

(1) 工程概况

某工程共有 10m 跨度薄腹梁 19 根，混凝土设计强度为 C30，混凝土浇筑 30d 后强度为 10～20N/mm^2，回弹仪实测强度为 10～

17.4N/mm²。按照设计规范验算，正截面抗弯和抗剪强度都达不到原设计要求。此外，原设计的刚度也偏低，因此需要加固。由于混凝土强度仅 10N/mm²，钢筋与混凝土的黏结强度也很低，因而钢筋强度不能充分发挥，梁端易产生斜裂缝，容易导致梁端主筋撕裂，所以这类构件加固后能否确保安全使用，还应通过结构荷载试验确认。

（2）工程处理措施

① 卸载　将原设计的屋面由 100mm 炉渣保温层改为 30mm 蛭石板。

② 加厚肋板　肋的端部由宽 200mm 加厚至 250mm，薄腹处由 80mm 加厚至 130mm。加厚采用 C40 喷射混凝土，喷射前，将梁表面凿毛清洗，铺 100mm×100mmΦ4 冷拔钢丝网。

③ 加高梁　梁加高 80～100mm，新加混凝土内配以构造钢筋，与原梁钢筋焊牢。原梁顶做企口接缝，企口深 30～50mm，以加强新旧混凝土的连接（见图 5-84）。

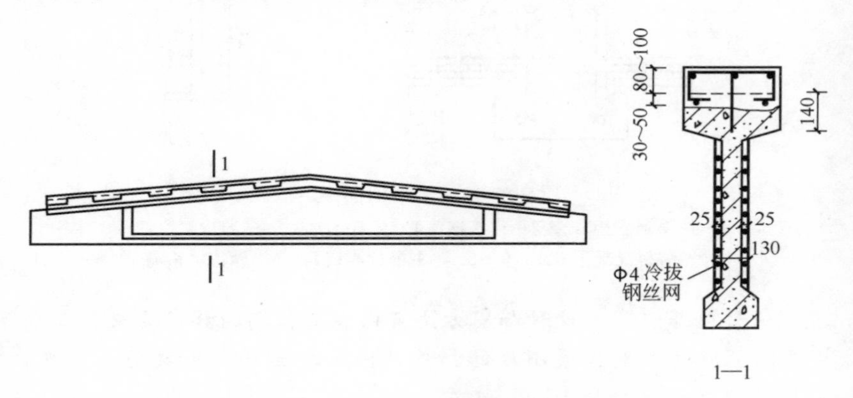

图 5-84　薄腹梁加固示意图

上述加固措施虽已满足设计规范的强度和刚度要求，但加固后性能仍应通过荷载试验确认。

【实例 5-59】 外包钢筋混凝土加固现浇梁实例

某书库现浇楼盖，设计用 C20 混凝土，因施工时配合比错误，混凝土实际强度等级为C10，经验算次梁支座附近正截面和斜截面强度均不足，需要加固。该工程采用梁下侧加大钢筋混凝土截面的方法进行加固（见图5-85）。

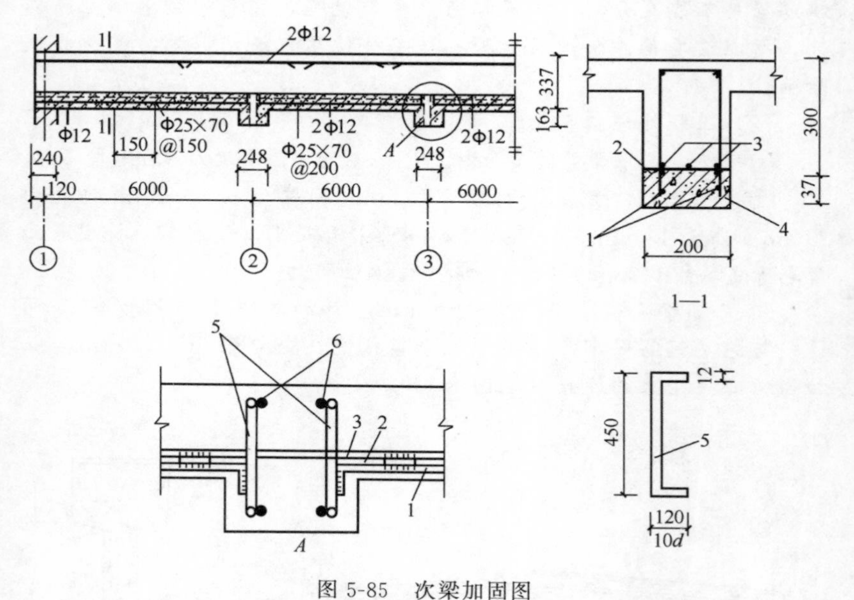

图5-85 次梁加固图

1—补强钢筋2Φ12；2—连接钢筋Φ25×70@200；3—原次梁主筋；4—喷射混凝土C20；5—次梁-主梁过渡钢筋；6—原主梁钢筋

通过验算证明，这种加固方法可以满足预期的补强要求。考虑混凝土强度不足对次梁刚度的影响，因此加固层沿次梁全长设置，加固后次梁挠跨比为1/300左右。

【实例5-60】 粘贴钢箍板加固现浇梁实例

辽宁省某地一幢四层办公楼，使用一年多后发现顶层主梁与次梁普遍出现斜裂缝，多数缝宽大于0.3mm，最宽处达1.5mm，裂缝位置绝大部分位于靠支座处和集中荷载作用点附近。据查这批梁是在冬季施工的，混凝土配料与搅拌质量较差，成型后又受冻害。

原设计强度等级为 C20，两年半后测定实际强度接近 15N/mm²。可见梁产生严重裂缝的主要原因是混凝土强度低、梁的抗剪能力不足。

由于这批梁的结构安全度严重偏低，必须进行加固处理。经研究决定采用结构胶粘贴钢箍板来提高梁抗剪承载力的加固方法。

(1) 次梁加固

次梁加固断面见图 5-86。加固钢箍板厚 1.3mm，宽 100mm，加固板间距为 250mm。箍板的上下端弯折后，分别粘接在梁的上、下表面，以增加其锚固力。梁上表面需除去部分预制空心板下的砂浆层，方可将粘接钢板插入。经过加固处理后，梁斜截面配筋率较原设计提高了 4.6 倍。

(2) 主梁加固

主梁加固断面如图 5-87 所示。主梁加固与次梁基本相同，其不同点是箍板的上端不能穿过楼板弯折到梁上表面，故改用在梁的上部混凝土中钻孔，埋设锚固螺栓，箍板用螺母、垫圈等与锚栓连接固定，以增加锚板上端的锚固力。

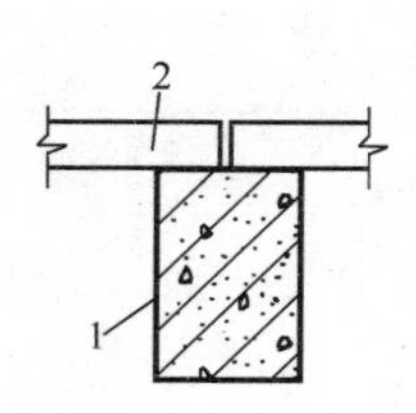

图 5-86　次梁加固断面图

1—钢箍板；2—楼板

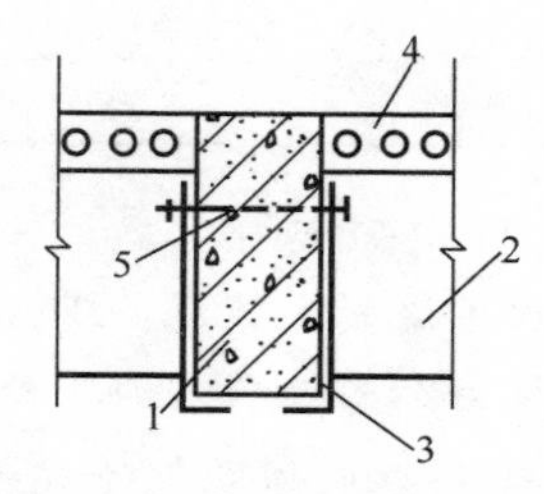

图 5-87　主梁加固断面图

1—主梁；2—次梁；3—补强钢板；4—楼板；5—螺栓

3. 现浇框架

【实例 5-61】　综合法处理实例

(1) 工程与事故概况

上海市某厂房为 5 层现浇框架结构，建筑面积约 15000m²，框架柱网尺寸为7.5m×7.5m，层高6～7m。混凝土设计强度等级一层和二层为C30，三层～五层为C20。

框架混凝土浇完后发现，部分柱、梁、板混凝土外观质量异常，并有修补痕迹。因此，对可疑的几根柱将下端凿开检查，可见混凝土疏松，强度低下。用超声波检测混凝土内部质量，用综合法和回弹仪测定混凝土实际强度，结果如下。

① 柱混凝土密实性问题。经检测，38根柱中15根有混凝土漏振捣造成的混凝土疏松问题，最严重的2根柱下端0.5～1.5m高的区段，混凝土有孔洞、疏松，已形成断口。

② 梁、柱混凝土强度。先用综合法抽检五楼的梁、柱混凝土强度三处，一处为15.1MPa，其余两处均低于9.8MPa，以后对五层的楼盖梁与屋盖梁混凝土强度进行全面的检测，结果见表5-20。

表5-20 五楼梁混凝土实测强度 单位：MPa

部位 \ 实测强度	≤C10	＞C10～C15	＞C15～C20	＞C20	合计梁根数
楼盖梁	14	45	50	8	117根
屋盖梁	15	15	32	61	123根

（2）事故处理

由于混凝土强度低下，疏松、孔洞现象严重，危及结构安全，必须进行加固处理。加固补强的要点如下。

① 柱采用局部拆除重浇高强度等级的混凝土加固，共加固柱27根，其中三层18根，四层2根，五层7根。加固要点如下：将疏松的混凝土凿去，上口凿成45°斜口，清理干净后，充分湿润原混凝土表面，刷一层高强度水泥浆，再浇筑C30混凝土，仔细振实，支模尺寸比原柱四周放大100mm，上口为斜口，并高出补强面100mm，保证后浇混凝土与原混凝土的连接可靠，充分养护混凝土，待有一定强度后，再凿除多余部分的混凝土。对柱底部疏松层贯穿的柱以及荷载大的柱，在凿混凝土前先行支撑加固，确保施工安全。

② 梁分别采用外包钢筋混凝土或粘贴钢板法加固。混凝土强

度≤C15 的 104 根梁，采用两侧加钢筋混凝土方法加固，见图 5-88。梁侧原有预埋件应平移至外包部分的表面，后加预埋件应与原埋件钢板焊牢。

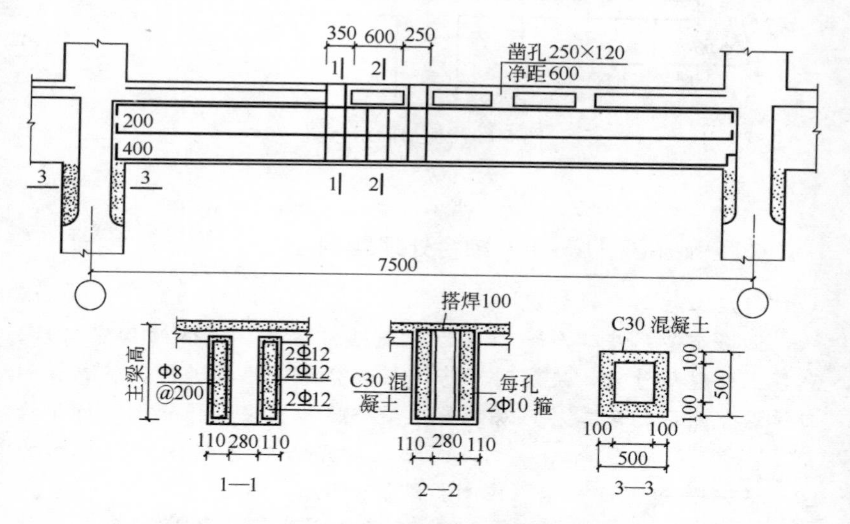

图 5-88　外包钢筋混凝土加固梁示意

混凝土强度大于 C15 而小于 C20 的梁共 21 根，用粘贴钢板加固。底部钢板截面 3mm×100mm，箍板截面也为 3mm×100mm @250，用 JGN-Ⅱ 型胶黏结。

由于生产工艺要求不能用上述两种方法加固的梁则拆除，按原设计要求重浇，计有五层楼盖梁 3 根，屋盖梁 2 根，共计 5 根。

③ 板采用拆除重浇或加浇叠合层方法处理，五层楼板大部分进行了加固，屋面板约有一半进行了加固。要点如下。

板混凝土强度≤C10 的均拆除重浇。

C10<板混凝土强度≤C15，采用叠合层的方法加固，见图 5-89。要求将原板面凿去，表面形成 5mm 的凹凸面，叠合层混凝土强度等级为 C30，厚 50mm。

该工程经加固处理后已投入使用，经检查未发现异常情况，证明加固效果是可靠的。

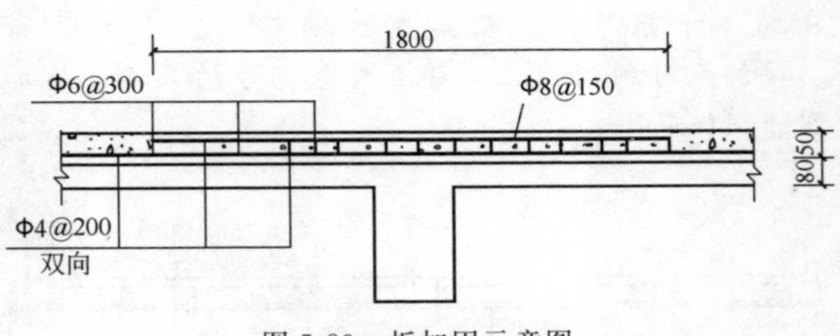

图 5-89　板加固示意图

【实例 5-62】 综合处理实例

(1) 工程与事故概况

上海市某厂房二层～四层为现浇框架结构，主体结构完工后，混凝土外观质量差，决定对厂房二层部分的 3 根柱进行钻芯取样和回弹综合测试，对二层厂房的吊车梁牛腿和框架梁混凝土进行了检测。同时还对厂房四层部分进行全面的检测。结果如下。

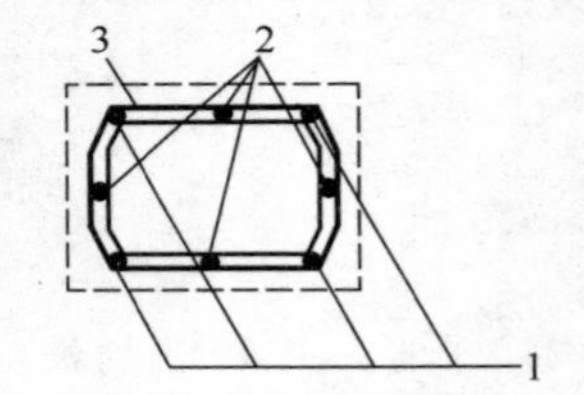

图 5-90　绕丝加固柱的截面示意

1—原柱纵筋；2—新增设纵筋 4Φ12；3—螺栓箍筋Φ4@30

① 二层部分混凝土强度达不到设计要求的构件有 13 根柱、全部框架梁以及大部分牛腿。

② 四层部分混凝土强度达不到设计要求的有底层 4 根柱、二层 5 根柱、三层和四层大多数柱。

混凝土强度等级假定为 C20，按规范规定进行验算，其结果是：底层柱强度不足，同时底层柱截面也偏心，轴压比大于 0.9，不符合规范规定。其他构件均满足规范要求。

(2) 加固原则

① 凡强度低于 C15 的混凝土全部凿除重浇。其依据是《混凝土结构设计规范》(GB 50010) 规定“钢筋混凝土结构的混凝土等级不宜低于 C15，当采用Ⅱ级钢筋时，混凝土强度等级不宜低于 C20”。

② 凡强度低于 C20、高于 C15 的柱，采用绕丝法加固，其区

域在柱顶与柱下 $H/3$ 范围内（H 为柱高），绕丝加固柱的截面示意见图 5-90。

③ 根据抗震验算，底层柱强度不够，拟增设抗震墙，改善框架柱的受力性能，抗震墙构造示意见图 5-91。

④ 其余强度超过 C20 的构件原则上均不予加固。

⑤ 吊车梁、框架梁可不加固。

(3) 加固设计与施工要点

① 绕丝加固柱实施要点。先凿去混凝土保护层 20～30mm；在柱四周中间增设Φ12 钢筋；用退火处理的 $\phi 4$ 钢丝绕紧，首尾与原柱主筋电焊固定，在柱四周，钢丝与混凝土间用铁楔揳紧，以确保钢丝的作用有效；喷射 C30 细石混凝土补至原截面尺寸。

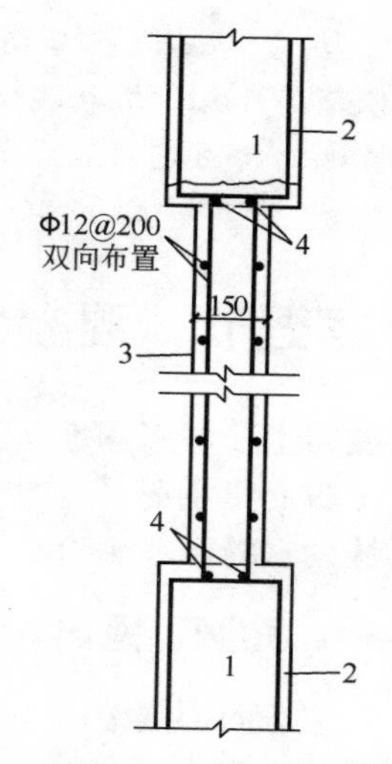

图 5-91 抗震墙构造示意图
1—原梁；2—原钢筋；3—新设抗震墙；4—纵筋与原梁箍筋焊接，焊缝长 $5d$（双面焊）

② 抗震墙位置。二层厂房底层①轴线与⑦轴线；四层厂房的①轴线与⑥轴线，见图 5-92。

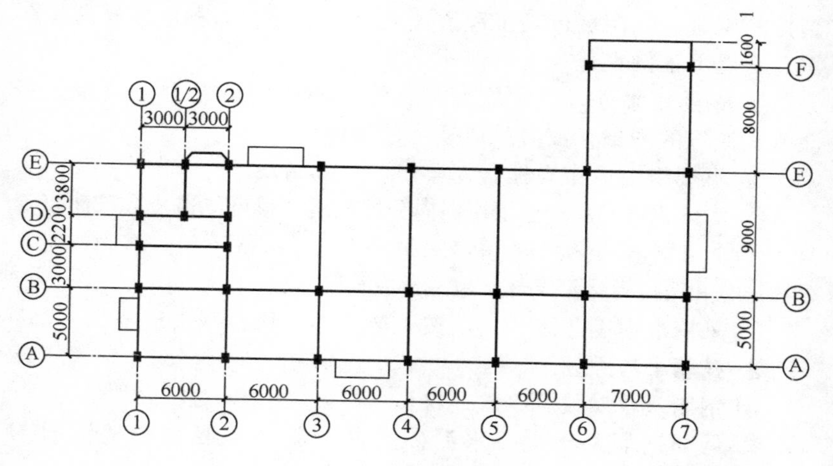

图 5-92 厂房平面示意

③ 抗震墙设计施工要点。凿去梁底及基础梁顶面保护层混凝土，使箍筋外露；绑扎抗震墙钢筋，上下与梁箍筋焊牢，水平筋与墙筋插铁绑扎固定；浇混凝土，顶面设喇叭口，混凝土终凝后凿去多余部分。

第五节　混凝土孔洞、露筋等事故处理

混凝土孔洞指深度超过保护层厚度，但不超过截面尺寸1/3的缺陷。露筋指主筋没有被混凝土包裹而外露的缺陷。缝隙夹渣层指施工缝处有缝隙或夹有杂物。

一、孔洞、露筋、缝隙夹渣层事故原因

1. 孔洞事故原因

混凝土产生孔洞的原因如下。

① 浇筑时混凝土坍落度太小，甚至已经初凝。

② 用已离析的混凝土浇筑，或浇筑方法不当，如混凝土自高处倾落的自由高度太大，或用串筒浇灌的出料处串筒倾斜严重或串筒总高度太大等造成混凝土离析。

③ 错用外加剂，如夏季浇筑的混凝土中掺加早强剂，造成成型振实困难。如深圳市某工程因此而造成墙板大面积出现蜂窝、孔洞，不得不推倒重建。

④ 钢筋密集处，或预留洞、预埋件附近，可能出现混凝土不能顺利通过的现象，没有采取适当的措施。

⑤ 不按施工操作规程认真操作，造成漏振。

⑥ 大体积钢筋混凝土采用斜向分层浇筑，很可能造成底部附近混凝土孔洞。此外，混凝土浇灌口间距太大，或一次下料过多，同时又存在平仓和振捣力量不足等，也易造成孔洞事故。

⑦ 采用滑模工艺施工，不按工艺要求严格控制与检查。

2. 露筋事故原因

① 钢筋垫块漏放、少放或移位。

② 局部钢筋密集处，水泥砂浆被骨料或混凝土阻挡而通不过去。

③ 混凝土离析、缺浆、坍落度过小或模板漏浆严重。

④ 振动棒碰撞钢筋，使钢筋移位而露筋。

⑤ 混凝土振捣不密实，或拆模过早。

3. 缝隙夹渣层事故原因

① 施工缝处未清理，或不按施工规范规定的方法操作。

② 分层浇筑时，上、下层间隔时间太长，或掉入杂物。

二、事故处理方法

1. 处理的一般原则

钢筋混凝土结构的孔洞、露筋及缝隙夹层事故的处理原则如下。

① 这类事故的严重程度差别甚大。因此一般均应经有关部门共同分析事故的影响或危害后再确定处理措施，并办理必要的书面文件后方可处理。

② 要注意后续工程施工和事故处理中的安全，必要时应暂停梁底模板及支撑的拆除等后续工程的施工，有时还应设置安全防护架。

③ 混凝土孔洞事故一般均需采用补强措施，有的需要拆除重建。

④ 露筋事故一般是用清理外露钢筋上的混凝土和铁锈，用水冲洗湿润后，压抹 1∶2 或 1∶2.5 水泥砂浆层的处理方法。

⑤ 处理缝隙夹渣层时，对表面较细的缝隙，仅需要清理、冲洗和充分湿润后抹水泥浆，对严重的缝隙夹渣层则需进行补强处理。

2. 局部修复

进行局部修复时要做到以下几点。

① 将疏松不密实的混凝土及凸出的石子或夹层中的杂物剔凿干净，缺陷部分上端要凿成斜口形（见图 5-93），避免出现 $\alpha \leqslant 90^{\circ}$ 的死角。

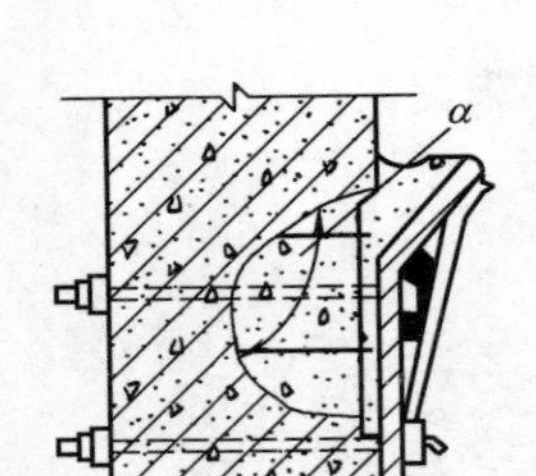

图 5-93 混凝土孔洞的局部修复

② 用清水并配以钢丝刷清洗剔凿面，并充分湿润 72h 以上。

③ 支设模板。模板尺寸应大于构件缺陷尺寸，以利混凝土浇灌，并保证其密实性（见图 5-93）。

④ 浇筑强度比原混凝土高一级的细石混凝土，内掺适量的膨胀剂，水灰比≤0.5，并仔细捣实，认真养护。

⑤ 拆模后，仔细剔除多余部分混凝土。

3. 捻浆

对剔凿后混凝土缺陷高度小于 100mm 者，可采用干硬性混凝土捻浆法处理。

4. 灌浆

灌浆有两种常用方法：一是在表面封闭后直接用压力灌入水泥浆；二是混凝土局部修复后再灌浆，以提高其密实度。

5. 喷射混凝土

对混凝土露筋和深度不大的孔洞，在剔凿、清洗和充分湿润后，可用喷射细石混凝土修复。

6. 环氧树脂混凝土补强

剔凿后，用钢丝刷清理并用丙酮擦拭孔洞，再涂刷一遍环氧树脂胶结料，最后分层灌注环氧树脂混凝土，并捣实。施工及养护期应防水防雨。

7. 拆除重建

对孔洞、露筋严重的构件，修复工作量大，且不易保证质量时，宜拆除重建。

三、事故处理实例

1. 框架柱孔洞、露筋事故处理

【实例 5-63】 局部修复处理实例

江苏省某厂一车间为两层框架结构，二层框架柱拆模后，发现

5根柱严重孔洞与露筋（见图5-94）。

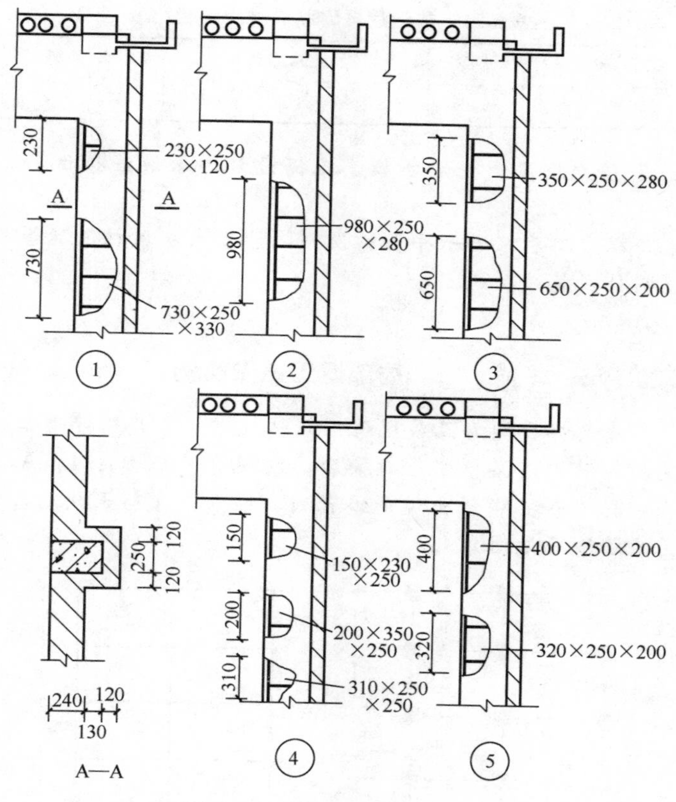

图5-94 柱孔洞露筋示意图

由于孔洞、露筋会影响柱承载能力，必须进行加固补强。该工程采用砂、石、水泥加矾土水泥和二水石膏配制的微膨胀混凝土进行补强处理，其要点如下。

① 通过试验确定微膨胀混凝土的配合比。根据混凝土最终收缩值为0.02%～0.045%这一数据，试配了三组混凝土，成型后试件在25℃恒温条件下蓄水养护，7d后测得混凝土膨胀率为0.016%～0.04%。选择其中膨胀率较大（0.04%）的配合比作补强用，并根据当地习惯做法，掺入适量的豆腐水作减水剂，所用的

配合比见表 5-21。

表 5-21 补强用微膨胀混凝土配合比

混凝土强度	水泥标号	水泥	矾土水泥	二水石膏	水	豆腐水	砂	石
C18	425 号普	0.98	0.01	0.01	0.62	0.01	2.37	4.40

② 补强处理半个月后拆模，根据设计要求做载荷试验，其性能完全符合要求。

该工程竣工后经过一年多的使用，检查未发现柱裂缝等异常情况，说明补强是成功的。

【实例 5-64】 局部返工重做实例

江苏省某办公楼为五层现浇框架结构建筑，其局部平面、剖面示意见图 5-95。二层框架柱拆模后，发现有 A/3、A/4、A/5、D/4、D/5、D/6 等 6 根柱出现严重孔洞、烂根、露筋等缺陷，其中 2 根柱的缺陷情况见图 5-96。

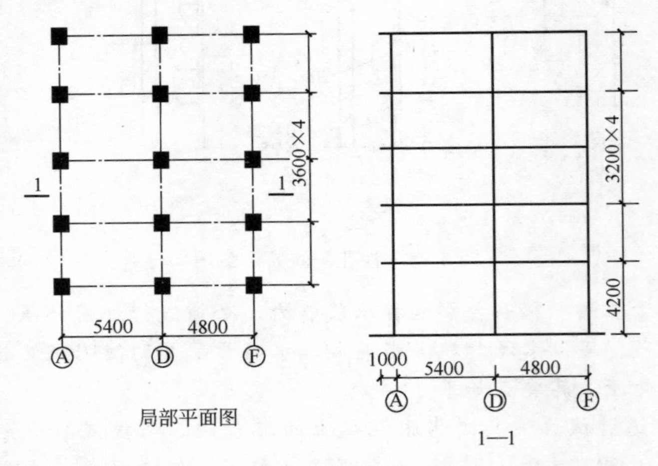

图 5-95 局部平面、剖面示意图

考虑到该工程质量问题严重，结合其他工程发生类似事故后倒塌的严重后果，施工单位连夜凿去 6 根柱的混凝土，将钢筋整理

图 5-96 柱孔洞、露筋情况

后，支模重浇混凝土。

2. 住宅框架混凝土疏松事故处理

【实例 5-65】 住宅框架混凝土疏松事故处理实例

(1) 工程与事故概况

福建省某市两幢框架结构的 8 层住宅楼，建筑总面积 $5560m^2$，主体施工进度至三层楼面时，发现部分框架节点及柱身（梁底下 0.5m 范围内）的混凝土呈疏松状。为了解已施工部分混凝土的质量情况，在现场用超声回弹综合法检测。结果表明，凡外观质量好的混凝土均达到设计强度。因此，事故范围仅局限于外观有缺陷的区域。

(2) 事故处理方案

考虑到混凝土缺陷仅分布在框架节点周围附近，采用外包钢或混凝土的方案不经济。因而采用凿除缺陷部分混凝土重浇，并在柱的一侧局部加大补强的方案处理。先加固处理节点区域，然后再处理有缺陷的梁板。

(3) 事故处理要点

① 支撑。梁柱节点附近混凝土凿除前先按图5-97要求安装支撑体系，施工时，应使一层、二层的ϕ100杉木支撑中心在同一垂直线上。

② 凿除混凝土。支撑体系完成后，凿除缺陷区混凝土，同时将拟加大截面的一侧混凝土表面凿毛。凿除过程中应严密监视原梁板是否向下移位，如发现异常，应及时处理。

③ 浇混凝土前准备。凿除工作完成后，清理和刷洗被凿面，再进行钢筋和模板的安装。

④ 浇混凝土。柱一侧加大部分采用分段支模，即由下到上支设一块高30cm的模板，然后浇混凝土，逐渐往上移。柱节点处支下料斜槽，浇混凝土应高出加固区20cm，以确保节点处混凝土结合面密实，混凝土有一定强度后，凿除多余部分混凝土。框架节点加固示意见图5-98。

⑤ 养护。浇混凝土后12h，挂草袋洒水养护5d。

加固施工完成后检查，所有梁均未下挠，也无裂缝，新旧混凝土结合良好。这种处理办法不仅费用较低，而且也不影响上部结构连续施工。

3. 框筒结构工程孔洞、夹渣事故处理

【实例5-66】 框筒结构工程孔洞、夹渣事故处理实例

某高层建筑为现浇框筒结构，其混凝土强度等级，柱为C40，其他构件为C30。柱、墙水平施工缝留在梁下50mm处。混凝土采用泵送法浇筑。

二层柱模板拆除后发现柱上端施工缝处有蜂窝、孔洞和建筑垃圾夹渣等质量缺陷。有5根柱尤为严重，四周夹渣与孔洞最深处达15cm，柱截面需剔凿55%～86%；有2根柱上端的部分C40混凝土误用为C30，而且接槎处存有大量前两天发生火警时留下的灭火剂粉。上述事故使柱的承载能力明显降低，危及结构安全。经该工程的设计、施工等单位协商后，决定采用以下措施处理。

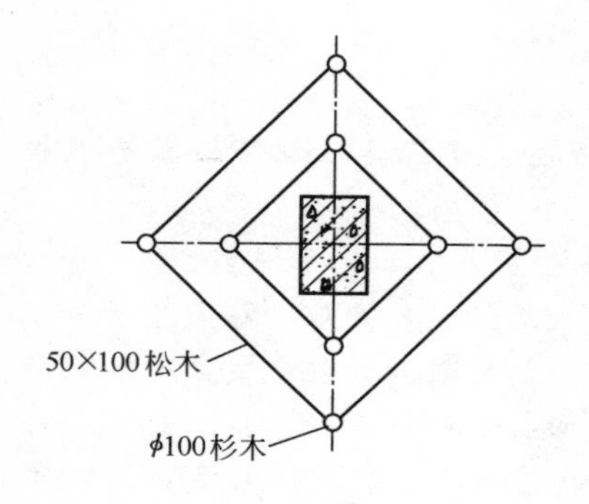

图 5-97 临时支撑示意

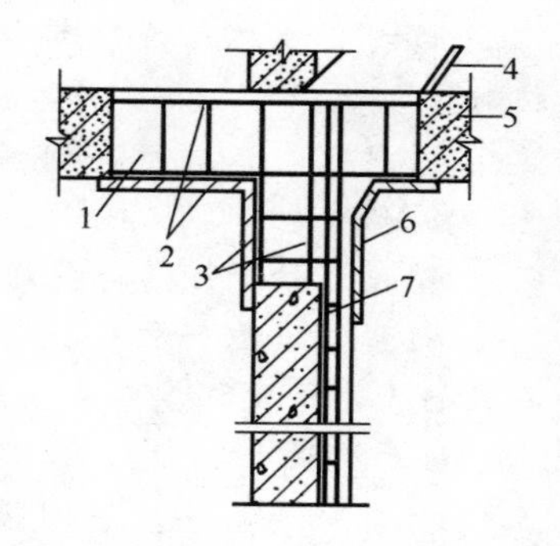

图 5-98 框架节点加固示意

1—加固区；2—原梁钢筋；3—原柱钢筋；4—下料槽；5—无缺陷混凝土；6—分段装模板；7—新增柱钢筋

（1）对有夹渣且混凝土强度用错的柱的处理步骤

① 将需处理的柱上的梁和板用支撑加固。

② 在三层楼面以上 1m 标高处，凿去柱混凝土，割断钢筋，然后拆除三层柱。

③ 从 C30 与 C40 混凝土接槎处到柱被切断处的混凝土全部凿去，主筋保留，箍筋部分保留，凿除后清理干净，适当绑扎钢箍。

④ 支设梁及梁柱接头处模板，注意保证严密、避免漏浆。模板下部留清扫口，以便在浇灌前将内部积灰清理干净。

⑤ 先铺 5～10cm 砂浆（用混凝土配合比不加石子），然后分两层浇灌梁及梁下柱的混凝土，其强度提高一级，仔细振捣密实。

⑥ 养护 24h 后，重新绑扎三层柱的钢筋。由于这些柱的主筋在楼板面上 1m 处是一次切断的，因此除满足搭接长度为 $35d$ 的要求外，每根主筋上下各单面电焊长度等于 $5d$（共 $10d$）的焊缝予以加强，柱主筋搭接处增设两道箍筋。

⑦ 浇筑三层柱混凝土，其强度也提高一级。由于冬季施工，要求混凝土入模温度不低于 15℃，浇完后用棉被覆盖，内通蒸汽养护，升温速度不大于 15℃/h，降温速度不大于 20℃/h，恒温不超过 60℃。

（2）对夹渣、漏振较严重的柱采用捻浆法补强的处理步骤

① 凿去夹渣层与松散部分混凝土，剔凿的上下口应平直，表面粗糙。

② 用湿麻袋布将所有剔凿面充分湿润 72h，以保证新老混凝土连接良好。

③ 整理好柱子钢筋与箍筋，清除钢筋表面的水泥浆。

④ 剔凿口高度小于 10cm 处直接用捻浆法处理，捻浆用干硬性细石混凝土，干硬程度以手捏成团、落地散开为佳。捻浆时将柱子较宽的两面用模卡卡紧，从另外两面将干硬性混凝土同时挤入，每层 3～5cm，分层捻实。层间接触面刷少许素浆，捻浆至边缘处留 1cm 厚，用 1∶2 水泥砂浆压实抹光。

⑤ 剔凿口高度大于 10cm 处，先支模浇筑 C40 细石混凝土，留 5cm 高的空隙，待新浇混凝土强度达到 20MPa 以上再做捻浆处理。

⑥ 补强混凝土用麻袋包裹浇水养护，保持充分湿润不少于 7 昼夜。

⑦ 对夹渣剔缝深度不超过 3cm 的缺陷，可在剔除清理干净后，充分湿润 48h，再分层抹高强度干硬性砂浆补强，然后包裹湿麻袋养护 3 昼夜。

(3) 事故处理效果检验

① 外观检查证明，所处理的柱外表面混凝土密实，新旧混凝土结合良好。

② 补浇筑的混凝土强度检验，结果见表 5-22。

表 5-22 补强混凝土强度检验结果

补浇部位	梁、柱交接处	三层新浇柱	4 根捻浆补强柱新浇筑的混凝土
设计强度	C40	C40	C40
检验时的强度/MPa	45.9	42	59.4～64.5

③ 捻缝的干硬性细石混凝土的实际强度达到 70MPa，大大超过设计要求。

④ 在补强处理完后一个月，用超声波对捻浆的柱接头进行探测，结果表明质量完全符合要求。

处理完后继续施工，主体结构完工后，多次检查未发现异常现象。

4. 框架剪力墙混凝土质量事故处理

【实例 5-67】 框架剪力墙混凝土质量事故处理实例

北京市某饭店主楼采用滑模工艺施工，设计混凝土强度为C30。滑模完成一层后，发现剪力墙在2～2.5m以上部位被拉裂、拉断，柱内部混凝土呈蜂窝状，部分施工缝不密实，有酥松层和拉裂现象。

经有关设计、施工单位调查检测，除严重破损部分外，混凝土强度均达26MPa以上，考虑混凝土后期强度的增长，采取喷射混凝土和钢纤维喷射混凝土加固补强后，可以基本满足设计要求。墙柱需要补强加固的总表面积为1667.4m^2。该工程所用的处理方法如下。

(1) 补强加固方案

① 剪力墙

a. 局部修复　将严重拉裂、拉断、搓伤部位的混凝土凿除，重新浇筑C30混凝土。新旧混凝土结合处按施工缝处理要求进行操作，在新浇混凝土表面拉毛，以利墙与楼板结合。

b. 喷射混凝土补强　将蜂窝、孔洞、轻微裂缝及结合不密实处的表面剔凿清理后，用喷射混凝土补强。

c. 喷射混凝土和抹砂浆层　所有剪力墙表面全部凿毛，两面均喷20mm厚的细石混凝土，然后再抹1∶2水泥砂浆作为装修基层。

② 柱

a. 用钢纤维混凝土加固补强　将蜂窝严重及施工缝明显结合不良处的松散混凝土凿除，然后用钢纤维混凝土喷射补强密实。

b. 喷射混凝土补强　将一般的蜂窝、孔洞、表面搓伤与拉伤处有缺陷的混凝土凿去后，喷射混凝土补强；所有柱表面均凿毛后，用厚为20mm的喷射细石混凝土加固。

c. 箍筋处理　凡影响上述加固补强的箍筋均先割断，待喷射混凝土补到原箍筋位置时，再将割断的箍筋焊牢，然后再喷全部混凝土。

③ 框架梁

a. 喷射混凝土补强　凿除有缺陷的部分梁混凝土，喷射混凝土补平。

b. 浇筑 C30 混凝土　对贯通梁截面的缺陷凿除清理后，与顶板一起浇筑 C30 混凝土。

④ 补强加固中的统一要求

a. 混凝土　喷射混凝土或钢纤维混凝土强度不低于 30MPa，与旧混凝土黏结强度不低于 0.8MPa。

b. 外形尺寸　喷射混凝土层应尺寸准确，柱、梁棱角整齐，表面规则平整，墙表面基本光滑。

c. 表面抹灰　柱、墙表面在喷射混凝土后，抹 1∶2 水泥砂浆作为装修基层。

（2）喷射混凝土施工

① 混凝土　用 52.5 级普通水泥，粒径≤10mm、清洗干净的粗骨料、中砂，断面为矩形、长度 25mm 的带钢切割钢纤维，配制钢纤维喷射混凝土，其水灰比为 0.45～0.47，水泥∶砂∶石＝1∶2∶1。

② 施工机具　每台喷射机配一台 $9m^3$/min 空压机，用 400L 搅拌机拌和混凝土，喷射用水压力比喷射混凝土工作压力大 0.05～0.1MPa。

③ 准备工作

a. 搭设脚手架　根据混凝土剔凿和喷射的要求，确定搭设工程量。

b. 剔凿混凝土　将缺陷部分混凝土仔细凿除，凿口呈八字形，墙、柱表面全部凿毛。

c. 冲洗湿润　对凿后混凝土用高压水冲洗干净，并保持湿润。

d. 支模　为保证墙柱棱角规整和喷射混凝土尺寸准确，喷射前要支设好两侧模板，其尺寸每边比原断面大 20mm，模板支撑应牢固。

④ 喷射混凝土

a. 喷射顺序　应按自下而上、先喷孔洞后喷表面的顺序施工，这不仅可以防止喷射材料在孔洞内形成松散隔层，而且可明显减少回弹。喷射时应以圆弧形轨迹一圈压半圈地移动喷头，尽可能使喷射面平整。喷射中若发现有松散物，应立即清除重喷。

b. 控制喷射距离　喷头与被喷面之间的距离是影响质量和回弹率的重要因素。在喷孔洞时，喷射距离应尽量近，以保证料束集中及喷射所得的混凝土密实，一般取30～50cm。大面积喷射时，适当加大喷射距离，使料束分散、厚度均匀，一般取80～100cm。

c. 严格按规程要求操作　由于喷层薄，质量要求高，喷射风压控制和工艺要求等均应按规程要求操作。

喷射混凝土初凝后，用刮刀将表面刮平，然后再在表面抹灰。避免过早刮平修整，损害混凝土与钢筋之间、喷射层与底层之间的黏结，防止混凝土内部产生裂缝。由于喷射混凝土水灰比小，水泥用量大，喷层薄，必须加强养护不少于14d，防止混凝土产生裂缝。

该工程补强后。现场检验喷射混凝土抗压强度大于50MPa；新旧混凝土黏结强度为1.84～2.09MPa；新旧混凝土的整体强度大于40MPa，这些指标均满足原设计要求。

5. 筒体结构墙板混凝土质量事故处理

【实例5-68】　**筒体结构墙板混凝土质量事故处理实例**

某宾馆工程为22层筒体结构，工程位于7度地震区。施工到第二层中部附近时，发现距楼面1m高度处，除墙体边缘构件外，在筒体墙板部分出现了一条明显的缺陷带，局部区段的松散带高200～300mm，个别墙板有较大的孔洞。

有关人员根据事故情况用抗震规范进行了抗震验算，并提出了鉴定和处理意见，其要点如下。

① 验算结果表明，在7度地震烈度下，结构安全系数远大于规范规定值，因此预计抗震墙不会发生严重后果。

② 对较大面积松散的混凝土孔洞，将距楼面1m以上的混凝土全部清除，并使其边缘尽量整齐，通过重浇强度高一级的混凝土修复。

③ 对较宽的混凝土松散带，清除松散部分，凿通墙体，形成较规整的孔洞，用强度高一级的膨胀混凝土修复。其施工要点见本节“二”的内容。

④ 对混凝土缝隙和断裂裂缝，先清除碎渣，并用压力水冲洗干净，用压力灌水泥浆修补，水泥强度不小于 42.5 级。宽度小于 5mm 的缝，所用水泥浆内掺加水泥质量 5% 的聚醋酸乙烯乳液。

⑤ 对深度超过保护层的单面缺陷，清除松散层后用喷射混凝土修复。

⑥ 对筒体转角处的外露钢筋，经清理后先用环氧树脂粘上小砾石，凝固后再用细石混凝土做保护层。

第六节　局部倒塌事故处理

一、局部倒塌事故性质、特征与原因

1. 局部倒塌事故性质与特征

国内很少发生建筑物整体倒塌事故，绝大多数都是局部倒塌。这类事故的处理比较复杂，通常应注意以下三个特性。

（1）倒塌的突然性

建筑物局部倒塌大多数是突然发生的。常见的导致突然倒塌的直接原因有：设计错误、施工质量极度低劣、支模或拆模引起的传力途径和受力体系变化、结构超载、异常气候条件（大风、大雪等）等。

（2）局部倒塌的危害性

除了倒塌部分损失和人员伤亡外，由于局部倒塌物冲砸未破坏的建筑物结构，可能造成变形、裂缝等继发性事故。

（3）质量隐患的隐蔽性

局部倒塌事故意味着工程质量问题的严重性，这类倒塌往往仅发生在问题最严重处，或各种外界条件不利组合处，未倒塌部分很可能存在危及安全的严重问题，在倒塌后的排险与处理工作中应予以充分重视。

2. 局部倒塌事故常见原因

除了无证设计、盲目施工和违反基建程序外，造成局部倒塌的主要原因有下述几方面。

（1）设计错误

常见的有：无根据地任意套用图纸；构件截面太小；结构构造或构件连接不当；悬挑结构不按规范规定进行倾覆验算；屋盖支撑体系不完善；锯齿形厂房柱设计考虑不周。

（2）盲目修改设计

常见的有：任意修改梁柱连接构造，导致梁跨度加大或支撑长度减小而倒塌；乱改梁柱连接构造，如铰接改为刚接，使内力发生变化；盲目加高梁混凝土截面尺寸，又无相应措施，造成负弯矩钢筋下落；随意减小装配式结构连接件的尺寸；将变截面构件做成等截面构件。

（3）施工顺序错误

常见的有：悬挑结构上部压重不够时，拆除模板支撑，导致整体倾覆倒塌；全现浇高层建筑中，过早地拆除楼盖模板支撑，导致倒塌；装配式结构，吊装中不及时安装支撑构件，或不及时连接固定节点，而导致倒塌。

（4）施工质量低劣

由此而造成倒塌事故的常见原因有：混凝土原材料质量低劣，如水泥活性差，砂、石有害杂质含量高等；混凝土蜂窝、孔洞、露筋严重；钢筋错位严重；焊缝尺寸不足，质量低劣。

（5）结构超载

常见造成倒塌的超载有两类：一类是施工超载；另一类是任意加层。

（6）使用不当

不按设计规定超载堆放材料，造成墙、柱变形倒塌。

（7）事故分析处理不当

对建筑物出现的明显变形和裂缝不及时分析处理，最终导致倒塌；对有缺陷的结构或构件采取了不适当的修补措施，扩大了缺陷导致倒塌。

二、局部倒塌事故处理的一般原则

局部倒塌事故的一般处理原则如下。

① 倒塌事故发生后，应立即组织力量调查分析原因，并采取必要的应急防护措施，防止事故进一步扩大。

② 确定事故的范围和性质。局部倒塌发生后，应对未倒塌部分做全面检查，确定倒塌对残留部分的影响与危害，找出未倒塌部分存在的隐患，并进行必要的技术鉴定，作出可否利用和怎样利用的判断。

③ 修复工程要有具体的设计图纸，应特别注意修复部分与残存部分的连接构造与施工质量。

④ 按规定及时报告建设主管部门，并做好伤亡人员的抢救和善后处理等工作。

三、局部倒塌事故的处理方法

① 发现设计存在的问题，采取针对性措施。例如加大构件截面或配筋数量；提高抗倾覆能力和稳定性；修改结构方案和构造措施。

② 纠正施工工艺的错误后重做。主要有三方面：一是纠正错误的施工顺序，防止结构构件在施工中失稳或强度不足而破坏；二是纠正错误的施工方法，确保工程质量；三是防止施工严重超载。

③ 减小荷载或内力。常用的有：减小构件跨度或高度；采用轻质材料，降低结构自重，建筑物减层等。

④ 改变结构型式，如采用钢屋架代替组合屋架；悬挑结构自由端加支点，形成超静定结构；梁下加砌承重墙，把大开间变成小房间。

⑤ 增设支撑。通过增加屋架支撑提高稳定性。

处理局部倒塌事故时，综合采用上述各种处理方法，往往可以取得较理想的效果。

四、局部倒塌事故处理实例

1. 雨篷倒塌

常见的事故有两类：一是整体倾覆；二是雨篷板断塌。下面分别举例说明这类事故的处理方法。

（1）雨篷整体倾覆事故处理

【实例 5-69】 雨篷整体倾覆事故处理实例

浙江省某仓库雨篷构造示意见图 5-99，在拆除雨篷模板及支撑时，雨篷连同梁一起倒塌。经检查与验算，此雨篷设计的抗倾覆稳定性及构件承载能力均无问题。雨篷拆模时，混凝土强度已超过设计值的 70%，满足施工规范规定的拆模强度。造成整体倾覆的主要原因是雨篷梁上的压重不足，倒塌时梁上仅有 1.5m 高的 240mm 墙。

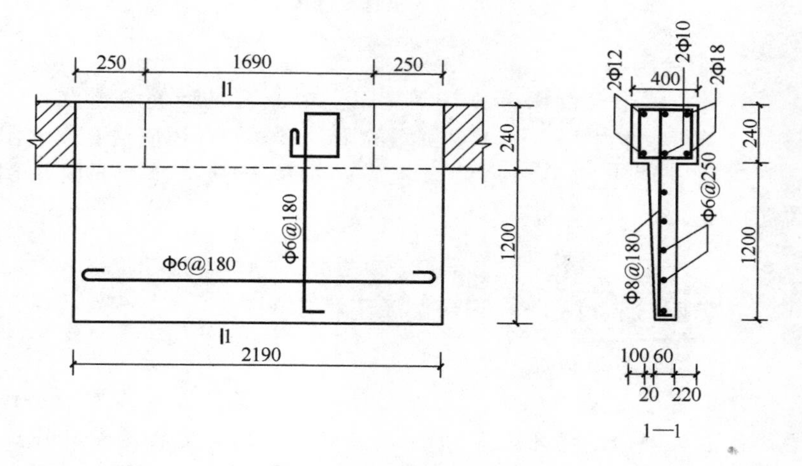

图 5-99 雨篷构造示意图

据检查，雨篷梁掉落后未见明显破损。雨篷板已经断裂，该工程决定把板砸掉，把梁安装到设计位置后，支模、整理钢筋，重新浇筑混凝土。经验算，必须在屋架安装后方可满足抗倾覆的要求。

因此拆模时间应严格控制。

（2）雨篷板断塌事故处理

这类事故较常见，其主要原因有两点：一是雨篷板主筋放错——放到板底附近；二是施工中把板主筋踩下。通常的处理方法是按设计规定铺设钢筋后，重新浇灌雨篷板混凝土。由于雨篷板施工缝留在弯矩和剪力最大处，有时还可采用增设纵向钢筋混凝土托梁、或雨篷板两侧砌墙加固（见图 5-100）的处理方法。采用这种方法处理时，应根据实际计算简图进行必要的验算。

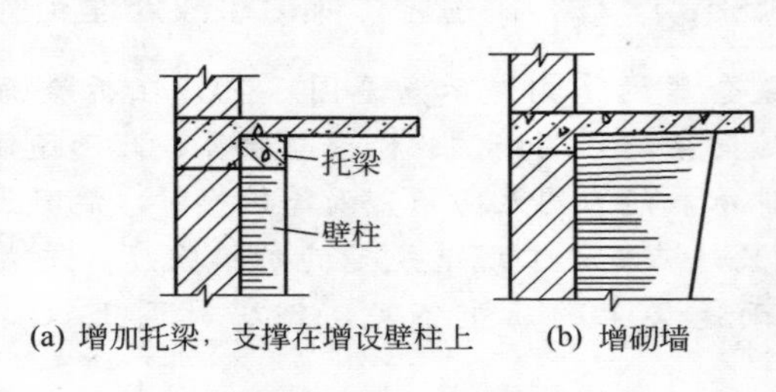

(a) 增加托梁，支撑在增设壁柱上　　(b) 增砌墙

图 5-100　雨篷板修复加固措施

2. 阳台倒塌

悬臂板式阳台倒塌事故较常见，主要原因是钢筋位置严重下移。这类事故发生后，除了对倒塌的阳台修复外，还应检查其他阳台是否留有严重隐患，并采取相应的加固补强措施。下面举例说明。

【实例 5-70】 阳台倒塌工程实例

（1）工程事故概况

江苏省某住宅工程为三层混合结构，二层、三层各有四个阳台，阳台板剖面示意见图 5-101。三层的一个阳台突然发生倒塌。

倒塌后验算阳台结构，设计无问题。实测阳台板厚、配筋数量、钢筋材质、混凝土强度，均符合设计要求。从倒塌现场可见断口处板主筋靠近板底，即在板固定端处配筋不起作用，阳台板类似一块素混凝土板。按理说，这种阳台应在拆模时全部倒塌，但是实际上阳台拆模后几个月才发生一个阳台倒塌。因此进一步调查，发现施工单位擅自修改设计图纸，又不办理技术核定手续，修改处主要有三个。

① 取消了预制过梁和一层砖砌体（见图 5-101），拟用素混凝土代替。这一改变造成原设计的梁配筋悬空，施工中又没有采取任何措施，致使钢筋位置严重下移，板主筋最大下移值达 85mm（见图 5-102）。

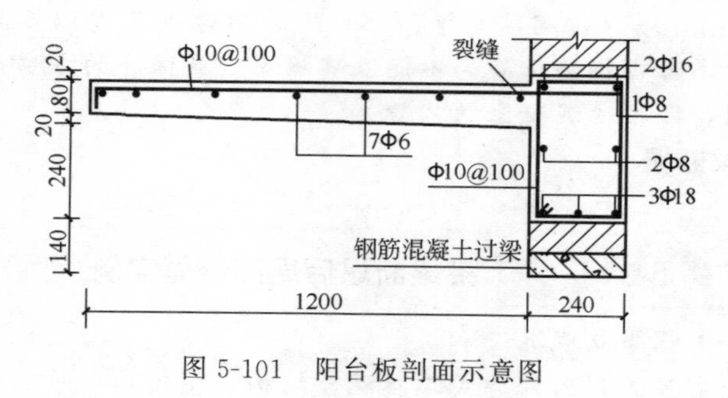

图 5-101　阳台板剖面示意图

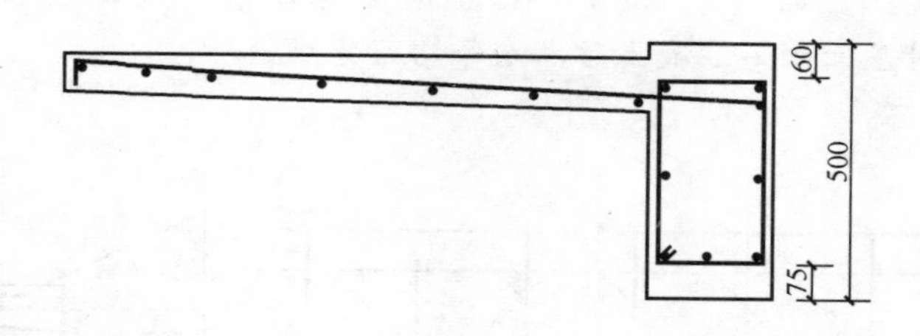

图 5-102　钢筋下移示意图

② 从图 5-101 可见，板中主筋Φ10 从梁的Φ16 和Φ8 钢筋中穿过，操作时不方便，施工人员擅自将Φ8 钢筋往下移位，也造成板主筋下移。

③ 原设计阳台栏板压顶混凝土中有 2Φ16 钢筋锚入墙内或构造柱内，施工改为 3Φ18 钢筋，且锚固长度仅 40～50mm，又无弯钩。

上述情况说明，板内主筋下移，但数值不一致，倒塌的那个阳台，板主筋下移可能是最大的。由于栏板中锚筋还有一定的承载能力，因此没有很快倒塌。随着荷载加大和作用时间延长，锚筋不断滑移，最终被拔出导致阳台倒塌。其他阳台板虽一时未倒塌，但施工留下的质量隐患不可忽视。

(2) 事故处理

从上述分析看，由于钢筋无确定位置，加上施工乱改设计造成的其他问题，因此加固阳台板较麻烦，该工程最后决定沿阳台周边砌筑240mm墙（留洞）支撑阳台。此时阳台板可近似按简支的单向板计算，考虑钢筋位置尚不能准确确定，最保守的方法是不计钢筋的作用，即按素混凝土结构验算。

3. 梁断塌

【实例 5-71】 挑梁断塌后局部修复实例

(1) 工程事故概况

湖南省某工程为外廊式二层混合结构，屋顶局部平面与剖面见图5-103，屋顶层的挑梁尺寸与配筋情况见图5-104，混凝土强度等级为C20。挑梁拆模时，7根挑梁全部在根部（靠近墙外）断塌，此时屋面细石混凝土防水层等均已完成。

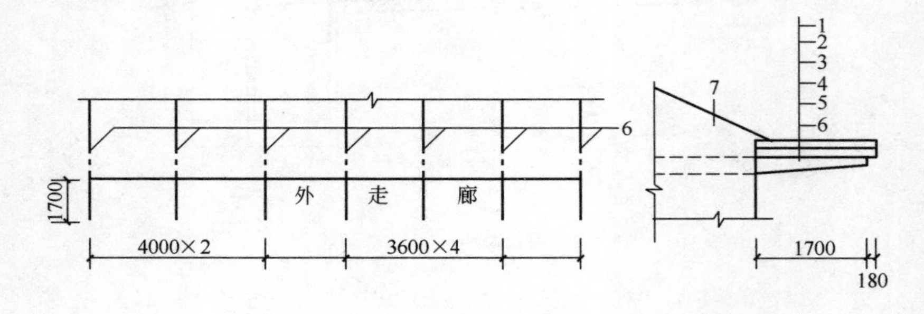

图 5-103 屋顶局部平面与剖面图

1—细石混凝土，厚40mm；2—干铺油毡一层；3—水泥砂浆找平，厚20mm；4—预制空心楼板；5—天棚白灰浆，厚20mm；6—现浇挑梁；7—瓦屋面

经检查，挑梁未留混凝土试块，从断口处看混凝土密实度很差。挑梁主筋位置严重下移，断口处主筋最大保护层达80mm，仅

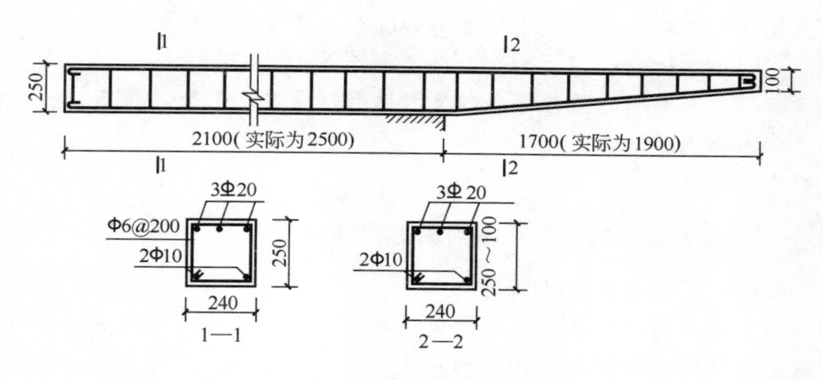

图 5-104 屋顶挑梁尺寸与配筋图

此一项使挑梁承载能力下降 1/3 左右。悬挑部分尺寸加大，梁外挑尺寸从 1700mm 加大至 1900mm，空心板外挑面离墙面尺寸从 1880mm 加大至 2020mm，因此固定端弯矩加大了 25%左右，此外还有屋面超厚、自重加大等问题。

(2) 事故处理

① 将墙上残存的挑梁从断口起凿去 500mm 长，露出全部主筋。

② 在墙面内 100mm 处将挑梁主筋锯断，重新焊接新的主筋。

③ 将悬挑部分全改为现浇，外挑长度减小为 1600mm，原空心板、找平层、细石混凝土等全取消，改用 60mm 厚的现浇板，随浇捣随压光。

4. 拱形屋架倒塌

【实例 5-72】 拱形屋架倒塌实例

(1) 工程事故概况

浙江省某单层厂房长 192m、柱距 6m、跨度 18m、檐高 11.8m。屋盖为拱形钢筋混凝土屋架、大型屋面板、卷材屋面。屋盖安装时屋盖从①～⑧轴线倒塌。

(2) 倒塌的原因

屋架选型不当，未根据实际荷载作验算，套用标准图，施工违反规范及规程的要求，工程质量不符合设计要求等。

(3) 事故处理

拆除未倒塌的屋盖，全部改用梯形钢屋架，上铺石棉瓦。

5. 墙

【实例 5-73】 墙倒塌工程实例

(1) 工程事故概况

上海市某宿舍工程底层为现浇框架，二层至五层为内浇外挂体系，承重墙为含有少量钢筋的现浇 C15 混凝土墙，厚 160mm，外墙为预制陶粒混凝土挂板。施工至五层安装楼板时，发生四层二道承重的现浇墙及五层楼板坍塌，并砸断四层、三层、二层楼板。

经分析认为产生事故的原因为：在新浇的四层墙上，超载堆放预制楼板。

(2) 事故处理要点

① 清除倒塌的四层二道墙的残剩部分混凝土。

② 清除四层、三层、二层垮塌部分的预制楼板，改成现浇板，从二层起逐层支模浇筑。

③ 四层现浇板达到一定强度后，按原设计重做垮塌的两道混凝土墙。

6. 单层厂房部分倒塌

【实例 5-74】 单层厂房部分倒塌实例

(1) 工程事故概况

湖北省某单层厂房主跨 24m、附跨 6.4m，厂房横剖面见图 5-105。附跨内设有铁路专用线和运输栈桥。

厂房使用后，材料大量运来，堆放数量超过设计规定值较多，开始Ⓒ列柱出现裂缝，Ⓑ列柱上支撑附跨屋盖的钢牛腿与柱连接的锚栓被拔出，由于没有及时处理，最终导致 6 根柱的钢牛腿锚栓被拉断，附跨部分屋盖随之倒塌。

事故主要原因是材料堆放范围和高度严重超过设计规定，对Ⓒ

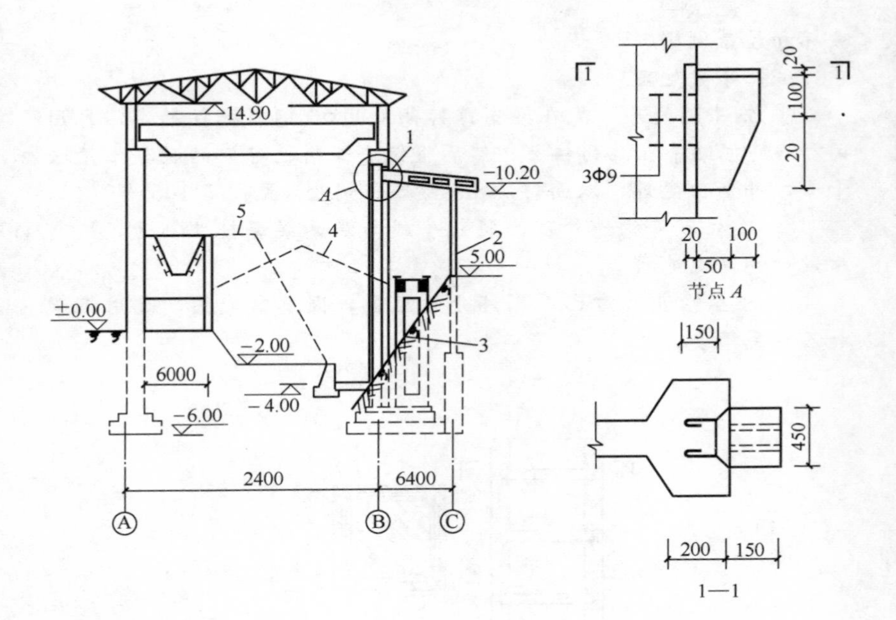

图 5-105　厂房横剖面图

1—节点 A 锚栓被拔出；2—Ⓒ列柱裂缝；3—溜坡；4—实际堆料情况；5—设计堆料线

列柱产生较大的侧压力。其他原因还有柱外土堤太窄，填土质量差；原设计钢牛腿锚栓太小；附跨屋面梁与Ⓒ列柱为焊接，在节点 A 处设计为简支，施工中将其全部焊牢，在材料侧压力作用下，Ⓒ列柱柱顶向厂房外侧变形，屋面梁对锚栓产生拉力，造成锚栓被

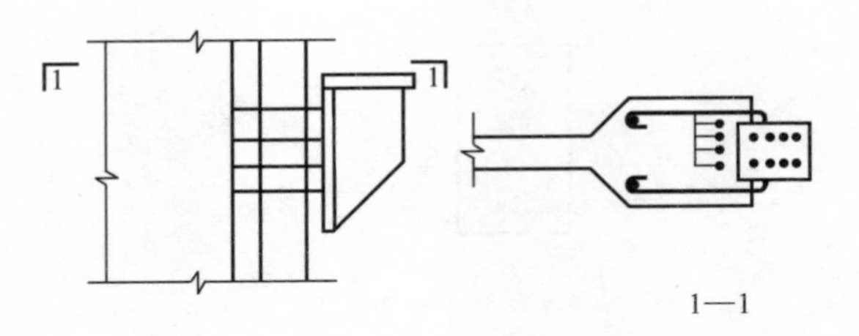

图 5-106　锚栓与钢牛腿处理

破坏和屋盖倒塌。

（2）事故处理

① 钢牛腿处理　先在梁支撑标高处用Φ6 钢筋把柱箍牢，再用Φ12 钢筋把梁吊在Ⓑ列柱上，然后将钢牛腿附近碎裂的混凝土清除干净，并凿出主筋，双面焊 4Φ25 钢筋作锚栓（见图 5-106）。

② 梁柱节点构造处理　将钢牛腿与屋面梁焊接处割开，恢复原设计的简支连接。

③ 屋盖修复　对已倒塌部分的屋盖，因急需使用，改用钢梁和石棉瓦修复。

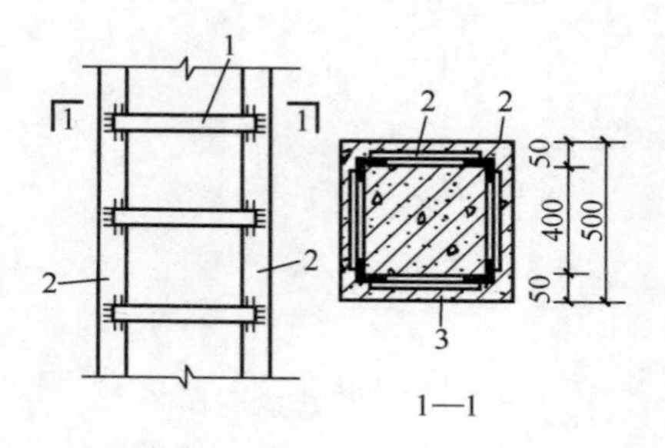

图 5-107　Ⓒ列柱裂缝处理

1—扁钢；2—4L75×8；3—C23 混凝土

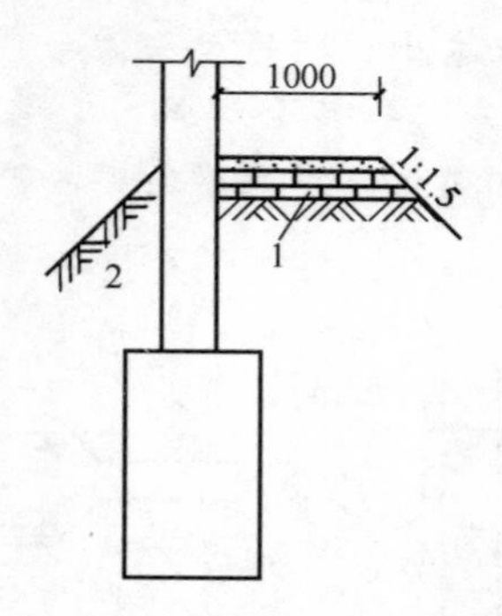

图 5-108　土堤加固图

1—水泥砂浆砌片石表面抹光；2—溜坡

④ 柱裂缝处理　Ⓒ列柱裂缝区均用长 4～5m 的 4 根角钢∟ 75×8 包角，扁钢作缀条，构成外包钢骨架，然后浇筑 50mm 厚高强度细石混凝土（见图 5-107）。

⑤ 土堤加固　柱外侧土坡加宽，并在顶面加砌宽 1m 的片石散水坡（见图 5-108）。

第七节　混凝土结构加固技术

一、一般要求

结构加固分为直接加固与间接加固两类，直接加固宜根据工程的实际情况选用增大截面加固方式、置换混凝土加固方式或复合截面加固方式。间接加固宜根据工程的实际情况选用体外预应力加固方式、增设支点加固方式、增设耗能支撑方式等。

综上所述，加固技术多种多样，基本可分为化学灌浆加固、喷射混凝土加固、外包混凝土加固、外包钢加固、粘贴钢板加固、改变受力体系加固、预应力拉杆加固、预应力撑杆加固以及水泥灌浆加固。

1. 混凝土结构加固的一般原则

① 加固内容及范围。应根据可靠的鉴定结论和委托方提出的要求确定。

② 对加固结构上的作用应进行实地调查，其取值应符合《建筑结构荷载规范》（GB 50009—2012）和《混凝土结构加固设计规范》（GB 50367—2013）等规范的规定。

③ 加固结构设计应遵照有关规范的规定进行，注意设计与施工方法紧密结合，并采取有效措施，保证新浇混凝土与原结构连接可靠，能协同工作。

④ 加固应考虑其综合经济效果。尽量不损伤原结构，保留具有利用价值的结构构件，避免不必要的拆除或更换。

⑤ 加固材料。为适应加固结构应力、应变滞后的特点，加固用钢材一般选用极限变形较小的低强（Ⅰ级、Ⅱ级）钢材。如用预应力法加固，可采用高强钢材。加固用水泥和混凝土，要求收缩小、早强、与原结构粘接好，并有微膨胀，以保证新旧两部分能共

同受力。加固用化学灌浆材料及黏结剂，要求粘接强度高、可灌性好、收缩小、耐老化、无毒或低毒。

⑥ 新发现问题的处理。在加固过程中，若新发现严重质量缺陷时，应立即停止施工，会同加固设计者采取有效措施后方可继续施工。

⑦ 防护措施。对可能变形、开裂或倒塌的建筑物，在加固施工前，应采取临时防护措施，预防安全事故的发生。

2. 加固方案及其选择

加固方案的优劣影响甚大，因此应适当选择，使其满足局部效果和总体效应两方面的要求。

局部效果要求是指，对结构局部所采取的加固方法应满足加固效果好、技术可靠、施工简便及经济合理等要求，并且应不降低结构的使用功能。若加固方案选取得不好，则费工多而效果微。譬如，对于裂缝过大而承载力足够的构件，采用增加纵筋的加固办法是不可取的。有效的办法是采用外加预应力拉杆，或外加预应力撑杆，或改变受力体系的加固方案。又如，当结构构件的承载力足够但刚度不足时，宜优先选用增设支点，或增大结构构件截面尺寸的方法。再如，对于承载力不足而实际配筋已达到超筋的构件，不能采用在受拉区增加钢筋的方法，因为它起不到加固的作用。

总体效应方面的要求是指，在选取加固方案时，不能采用头痛医头、脚痛医脚的办法，要考虑加固后建筑物的总体效果。例如，对房屋某一层柱子或墙体加固时，有可能改变整个结构的受力特性，从而产生薄弱层，不利于抗震。

加固方案选择见表 5-23。

3. 加固设计的一般要求

加固设计包括材料选取、荷载取值、承载力验算、构造处理和绘制施工图等工作。它们的具体要求如下。

（1） 材料选取

① 原结构材料强度要求

a. 当原结构材料种类和性能与原设计一致时，按原设计（或规范）值取用。

表 5-23　常用加固方案的主要特点及适用范围

<table>
<tr><th colspan="2">加固方案</th><th>主要特点</th><th>适用范围</th></tr>
<tr><td colspan="2">加大截面法</td><td>用与原结构同样的材料，加大构件或结构的截面面积，提高承载力</td><td>广泛应用于混凝土梁、板、柱等构件和一般构筑物的加固</td></tr>
<tr><td colspan="2">外包钢法</td><td>在混凝土构件四周包以型钢，对提高承载力效果较显著，受力较可靠，施工也较简便。外包钢的做法有干式和湿式两种</td><td>适用于截面尺寸不允许加大的结构构件，或需要较大幅度提高承载力的结构。当用化学浆液外包钢时，型钢表面温度应低于 60℃，当环境有腐蚀性介质时，应有可靠的防腐措施</td></tr>
<tr><td colspan="2">预应力法</td><td>采用预应力的钢拉杆或撑杆，对结构或构件进行加固。这种加固方法使加固与卸荷合二为一，将原结构所受荷载通过预应力方法部分地转移到加固结构上</td><td>适用于要求提高承载力、刚度和抗裂性以及加固后占用空间较小的结构。不宜用于使用环境温度高于 60℃的结构。不适用于混凝土收缩徐变大的结构</td></tr>
<tr><td rowspan="2">改变结构传力途径</td><td>增设支点法</td><td>采用增加支点、减小结构构件的计算跨度和变形，提高其承载力。按支撑结构的受力性能可分为刚性支点和弹性支点两类</td><td>适用于房屋净空不受限制的梁、板、桁架等构件的加固</td></tr>
<tr><td>托梁拔柱法</td><td>在不拆或少拆上部结构的前提下，拆除、更换、接长柱子的一种加固方法。按施工方法不同可分为有支撑托梁拔柱、无支撑托梁拔柱及双托梁与牛腿托梁拔柱等方法</td><td>适用于改变使用功能或增大室内空间</td></tr>
<tr><td colspan="2">外部粘贴钢板法</td><td>在混凝土构件外部用结构胶粘贴钢板，以提高其承载力，满足正常使用</td><td>适用于承受静力作用的一般受弯、受拉构件，且环境温度不高于 60℃，相对湿度不大于 70%，以及无化学腐蚀的使用条件。否则应采取防护措施</td></tr>
<tr><td colspan="2">增设支撑体系或加设剪力墙法</td><td>通过增设支撑体系或剪力墙，增加结构的整体刚度，改变构件的刚度比值，调整原结构内力，改善结构和构件的受力状况</td><td>多用于增强单层厂房或多层框架的空间刚度，提高抗水平力的能力</td></tr>
</table>

b. 当原结构无材料强度资料时，通过实测评定材料强度等级，再按现行规范取值。

② 加固材料要求

a. 加固用钢筋一般选用Ⅰ级或Ⅱ级钢筋。

b. 加固用水泥宜选取普通硅酸盐水泥，强度等级不应低于32.5级。

c. 加固用混凝土强度等级，应比原结构的混凝土强度等级提高一级，且加固上部结构构件的混凝土不应低于C20。加固混凝土中不应掺入粉煤灰、火山灰和高炉矿渣等混合材料。

d. 粘接材料及化学灌浆材料的粘接强度应高于被粘接结构混凝土的抗拉强度和抗剪强度。一般采用成品。当工程单位自行配制时应进行试配，并检验其与混凝土间的粘接强度。

（2）荷载取值

对加固结构承受的荷载，应实地调查后取值。对于现行的《建筑结构荷载规范》（GB 50009—2012）未作规定的永久荷载，可抽样实测确定。抽样数不得少于5个，以其平均值的1.1倍作为其荷载标准值。对于工艺荷载、吊车荷载等，应根据使用单位提供的数据取值。

（3）承载力验算

承载力验算包括事故处理阶段和完成后使用阶段两种情况。这两种情况验算所取的计算简图，应根据结构的实际受力状况和结构的实际尺寸确定。构件的截面面积应取用有效值，即应考虑结构的损伤、缺陷、腐蚀、锈蚀等不利影响。在使用阶段验算时，还应特别注意新加部分与原结构的协同工作情况。由于新加部分应力滞后于原结构构件，故应对其材料强度设计值适当折减。此外，还应考虑实际荷载的偏心、结构变形、局部损伤、温度作用等引起的附加内力。当加固后使结构的重量显著加大时，尚应对相关结构及建筑物基础进行验算。

（4）构造处理

加固结构不仅应满足新加构件自身的构造要求，还应特别注意新加构件与原结构的连接构造。

4. 加固施工的一般要求

(1) 原结构荷载问题

混凝土结构加固若在负荷条件下进行，可能导致加固效果不良，引发施工安全问题。因此必须认真执行加固设计的规定，正确处理好结构卸荷问题。对加固前局部拆除工程或结构存在严重隐患的工程，或在受力状态下进行焊接加固的工程，应采取卸荷措施，以确保施工安全。

结构卸荷有直接卸荷（例如减小活荷载等）和间接卸荷（例如增加支撑或施加反向力）两种方式。

(2) 加固工程施工准备

按照加固设计的要求认真做好各项施工准备工作，编制加固施工方案或施工组织设计。

(3) 加固施工与技术核查

加固施工应遵照有关现行规范进行施工。加固施工前和加固施工中，要对加固工程的状况进行核查，对新发现的质量缺陷如破损、严重裂缝、孔洞、主筋锈蚀、混凝土腐蚀等，应立即停止施工，必须会同有关各方协商处理，并办理书面文件后方可继续施工。

(4) 施工安全

应在加固施工前和施工中采取技术组织措施，排除不安全因素。这些措施主要有：除设计规定必须卸荷者外，所有加固工程，只要条件可能时，应尽可能进行结构卸荷或对加固结构采取增加支撑措施，以确保施工安全；严格遵守有关安全操作规程及规定：加固施工方案或施工组织设计必须有可靠的安全技术措施，并在施工中认真贯彻执行；使用有毒或易燃的加固材料时，应采取防毒、防火措施，严格执行消防安全及卫生防疫的有关规定等。

(5) 工程验收

应按照设计要求，并遵照规范对验收工作的规定进行质量检验或试验。加固工程的质量满足混凝土结构加固技术规范、混凝土结构工程施工及验收规范以及钢结构工程施工及验收规范等有关规范的规定时方可验收。

二、化学灌浆加固技术

化学灌浆，就是用压送设备将化学材料配制的浆液灌入混凝土构件的裂缝内，使其扩散、固化。固化后的化学浆液具有较高的粘接强度，与混凝土能较好地粘接，从而增强了构件的整体性，使构件恢复使用功能，提高耐久性，达到防锈补强的目的。

用于结构修补的化学浆液主要有两类：一类是环氧树脂浆液；另一类是甲基丙烯酸甲酯液（简称甲凝液）。用于防渗堵漏的化学浆液主要有水玻璃、丙烯酰胺、聚氨酯、丙烯酸盐等。这些不溶物可充填缝隙，使之不透水并增加强度。

1. 灌浆材料的选用及配方

（1）灌浆材料的选用

用于结构修补的灌浆材料，可根据裂缝的宽度、深度及密度的不同，按以下方法选用。

① 对宽度小于 0.3mm 的细而深的裂缝，宜采用可灌性较好的甲凝液或低黏度的环氧树脂浆液灌注补强。

② 当裂缝宽度大于 1.0mm 时，宜用微膨胀水泥砂浆液修补。

③ 对宽度为 0.3～1.0mm 的裂缝，宜采用收缩较小的环氧树脂浆液灌注补强。

（2）浆液配方及使用条件

浆液配方由浆液的用途及使用条件而定。下面分别介绍几种常用的环氧树脂浆液、甲凝液的配方及其物理指标。

在低温情况下，普通环氧树脂浆液的黏度较低，不易灌注。当稀释剂采用糠醛、丙酮等黏度较小的有机溶剂时，可以降低环氧树脂浆液的黏度，提高可灌性以及与含水裂缝的粘接强度。如果在环氧浆液中加入活性较高的 703 号固化剂和 DMP-30 促进剂，则可提高低温下的固化速度。

由于环氧树脂浆液在修补工程结构中的应用日益广泛，国际上已有定型的双组分产品出售。

2. 灌浆方法及设备

目前常用的灌浆方法分手动和机械两类，近年来国外还出现了自动灌浆法。

（1）手动灌浆施工法

手动灌浆工具是油脂枪。枪筒容量一般为 300mL，可装 200mL 以下的浆液。施工时可任意调节灌注压力。当用强力扳压杠杆时，枪端最大压力达 20MPa。这样大的压力，即使膏糊也可注入。手动法所用的工具少，机动灵活，当裂缝不多、灌浆量不大时，采用此法尤为适宜。

（2）机动灌浆施工法

机动灌浆是一种靠泵连续压浆的机械施工方法。所需要的机具包括灌浆泵、管、灌浆嘴。双组分灌浆泵，即环氧浆液按两种组分分别装在两个容器内，灌浆时按所要求的比例自动混合，形成可固化的浆液，灌入缝内。

3. 灌浆工艺及要求

（1）裂缝处理

化学灌浆修补裂缝的工艺流程如下。

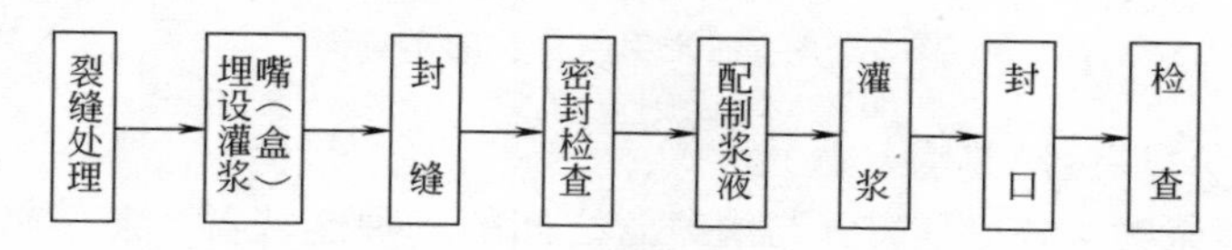

在灌浆前应对裂缝进行处理。处理的方法视裂缝情况不同而异。

① 表面处理法　当构件的裂缝较细小（小于 0.3mm）时，可用钢丝刷等工具消除裂缝表面的污物，然后用毛刷蘸甲苯、酒精等有机溶剂，将裂缝两侧 20～30mm 范围擦洗干净，并保持干燥。

② 凿槽法　当混凝土构件上的裂缝较宽（大于 0.3mm）、较深时，宜采用凿槽法，即用钢纤或风镐沿裂缝凿成 V 形槽，槽宽 50～100mm，深 30～50mm。凿完后用钢丝刷及压缩空气将混凝土碎屑、粉尘清除干净。

③ 钻孔法　对于大体积混凝土或大型构筑物上的深裂缝，采用钻孔法。孔径的大小：风钻一般为 56mm，机钻孔宜选 50mm。裂缝宽度大于 0.5mm 时，孔距可取 2～3m；裂缝小于 0.5mm 时，应适当缩小孔距。钻孔后，清除孔内的碎屑和粉尘，并用适当粒径（一般取 10～20mm）的干净卵石填入孔内，这样既不缩小钻孔与

裂缝相交的“通路”，又可节约浆液。

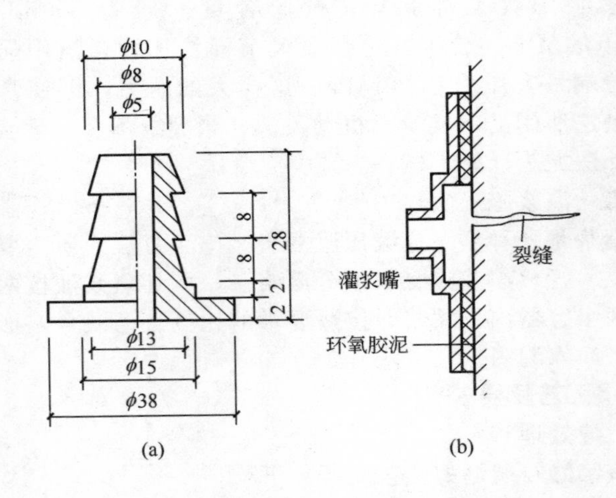

图 5-109 灌浆嘴（盒）的示意图

（2）埋设灌浆嘴（盒）

灌浆嘴（盒）是裂缝与灌浆管之间的一种连接器。灌浆嘴和灌浆盒见图 5-109，多为用户自制。

灌浆嘴（盒）的埋设间距，应根据浆液黏度和裂缝宽度及分布情况确定。一般情况下，当缝宽小于 1mm 时，其间距宜取 350～500mm；当缝宽大于 1mm 时，宜取 500～1000mm，并注意在裂缝的交叉处、较宽处、缝端以及钻孔处布嘴。在一条裂缝上必须有进浆嘴、排气嘴及出浆嘴。

（3）封缝及试漏

封缝的方法有以下几种。

① 对于不凿槽的裂缝　当裂缝细小时可用环氧树脂胶泥直接封缝。其做法是：先在裂缝两侧（宽 20～30mm）涂一层环氧树脂基液，然后抹一层厚约 1mm，宽度 20～30mm 的环氧树脂胶泥（环氧树脂胶泥是在环氧基液中加入水泥制成的）。当裂缝较宽时，可粘贴玻璃丝布封缝。做法是：先在裂缝两侧宽 80～100mm 内涂一层环氧树脂基液，后将已除去润滑剂的玻璃丝布沿缝从一端向另

一端粘贴密实，不得有鼓泡和皱纹。玻璃丝布可粘贴1～3层。

② 对凿V形槽的裂缝 可用水泥砂浆封缝。先在V形槽面上涂刷一层1～2mm厚的环氧树脂基液，涂刷要平整、均匀，防止出现气孔和波纹。然后用水泥砂浆封闭，封缝3d后进行压气试漏，以检查密闭效果。试漏前，沿裂缝涂刷一层肥皂水，从灌浆嘴通入压缩空气（压力与灌浆压力相同）。如封闭不严，可用快硬水泥密封堵漏。

灌浆由下向上、由一端到另一端地进行。开始时应注意观察，逐渐加压，防止骤然加压。达到规定压力后（化学浆液为0.2MPa，水泥浆液为0.4～0.8MPa），维持此压力继续灌浆。一旦出浆孔出浆，立即关闭阀门。这时裂缝中的浆液不一定十分饱满，还会有吸浆现象。因此在出浆口出浆后，把出浆口堵住，再继续压注几分钟。

灌浆工作结束后，应立即拆除管路，并用丙酮冲洗管路和设备。

4. 安全技术及注意事项

环氧类和甲凝液的组成材料大多有毒，危害健康，污染环境，有的还易燃、易爆，危及施工人员安全。这些有毒物质可通过接触、呼吸及消化道进入人体而引起中毒；更应注意有些毒性反应短时期不明显，但长期积蓄中毒后，将造成严重伤害。因此，必须从安全教育、材料管理、现场管理、劳动保护、防火、防爆等几方面采取切实可行的措施，以确保施工人员的安全和环境免遭污染。

（1）安全教育

加强对全体施工人员（包括贮运人员）的安全教育，充分认识化学灌浆材料的毒性及危害性，并熟悉、掌握各种安全技术和防护措施。

（2）材料管理中的安全技术

对有毒性和刺激性的挥发性材料，应密封贮存在阴凉通风的室内。丙酮、甲苯等易燃易爆材料，应贮存在远离施工现场处。

（3）施工现场的安全技术

施工现场应采取有效的通风设施，如施工地点在地下或井下，更应设置足够的通风、排风设备，将有毒气体及时排出现场，并引入新鲜空气。施工结束后，剩余的废浆、废料应妥善处理，防止污染环境。

（4）劳动保护

① 施工人员应穿戴防护服、橡胶或乳胶手套、专用袖套、防护口罩以及防护眼镜等劳保用品，并应在浆液的上风位置工作。室内试验应在通风橱内进行。不准用手直接接触化学灌浆材料。

② 施工人员不准在化学灌浆现场进食、吸烟，离开现场前应洗手。

③ 若皮肤沾有浆液，应用热水、肥皂或酒精擦洗干净。粘有环氧树脂时，可先用锯木屑或去污粉擦洗，再涂肥皂用热水洗净，不准用丙酮等渗透性强的溶剂洗涤，防止有毒物质渗入人体。

④ 所有参加化学灌浆工作和试验的人员，均应按规定享受保健待遇，并定期做有关职业病检查。发现有早期中毒现象，应立即停止从事此类工作，并积极治疗。

（5）防火防爆措施

① 施工现场不准贮存易燃、易爆材料。

② 施工现场不准吸烟，禁用明火。使用强光灯泡或碘钨灯时，应加防护安全罩，防止灯管爆裂而失火。

③ 施工现场应有化学灭火机（泡沫、四氯化碳、二氧化碳等）与黄沙等消防设施。泡沫适用于乙醇、丙酮灭火；四氯化碳适用于丙酮、苯、甲苯等材料灭火；二氧化碳适用于电气设备灭火；黄沙适用于小范围的灭火。

（6）紧急抢救措施

由于通风不良、浆管爆裂、材料着火等突发事故造成急性中毒或灼伤，应在现场采取紧急抢救措施。

① 浆液不慎进入眼睛时，应立即用大量清水或生理盐水彻底冲洗后，立即送医院诊治。

② 发现中毒昏厥人员，应立即将病员移至空气新鲜场所，由医务人员急救，脱险后送医院治疗。

③ 灌浆材料着火，应迅速灭火，切断电源、火源，移走未用完的易燃、易爆材料，消防人员也应穿戴劳动防护用品。

三、喷射混凝土加固技术

喷浆或喷射混凝土是用压缩空气将水泥砂浆或细石混凝土喷射到受喷面上，保护、参与或替代原结构工作，以恢复或提高结构的承载力、刚度和耐久性。

1. 适用范围及特点

喷浆和喷射混凝土在建筑物加固中的应用十分广泛。它常与钢筋网、钢丝网、金属套箍、扒钉等共同使用。喷浆和喷射混凝土常应用于：局部和全部地更换已损伤混凝土；填补混凝土结构中的孔洞、缝隙、麻面等。喷浆和喷射混凝土有如下特点。

① 喷射层以原有结构作为附着面，不需另设模板。在高空对板、梁的底面或复杂曲面施工较方便。

② 对混凝土、坚固的岩石有较强的粘接力。

③ 喷射层密度大、强度高、抗渗性好。

④ 工艺简单，施工高速、高效。

⑤ 可在拌合料中加速凝剂，使水泥浆在10min内终凝，2h具有强度，可以大大缩短工期。

喷射混凝土的密度一般取2200kg/m^3，设计强度不应低于15MPa（C15）。

喷射混凝土的设计指标、弹性模量，以及喷射混凝土与旧混凝土的粘接强度分别见表5-24～表5-26。

2. 施工工艺及技术要求

喷射混凝土的施工工艺如下。

处理待喷面 → 补配钢筋 → 埋设喷厚标志 → 喷　射 → 养　护

表5-24　设计指标　　单位：MPa

强度种类＼强度等级	C15	C20	C25	C30
轴心抗压	7.5	10	12.5	15
弯曲抗压	8.5	11	13.5	16
抗拉	0.8	1.0	1.2	1.4

表 5-25 弹性模量

强度等级	弹性模量/Pa
C15	1.85×10^4
C20	2.10×10^4
C25	2.30×10^4
C30	2.50×10^4

表 5-26 喷射混凝土与旧混凝土的粘接强度（28d）

水泥品种		配合比（水泥：砂：石）	速凝剂掺量/%	抗压强度/MPa	与旧混凝土粘接强度/MPa
普通硅酸盐水泥	425 525	1：2：2	3～5	约 20.0	0.5～0.7 1.5～2.0

（1）待喷面处理

待喷面的处理是结构构件加固的关键工序。待喷面的处理包括裂缝或孔洞的外形处理和受损伤构造的处理等。

用喷浆修补结构裂缝和孔穴时，应将裂缝和孔穴修成 V 形，使灰浆可以顺利喷入并堆积密实。当待喷面比较光滑时，则应凿成麻面，以保证新旧混凝土的粘接。

结构待喷面为受损伤混凝土时，一般应铲除直至坚实的结构层为止。如果铲除得不彻底，会造成“夹馅”，影响喷射层的粘接、耐久性和新旧结构层的共同受力。

（2）补配钢筋

若经结构评定，认为应在喷射层内加配钢筋时，可在待喷面处理之后补绑钢筋。当附着面上出现透孔现象，应注意透孔的尺寸，并分别进行处理。当透孔较小时，可直接喷补；当孔洞面积较大（$0.2m^2$ 以下）时，可先绑扎Φ4～Φ6 钢筋网后再喷补。

对于承载力不足的混凝土梁、混凝土柱及钢柱，应补配钢筋、钢筋网、或钢丝网后才可喷射。钢筋网与受喷面间的距离不宜小于 $2D$（D 为最大骨料粒径）。

（3）埋设喷射层厚度标志

每次不能喷得太厚。一次喷射厚度见表 5-27。在喷射前应埋设喷射层厚度的标志，以方便喷射施工和保证喷射质量。

表 5-27　喷射混凝土一次喷射厚度

喷射方向	一次喷射厚度/mm	
	加速凝剂	不加速凝剂
向上	50～70	30～50
水平	70～100	60～70
向下	100～150	100～150

（4）喷射

喷射混凝土可分为干法喷射、湿法喷射和半湿法喷射三种。

所谓干法喷射，是将材料干拌和后，用气压把它以悬浮状态通过软管带到喷嘴，在距喷嘴口 25～30cm 处，将多股细水流加入料中进行混合，最后喷到喷射面上。

为了减少喷射粉尘，在喷嘴数米处供给压力水，这样拌和的材料为干料，而喷嘴喷出的材料为湿料。因此，这种方法称为半湿法。

所谓湿法喷射，是将干料与水搅拌后，用泵将湿料送至喷嘴，在喷嘴处加入速凝剂后，用气压将混凝土喷出。

干法喷射具有材料输送距离长，能喷射轻型多孔集料等优点；其缺点是回弹大，粉尘较大。湿法喷射具有用水量及配合比控制较准确，材料能充分搅拌，回弹小，节约材料，粉尘较小等优点；其缺点是输送的混合料含水量较大，因而其强度、抗渗性、抗冻性受到一定的影响。在结构的修理加固中，干法喷射用得较为普遍。

① 干法喷射工艺如下。

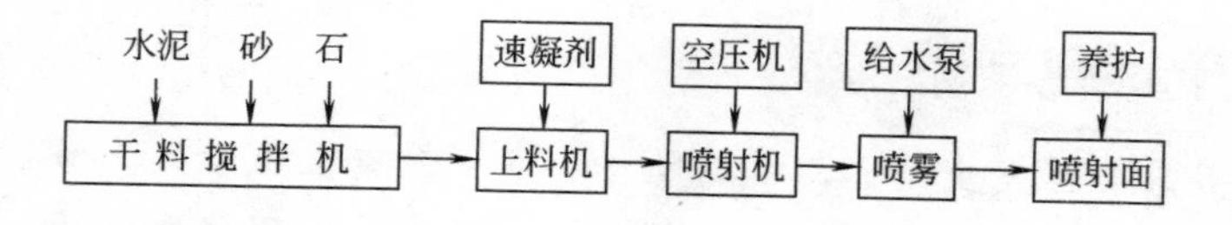

干法喷射的质量控制应注意以下几点。

a. 骨料的级配要好。

b. 混合物在进入喷嘴与水混合之前，其含水率控制为 2%～

5%，如果小于 2%，会增大粉尘；若大于 5%，易造成管道堵塞。

c. 喷嘴距喷面应保持 0.9～1.2m 的距离。

② 湿法喷射工艺如下。

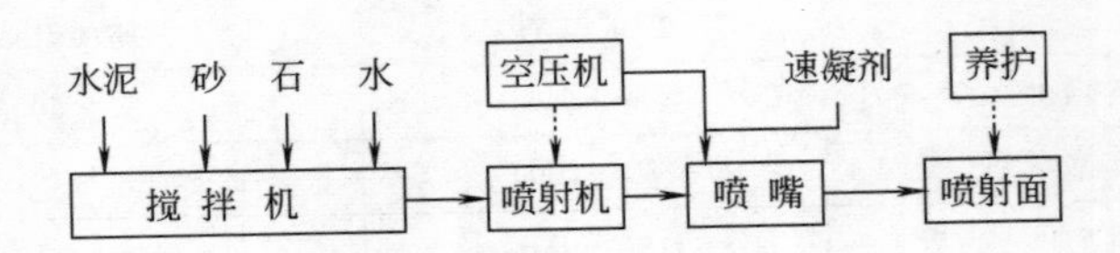

湿法喷射工艺既可用于细石混凝土的喷射，也可用于水泥浆的喷射。

③ 喷射施工时应注意如下几点。

a. 水灰比是控制混凝土强度的关键因素，应控制为 0.35～0.5。当水灰比小于 0.35 时，强度会急剧降低，喷射面出现干斑；当水灰比大于 0.5 时，会出现流淌、下坠现象。

b. 喷枪与受喷面之间的距离应为 1m 左右。距离过大或过小都会增加回弹量。

c. 喷射机使用压力为喷射枪处气压与输送管道内气压损失之和。喷枪处气压一般以 0.1～0.13MPa 为宜。

d. 当喷枪与受喷面相垂直时，回弹最小，喷射密度最大。

(5) 养护　对于喷射薄层混凝土，尤其对于砖砌体的喷射混凝土加固层，喷射施工完毕后，加强养护是非常重要的。第一次洒水养护一般应在喷射后 1～2h 进行，以后的洒水养护应以保持表面湿润为度。

3. 工程实例

【实例 5-75】

某轧钢厂发生火灾，Ⅰ类烧伤的梁板混凝土保护层严重脱落，露筋面积达 25%～70%，局部达 90%。混凝土碳化深度为 50～70mm。钢筋和混凝土黏结受到严重破坏，估计钢筋强度降低 20%～30%。Ⅱ类烧伤的梁板结构，部分保护层混凝土脱落，碳化深度 15～40mm，估计钢筋强度降低 10%～15%。Ⅲ类烧伤的构件碳化深度小于 25mm，估计钢筋强度降低 5%～10%。

经论证后，决定用干法喷射混凝土进行加固。加固措施和施工工艺如下。

① 将烧伤梁板中已碳化的混凝土层凿除。Ⅰ类烧伤梁的最大凿深达 70mm，Ⅱ类烧伤梁底面至少凿去保护层混凝土，Ⅲ类烧伤梁视烧伤情况，做局部清除。

② 对Ⅰ类烧伤板增配 20%～30%的下部钢筋，新加受力钢筋采用Φ10@1250。板底喷射 C25 级细石混凝土，喷射厚度按 15mm 钢筋保护层的要求确定。对Ⅱ类烧伤板不再补配钢筋，在板底喷射厚 15～20mm 的细石混凝土。

③ 对Ⅰ类烧伤梁增配 2Φ28 纵向钢筋，用 100mm 长的短钢筋头与原主筋焊接，间距为 750mm，梁底喷射厚度为 50～60mm 的 C25 级钢纤维细石混凝土，梁两侧喷射比原梁厚 15～20mm 的 C25 级细石混凝土。Ⅱ类烧伤的梁，经验算没有补配纵筋，在梁底喷射比原梁厚 30～35mm 的 C25 级细石混凝土，梁两侧喷射比原梁厚 15～20mm 的细石混凝土。

④ 采用 0.4m^3 的单罐式喷射机施工，喷射时先喷射主、次梁的底面，再喷射主、次梁的侧面和楼板底。为使梁的棱角清晰，在喷射底面前应在梁侧支设模板；在喷射侧面前，应在梁底支模。板面喷射时，喷射起伏差不超过 15mm。

⑤ 细石混凝土的配合比为水泥：砂：石＝1：2：2。速凝剂掺量占水泥质量的 3%～4%。钢纤维混凝土中的钢纤维直径为 0.3～0.6mm，长度为 20～25mm，每立方米混凝土中掺入 80kg。

经上述方法加固后，该建筑物使用五年后效果良好。

四、外包混凝土加固技术

1. 加固方法

经外包混凝土加固后，增大了构件的截面面积和配筋量，可以较多地提高构件的承载力和刚度。常用来加固柱、梁、板、屋架弦杆和腹杆及连接节点等。

外包混凝土加固受压构件的方法有四周外包加固、单面加固和双面加固等几种。如果构件仅是受压边较薄弱，可仅对受压边加固

[图 5-110 (d)]；反之，可对受拉边加固 [图 5-110 (e)]；不少情况下，采用双面加固或四周外包混凝土加固 [图 5-110 (a)、(b)、(c)、(f)]。

外包混凝土加固受弯构件的方法有受压区加固和受拉区加固两种（图 5-111）。

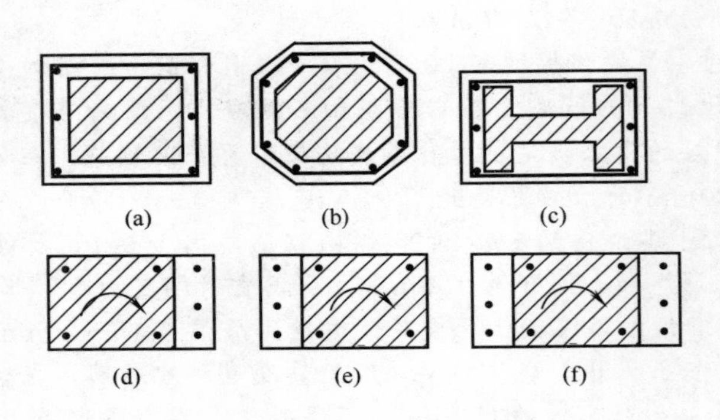

图 5-110　外包混凝土加固受压构件

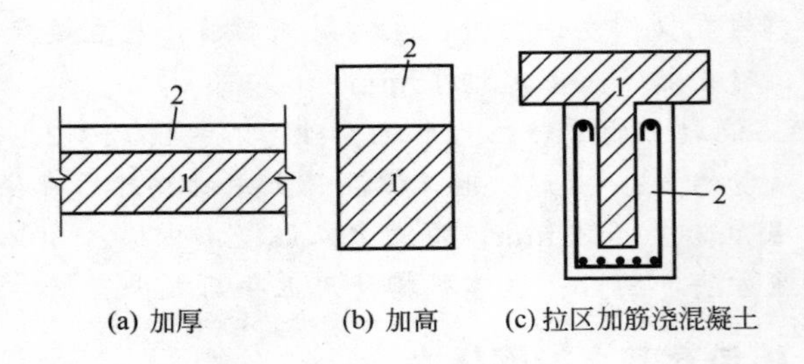

图 5-111　外包混凝土加固受弯构件
1—原构件；2—后浇混凝土

2. 构造及施工要求

加固构件的构造设计及施工要求注意如下几点。

① 新浇混凝土的最小厚度，加固板时为 4cm，加固柱时为 6cm（用喷射混凝土施工时为 5cm）。

② 加固钢筋直径。加固板时一般为Φ6、Φ8；加固钢筋最小直径对于梁为Φ12，对于柱为Φ14；最大直径不宜大于Φ25；封闭箍筋直径不宜小于Φ8。

③ 新增纵向受力钢筋两端应可靠锚固。加固框架柱时，受拉钢筋不仅应锚入基础，且不得在楼板处切断。受压钢筋应有50%穿过楼板。

④ 新浇混凝土的强度等级不低于C20级，且宜比原构件设计的强度等级提高一级。

⑤ 在施工前应尽量减小原构件的负荷，若施工时原构件的负荷不能降低到原构件承载力的60%之内，应采用临时预应力支撑进行卸荷。

⑥ 原构件在新旧混凝土结合部位的表面应凿毛、洗净。

⑦ 采用单面或双面加固法加固柱时，只有在原构件表面处理及增补纵筋与原纵筋的连接满足下述要求的条件下，才能按本节介绍的整体截面工作情况处理。

a. 原构件表面凿毛的要求为：板、柱表面凹凸不平度不小于4mm。

b. 当采用夹焊法将增补筋夹焊在原柱（或梁）的纵筋上时[图5-112（c）]，夹焊用的连接短钢筋头的直径不应小于20mm，长度不小于$5d$（d为新增纵筋和原纵筋中较小的直径），各短筋间

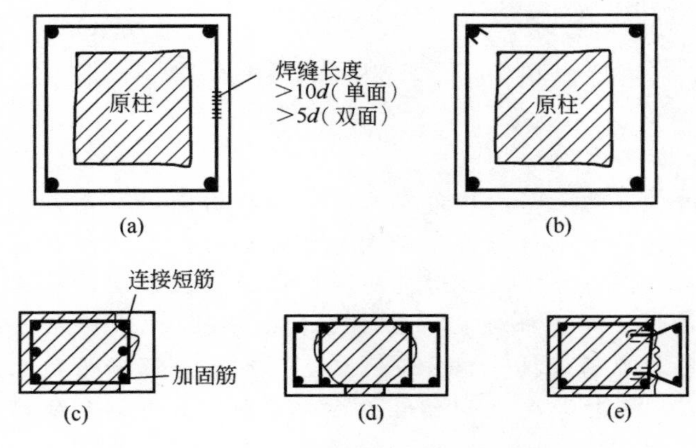

图5-112　补浇混凝土层的构造

距不宜小于 500mm。

c. 当采用 U 形箍筋固定新增纵筋时，U 形箍筋与原柱的连接可用焊接法［图 5-112（d）］，也可采用锚固法［图 5-112（e）］。

3. 工程实例

【实例 5-76】

某厂的五层现浇框架厂房，在施工第二层时，因吊运大构件时带动了框架模板，导致该层框架柱倾斜。经复核，必须对部分柱进行加固。其中某边柱的加固计算如下。

（1）设计资料

该柱截面尺寸为 400mm×600mm，C20 级混凝土，层高 $H=5.0\text{m}$，原设计外力 $N_0=600\text{kN}$，$M_0=360\text{kN}\cdot\text{m}$，配筋为 4Φ20（$A_s=A_s'=1256\text{mm}^2$）。因倾斜而产生的附加设计弯矩 $\Delta M=50\text{kN}\cdot\text{m}$。

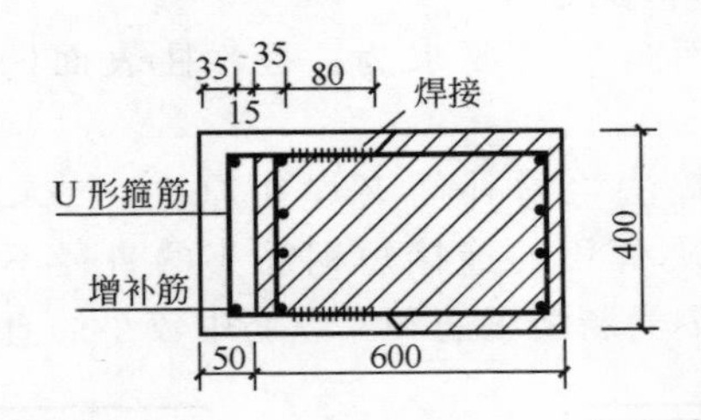

图 5-113 某加固柱的截面示意图

（2）加固方法

因附加弯矩是单向的，故采用单面加固法，即先将原柱受拉边混凝土面层凿毛（凸凹不平度大于 6mm），并将原柱箍筋凿露出 80mm，将增补的Φ8U 形箍筋焊接在原柱箍筋上，将纵筋穿入 U 形箍筋内，并进行绑扎（如图 5-113 所示），然后在纵箍两端用短钢筋与原筋焊接［如图 5-112（c）所示］。最后喷射 C25 级细石混凝土，喷射厚度为 50mm 左右。喷射时，对倾斜的柱适当进行纠偏。

五、外包钢加固技术

1. 加固方法

外包钢加固就是在构件外包型钢的一种加固方法（图 5-114）。习惯上将其分为干式外包钢加固和湿式外包钢加固两种。

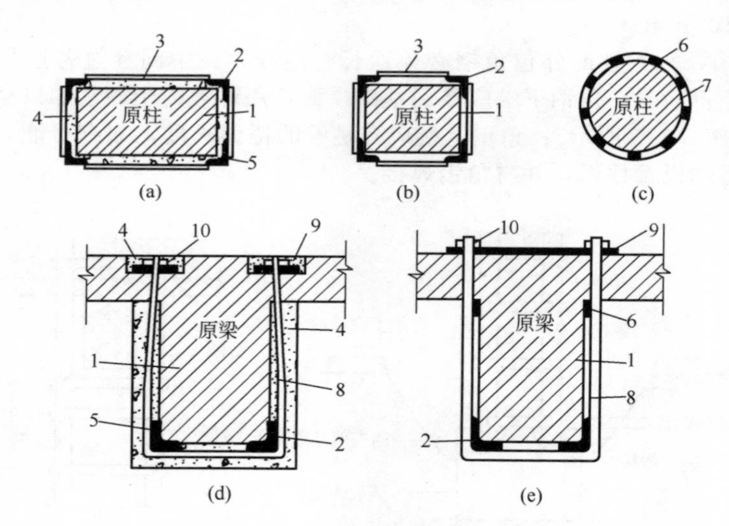

图 5-114　外包钢加固混凝土构件示意

1—原构件；2—角铁；3—缀板；4—填充混凝土或砂浆；5—胶黏剂；6—扁铁；7—套箍；8—U 形螺栓；9—垫板；10—螺帽

干式外包钢加固，就是把型钢直接外包于原构件（与原构件间没有粘接），或虽填塞有水泥砂浆，但不能保证结合面剪力有效传递的外包钢加固方法［图 5-114（b）、（c）、（e）］。湿式外包钢加固，就是在型钢与原柱间留有一定间隙，并在其间填塞乳胶水泥浆或环氧砂浆或浇灌细石混凝土，将两者粘接成一体的加固方法［图 5-114（a）、（d）］。

通常，对梁多采用单面外包钢加固，对柱常用双面外包钢加固。

外包钢加固的优点是，构件的尺寸增加不多，但其承载力和延性却可大幅度提高。

2. 构造及施工要求

采用外包钢加固应符合如下要求。

① 外包角钢的边长，对柱不宜小于 75mm，对梁及桁架不宜小于 50mm。缀板截面不宜小于 25mm×3mm，间距不宜大于 $20i$（i 为单根角钢截面的最小回转半径），同时不宜大于 500mm。

② 加固柱的外包角钢必须通长、连续，在中间穿过各层楼板时不得断开；角钢下端应伸到基础顶面，用环氧树脂砂浆加以粘锚（如图 5-115 所示）；角钢上端应有足够的锚固长度，如有可能，应在上端设置柱帽，并与角钢焊接。

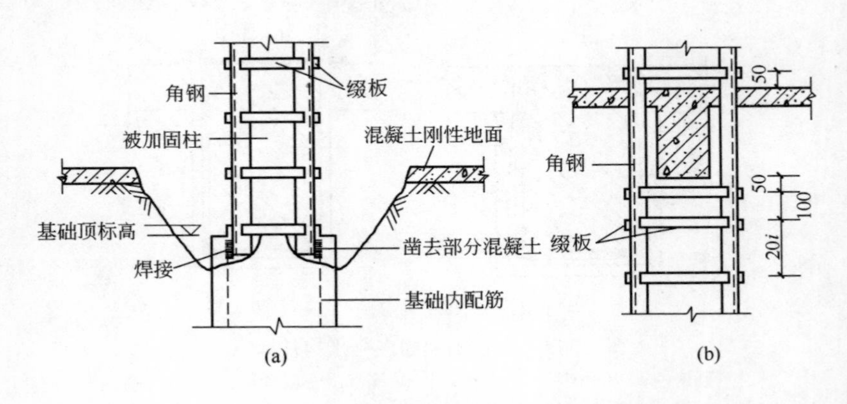

图 5-115　外包钢穿过楼板及底脚的锚固方法

③ 加固梁的外包角钢，两端应有可靠的连接，并有一定的锚固（传力）长度。

④ 当采用环氧树脂化学灌浆外包钢加固时，缀板应紧贴混凝土表面，并与角钢平焊连接。焊好后，用环氧胶泥将型钢周围封闭，并留出排气孔，然后按本节所述方法进行灌浆粘接。

⑤ 当采用乳胶水泥砂浆粘贴外包钢时，缀板可焊于角钢外面。乳胶含量应不少于 5%。

⑥ 型钢表面宜抹厚 25mm 的 1∶3 水泥砂浆保护层，也可采用其他饰面防腐材料加以保护。

3. 工程实例

【实例 5-77】

工程概况、事故原因同［实例 5-76］，现将其改用湿式外包钢法进行。

(1) 加固工艺

① 用手持式电动砂轮将原柱面打磨平整，四角磨出小圆角，并用钢丝刷刷毛，用压缩空气吹净。

② 刷环氧树脂浆一薄层，然后将已除锈并用二甲苯擦净的型钢骨架贴附于柱表面，用卡具卡紧。

③ 将缀板紧贴在原柱表面并焊牢。

④ 用环氧树脂胶泥将型钢周围封闭，留出排气孔，并在有利灌浆处粘贴灌浆嘴，间距 2～3m。

⑤ 待灌浆嘴牢固后，测试是否漏气。若无漏气，用 0.2～0.4MPa 的压力将环氧树脂浆压入灌浆嘴。

⑥ 在加固柱面喷射配比为 1∶2 的水泥砂浆。

(2) 材料选用

根据构造，角钢选用 4∟75×5。缀板截面选用 25mm×3mm，间距取 $20i=20\times15=300$ (mm)。

【实例 5-78】

某多层化学工业房屋为现浇钢筋混凝土框架结构，共六层，房屋顶标高 27.400m，屋顶上布置有多榀四层钢框架，钢框架顶标高 43.300m。

梁的截面尺寸为 300mm×900mm，跨度为 7500mm，简支梁，混凝土强度等级 C40，楼板厚度 150mm。梁箍筋直径 10mm，间距 200mm，双肢箍，钢筋种类为 HPB300。经计算截面受压力的翼缘宽度 $b_f'=1290$mm。梁在自重作用下跨中最大弯矩 $M_1=183$kN·m。

(1) 事故原因

房屋施工完毕后，楼面荷载发生了较大的变动，主要是一些设备重量和楼面可变荷载大幅度增加。在房屋标高 8.4mm 的楼层上（第三层楼面），其中一台设备的重量由原设计的重量 900kN 改为 1500kN，同时楼面的可变荷载也有较大的增加。其中一根梁按原来荷载设计的抗弯承载力为 717.6kN·m，荷载增大后经计算梁跨中最大弯矩 $M_3=1916\text{kN}\cdot\text{m}$，是原设计的梁抗弯承载力的 2.67 倍。荷载增大后的支座剪力为 953kN。

（2）事故处理

由于梁的最大弯矩大大超过抗弯承载力，所以采用 H 型钢进行加固，钢材牌号为 Q345 钢。加固图如图 5-116 所示。加固过程和注意事项如前面所述。U 形螺栓采用普通螺栓，A 级，性能等级为 5.6 级，直径 22mm，间距 150mm。H 型钢为焊接 H 型钢，钢材牌号为 Q345 钢，高度 180mm。翼缘板厚度 20mm，腹板厚度 18mm。化学螺栓 M16，间距 150mm。加劲肋板厚度 10mm，间距 150mm。

图 5-116 中所采用的 H 型钢及其尺寸是由几种尺寸进行试算而最终确定的。H 型钢基本上都是焊接 H 型钢，因为要求 H 型钢的宽度较大，很难从国家标准中选到合适的型钢规格。

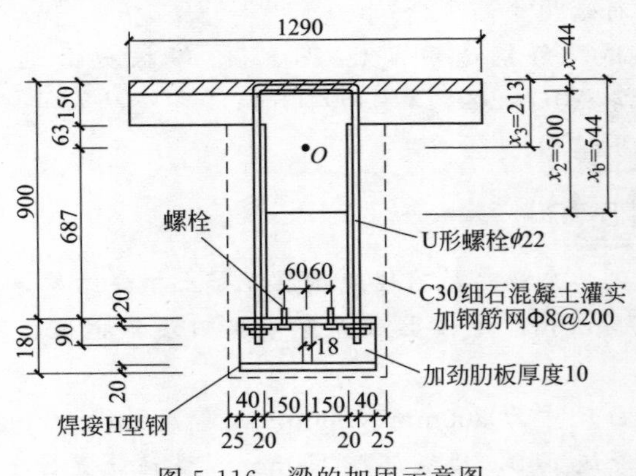

图 5-116　梁的加固示意图

（1）抗弯承载力简化计算

经计算，梁在自重作用下混凝土受压区高度 $x_1=9.0\text{mm}$。界限受压区高度计算，H 型钢钢材牌号为 Q345 钢，可查表得 $\xi_b=$

0.550。$h_0=900+90=990$（mm），则

$$X_b=0.550\times990=544\ (\text{mm})$$

加固完毕并增大荷载之后的可利用的混凝土最大受压区高度 X_2：

$$X_2\approx544-9.0-35=500\ (\text{mm})$$

可利用的混凝土受压区面积：

$$A_1=106\times1290+394\times300=254940\ (\text{mm}^2)$$

根据《混凝土结构设计规范》（GB 50010—2010），$\alpha_1=1.0$，混凝土强度等级 C40，$f_c=19.1\text{N/mm}^2$，则混凝土抗压承载力：

$$N_1=1.0\times19.1\times254940=4869354(\text{N})$$

根据《钢结构设计规范》（GB 50017—2003），H 型钢为 Q345 钢，其抗拉强度设计值 $f=295\text{N/mm}^2$，则 H 型钢的抗拉承载力：

$$\begin{aligned}N_2&=[20\times420+20\times(420-24\times2)+18\times140]\times295\\&=18360\times295=0.54162\times10^7(\text{N})\end{aligned}$$

$N_2>N_1$，按照 N_1 来算 M_2。

$$x_3=\frac{106\times1290\times97+394\times300\times\left(\dfrac{394}{2}+150\right)}{254940}=213\ (\text{mm})$$

$$S_1=990-213=777\ (\text{mm})$$

取 $\mu=0.5$

$$\begin{aligned}M_2&=4869354\times777\times0.5=1891.744\times10^6\ \ (\text{N}\cdot\text{mm})\\&=1892\ (\text{kN}\cdot\text{m})\end{aligned}$$

计算出梁加固后最大抗弯承载力：

$$M=183+1892=2075\ (\text{kN}\cdot\text{m})>1916\text{kN}\cdot\text{m}$$

考虑到该梁上作用的荷载变化太大和它的重要性，所以取降低系数 0.5。

（2）受剪承载力近似计算

按照《混凝土结构设计规范》（GB 50010），$f_t=1.71\text{N/mm}^2$，$f_{yv}=210\text{N/mm}^2$。$b=300\text{mm}$，$h_{0c}=833\text{mm}$，$s_0=200\text{mm}$，$A_{sv1}=78.5\text{mm}^2$，$n=2$，$a_0=150\text{mm}$，$A_2=380.1\text{mm}^2$。按照《钢结构设计规范》（GB 50017）$f_t^b=210\text{N/mm}^2$，$f_v=170\text{N/mm}^2$。计算受剪

承载力近似值，取 $\mu=0.5$：

$V_0=0.7\times1.71\times300\times833+1.25\times210\times(2\times78.5)/200\times833+[210\times(2\times380.1)/150\times833+18(180-40)170]0.5=470.78+657.473=1128.253$ (kN)＞953kN，可以。

从计算结果可以看出，原梁受剪承载力 470.78kN＜953kN，不可以。

（3）挠度近似计算

首先把 H 型钢截面积按钢材与混凝土弹性模量的比值 α 换算为混凝土截面宽度后，再计算整个截面的惯性矩。

$$\alpha=(206\times10^3)/(32.5\times10^3)=6.338$$

把 H 型钢截面积换算成混凝土梁截面的下翼缘宽度：

$$B'=(18360\times6.338)/180=646\ (\text{mm})$$

梁截面尺寸如图 5-117 所示。

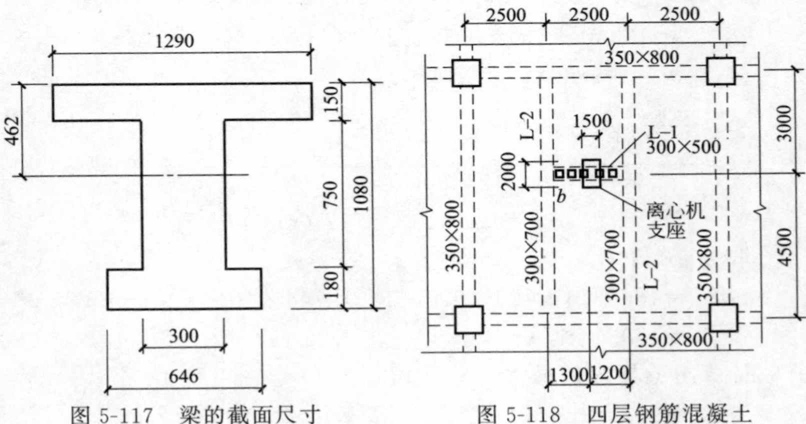

图 5-117 梁的截面尺寸

图 5-118 四层钢筋混凝土框架结构平面图

计算截面惯性矩 I：经计算梁截面重心轴到梁上翼缘的距离 $S_0'=462\text{mm}$，$I=0.154\text{m}^4$（计算过程从略）。$E_c=0.325\times10^5\text{N/mm}^2=0.325\times10^8\text{kN}\cdot\text{m}^2$。折减刚度 $B=0.8\times0.154\times0.325\times10^8=0.4\times10^7$ $(\text{kN}\cdot\text{m}^2)$。

该梁上作用的标准荷载简化为均布标准荷载 $q=227.08\text{kN/m}$。跨中最大挠度为

$$f=(5\times227.08\times7.54)/(384\times0.4\times10^7)=0.0023\ (\mathrm{m})$$

$$f/L=0.0023/7.5=1/3261$$

【实例 5-79】

某生产房屋为四层钢筋混凝土框架结构，层高分别为 5.0m、5.0m、4.5m 和 4.5m，基本柱网 7.5m×7.5m，混凝土强度等级为 C30，楼板厚度为 100mm，20mm 厚水平砂浆找平层。在标高 10.00m 处，增加一台离心机，布置在楼板上。在离心机楼板的下面，需要新浇筑一根钢筋混凝土梁 L-1，见图 5-118。以下对 L-1 进行振动计算。

(1) 计算条件

离心机和电动机转速为 1500r/min，离心机重 16.1kN，电动机重 5.0kN，离心机扰力 10.0kN，电动机扰力较小可以忽略不计，竖向允许振动线位移为 0.07mm。以上数据及要求均由设备制造厂家提供。L-1 截面 300mm×500mm，设备支座尺寸为 300mm×1500mm×2000mm。

(2) 荷载

活荷载取 $1.0\mathrm{kN\cdot m^2}$（仅用于振动计算）。

梁均布自重 $(0.12+0.5)\times0.3\times25=4.65\ (\mathrm{kN/m})$

设备支座重 $1.5\times2.0\times0.3\times25=22.5\ (\mathrm{kN})$

楼板均布重　　$0.12\times25=3\ (\mathrm{kN/m^2})$

均布线荷载　$q=(1.0+3.0)\times2+4.65=12.65\ (\mathrm{kN/m})$

集中荷载　$P_1=16.1+5+22.5=43.6\ (\mathrm{kN})$

(3) 自由振动频率计算

计算简图如图 5-119 (a) 所示，按弹性支座考虑。L-1 截面惯性矩 $I=(1/12)\times0.3\times0.5^3\times1.5=0.004688\ (\mathrm{m^4})$，混凝土强度等级 C30，弹性模量 $E_c=0.3\times10^8\ (\mathrm{kN/m^2})$。

计算 L-1 梁支座处（在 L-2 梁的 b 点）的弹性刚度 r_0。L-2 梁截面惯性矩 $I=1/12\times0.3\times0.7^3\times2=0.01715\ (\mathrm{m^4})$。在 L-2 梁 b 点 1.0kN 作用下的位移倒数为 L-1 梁支座弹性刚度 r 为：

$$r=(3\times0.3\times10^8\times0.01715\times7.5)/4.5^2\times3.0^2=63519\ (\mathrm{kN/m})$$

见图 5-119（b）。

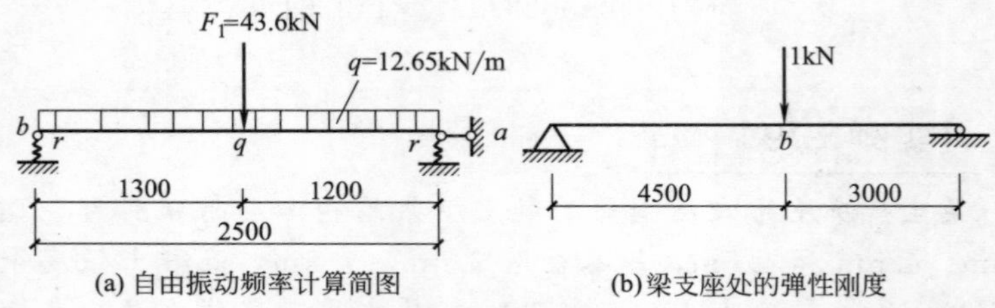

(a) 自由振动频率计算简图 (b)梁支座处的弹性刚度

图 5-119 计算简图

集中质量 $m_1=43.6/9.81=4.444$（t）

均布质量 $m_u=12.65/9.81=1.29$（t/m）

$$\alpha_L=\frac{\dfrac{2.5^7}{4744(0.3\times10^8\times0.004688)^2}+\dfrac{2.5^2}{96\times0.3\times10^8\times0.004688\times63519}+\dfrac{2.5}{4\times63519^2}}{\left(\dfrac{2.5^3}{48\times0.3\times10^8\times0.004688)}+\dfrac{1}{2\times63519}\right)^2}=1.995$$

$$\alpha_1=\left[\frac{63519\times(3\times2.5^2\times1.2-4\times1.2^3)-12\times0.3\times10^8\times0.004688}{63519\times2.5^3+12\times0.3\times10^8\times0.004688}\right]^2=0.998$$

$$m_s=1.29\times1.995+4.444\times0.998=7.009\ (\text{t})$$

$$\omega=\sqrt{\frac{1}{7.009\times\left(\dfrac{2.5^3}{48\times0.3\times10^8\times0.004688}+\dfrac{1}{2\times63519}\right)}}=118.349\ (\text{rad/s})$$

离心机扰力圆频率 $\theta=0.105\times1500=157.5$（rad/s）。$\theta/w=157.5/118.349=1.33>1.25$，即在共振区外工作，可以不考虑阻尼的作用。因为 θ/w 已大于 1.25，所以就没有必要再按矩形截面计算的惯性矩来计算振动了。

（4）竖向振动线位移计算

计算图 5-119（a）a 点处的竖向振动线位移，在 a 点 1.0kN 作用下的位移 δ：

$$\delta=\frac{1.3^2\times1.2^2}{3\times0.3\times10^8\times0.004686\times2.5}+\frac{1.3}{63519\times2.5}+\frac{1.2-1.3}{63519\times2.5}\times\frac{1.2}{2.5}$$
$$=0.1019\times10^{-4}\ (\text{m})$$

计算公式参见《工程振动与控制》。

在 a 点的振动位移 A_a 为：

$$A_a=0.1019\times10^{-4}\times10.0\times\frac{1}{1-\frac{157.5^2}{118.349^2}}=0.78\times10^{-4}\,m=0.078mm$$

(5) 构造

沿梁 L-1 的跨度方向在楼板上开孔，大小为 120mm×120mm，共 7 个，均布，利用这些孔浇筑混凝土，并在孔内放置抗剪角钢∟56×8，长 300mm。计算梁的承载力时，截面为 300mm×500mm。经计算下部纵向受拉钢筋为 4 根直径 16mm 的钢筋，上部采用 2 根直径 14mm 的钢筋，钢筋种类均为 HRB335，分别焊在 H 型钢的上、下翼缘板上。箍筋直径 8mm，间距 200mm，双肢箍。短 H 型钢采用焊接 H 型钢，截面高 370mm，宽 250mm，上、下翼缘板厚 10mm，腹板厚 8mm，长 150mm。梁端最大剪力为 60.429kN，计算梁的弯矩和剪力时，离心机和电动机的重量均已乘以动力系数 3.0。梁 L-1 与 L-2 梁的连接见图 5-120。

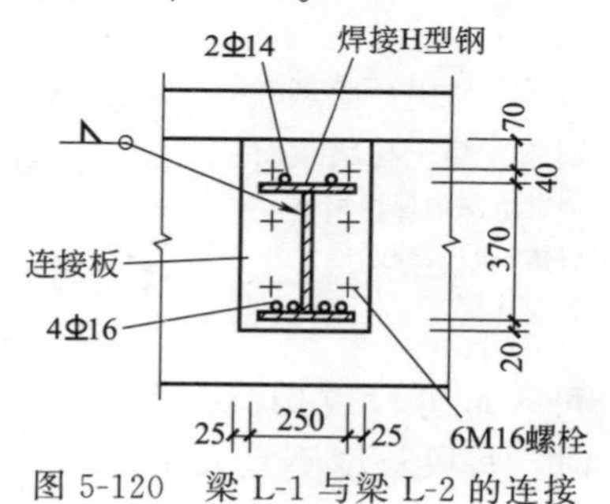

图 5-120 梁 L-1 与梁 L-2 的连接

六、结构改造托换加固技术

建筑物上部结构改造托换加固包括增加层高、改变开间或进深、墙体开设洞口等。

1. 结构改造托换方法的选择

① 增加层高可采用下列托换技术。建筑物某层增加层高时，可采用整体顶升。顶升的设计与施工可按国家现行标准《建筑物移位纠倾增层改造技术规范》（CECS 225）中升降移位的要求进行。

建筑物局部增加层高时，可采用局部顶升法、抽梁法、抽墙法和抽柱法处理。

② 建筑物改变开间或进深可采用抽墙法、抽柱法处理。

③ 建筑物墙体开设洞口时，可按下列规定采用相应托换技开设洞口，宽度为 1.5～2.4m，且宽度不大于墙体长度的 1/2 时，应对洞口上方的墙体进行支顶，应加设过梁与边框柱；开设洞口宽度大于 2.4m 或宽度大于墙体长度的 1/2 时应按抽墙法进行托换。

④ 采用抽墙法进行托换时，宜符合下列规定。

a. 托换构件可采用钢筋混凝土夹墙梁、钢筋混凝土矩形截面梁（图 5-121）、钢托梁等。

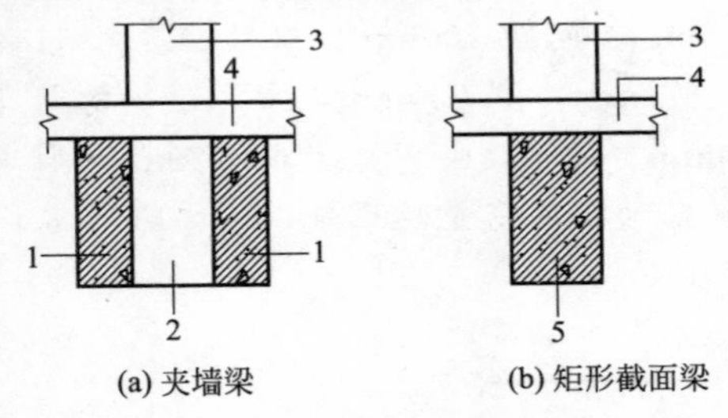

图 5-121 抽墙法钢筋混凝土托梁截面

1—夹墙梁；2—夹墙梁范围内保留墙体；3—上层保留墙体；4—楼板；5—矩形截面梁

b. 采用钢筋混凝土夹墙梁时，在欲拆除墙体上端两侧设置钢筋混凝土夹墙梁，在夹墙梁的两端设置钢筋混凝土边柱。在夹墙梁范围内隔 1～1.5m 设置拉梁（图 5-122），拉梁截面宽度不宜小于 250mm，高度不宜小于夹墙梁高度。

c. 当采用钢筋混凝土矩形截面托梁时，可采取分段或掏洞设置支撑后做托梁的施工方法。支撑分段施工时，每段长度不宜大于 1m，且不大于墙体长度

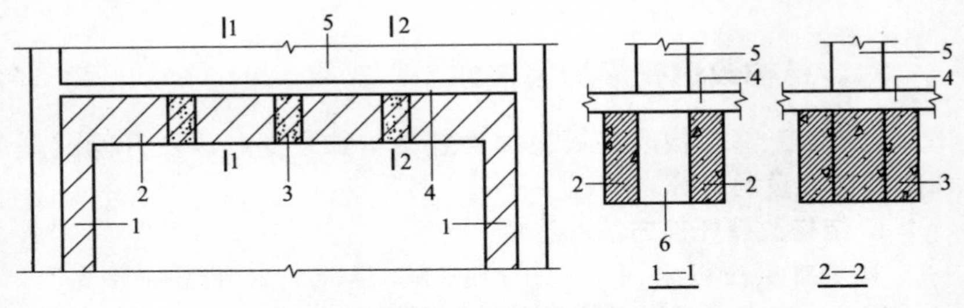

图 5-122 夹墙梁法

1—边框柱；2—夹墙梁；3—拉梁；4—楼板；5—上层保留墙体；6—夹墙梁范围内保留墙体

的 1/3；掏洞设置支撑时，支撑间距不宜大于 1m 。

⑤ 采用抽柱法进行托换时，应符合下列规定。在欲拆除柱上端，根据空间情况可在梁板下或梁板上设置托换结构。根据托换结构所承担的欲拆除柱荷载及梁跨度，可选用钢筋混凝土梁、预应力钢筋混凝土梁、钢桁架、钢筋混凝土桁架或整层高的 X 形支撑托架等托换结构（图 5-123～图 5-125）托换结构宜利用原梁的承载力，必要时应对原梁进行加固处理。

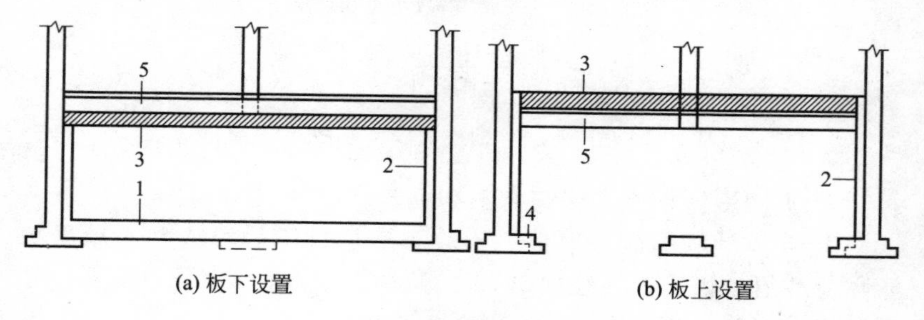

图 5-123　钢筋混凝土托梁托换

1—新设基础梁；2—端柱；3—托梁；
4—扩大基础；5—原梁、楼板

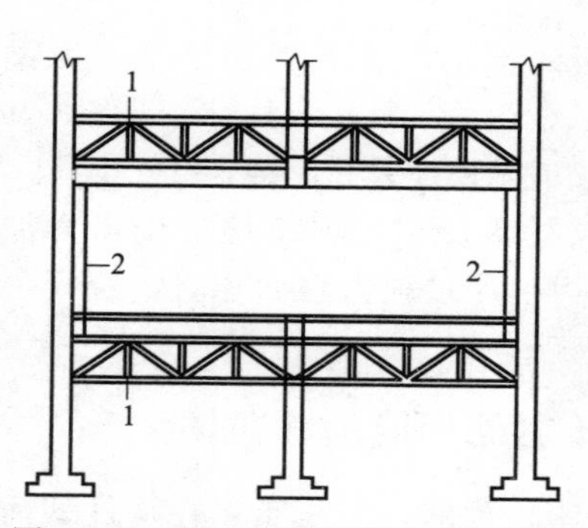

图 5-124　钢、钢筋混凝土桁架托换

1—钢（钢筋混凝土）桁架；2—端柱

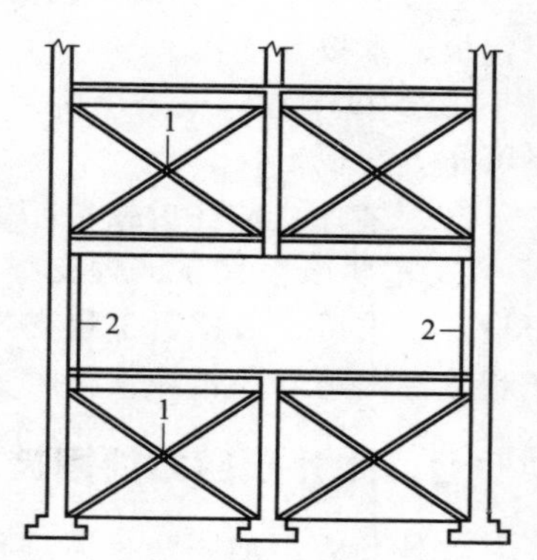

图 5-125　X 形支撑托架托换

1—X 形支撑钢托架；2—端柱

抽柱法的施工顺序应按图 5-126 的程序进行。

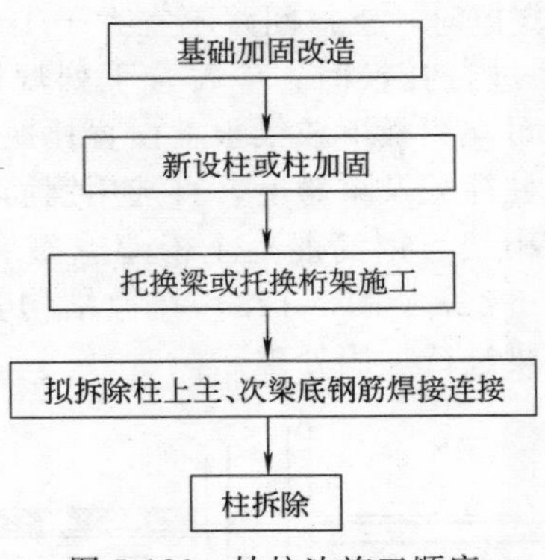

图 5-126 抽柱法施工顺序

2. 支撑设计与施工应符合下列规定

① 支撑计算的荷载取值，不应小于欲拆除墙段或柱子承受的实际荷载值。当支撑在地面时，支撑的地基应进行承载力验算，必要时应设临时基础。

② 应根据支撑力验算上、下端原有梁（板）的剪切（冲切）承载能力。

③ 支撑构件可根据荷载情况选用钢管、圆木等，上、下端应用钢板、木板等垫板。

④ 支撑布置应根据上部梁、板的情况，宜布置在梁下，无梁时可布置在板下。

⑤ 支撑下端应在相对方向用铁楔或木楔楔紧并焊接（钉）牢固。

⑥ 重要工程宜在工程支撑旁设置千斤顶临时支撑。支顶力加至设计要求后，应楔紧工程支撑。当千斤顶顶力值回零时，应固定工程支撑，再卸除千斤顶临时支撑。

七、体外预应力加固技术（主动托换加固方法）

体外预应力加固法是通过布置体外预应力束（布置在构件截面之外的后张预应力筋及外护套等）并施加预应力，使既有结构构件的受力得到调整、承载力得到提高、使用性能得到改善的一种主动加固方法。以无粘接钢绞线为预应力下撑式拉杆时，宜用于连续梁和大跨简支梁的加固；以普通钢筋为预应力下撑式拉杆时，宜用于一般简支梁的加固；以型钢为预应力撑杆时，宜用于柱的加固。本方法不适用于素混凝土构件（包括纵向受力钢筋一侧配筋率小于0.2%的构件）的加固，采用体外预应力方法对钢筋混凝土结构、构件进行加固时，其原构件的混凝土强度等级不宜低于C20。

体外预应力加固技术的体外预应力结构体系见图5-127，是指对布置于承载结构或构件主体之外的预应力筋施加预应力所形成的预应力结构体系，属于后张预应力结构体系。

体外预应力结构体系主要包括筋材、防护体系、锚固装置、转向装置。

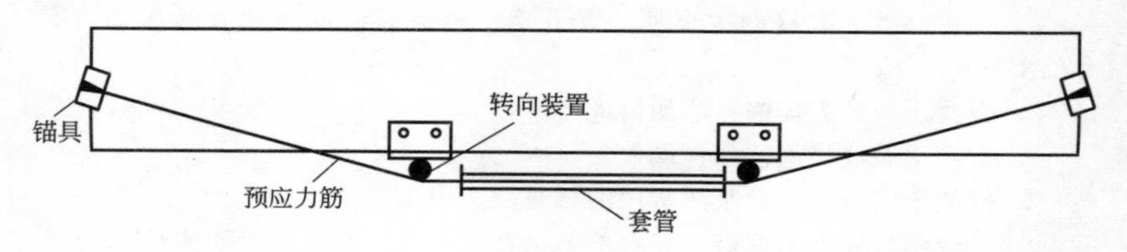

图5-127 体外预应力结构体系示意

另外，对于普通的体外预应力体系，当所需施加的预应力较小时，还会设置简易的预应力张拉和调节装置。

【实例5-80】 桥梁体外预应力加固

广州某市一双曲拱桥建于20世纪末，上部结构为1孔42m的六肋五波空腹式钢筋混凝土双曲拱，下部结构为重力式桥台，桥面宽度约7m，桥梁全长55m。

（1）加固原因

① 实腹段下挠20cm；

② 主拱圈开裂，四分点至拱顶拱肋底面大的裂缝宽度达0.62mm，四分点至拱脚主拱圈顶面裂缝宽度达1.20mm。

主拱圈裂缝超过限值，经桥梁管理部门分析评定，该桥已属危桥。

（2）加固处理

根据病害发展情况，确定采取如下方案予以加固。

① 空腹段将主拱圈顶面凿毛后布设Φ10@20的防裂钢筋，浇

筑厚度为 10cm 的 C30 混凝土拱板。

② 在中轴下方增设折线式体外预应力钢绞线。主拱圈每一单元布设 ϕ15.24mm 的钢绞线两根，单根拉力为 120kN，钢绞线总拉力为 1200kN。

加固后，该桥主拱圈大的裂缝由 0.62mm 减小到 0.16mm，有效地控制了危害的发展，满足正常使用要求。

思考题

1. 常见钢筋混凝土工程质量事故种类有哪些?

2. 产生混凝土裂缝的主要原因是什么? 处理裂缝的方法及适用条件是什么?

3. 混凝土裂缝表面修补法如何进行?

4. 混凝土裂缝局部法如何操作?

5. 混凝土裂缝化学灌浆法常用的材料及适用条件是什么?

6. 危及结构安全的混凝土裂缝的结构补强，常用的方法有哪些?

7. 混凝土孔洞、露筋、缝隙夹渣层事故处理方法有哪些?

8. 混凝土结构补强加固技术可采用什么方法?

第六章

地面工程事故处理

人们对地面的使用要求越来越高，耐磨损、美观、易清洁是基本要求，并希望有防水、防潮、保温、隔热和隔声等功能。有的工程对地面还有特殊的使用要求，如防爆、防汞、防毒、防凉、防辐射、电磁屏蔽和防腐蚀等。地面是建筑室内六面体中使用率最高的一面，发现施工质量或质量缺陷问题均应及时认真处理，以满足设计要求和使用功能。

第一节　水泥地面和细石混凝土地面

一、水泥地面和细石混凝土地面裂缝

1. 底层地面裂缝

地面裂缝和室外散水坡、明沟、台阶、花台的裂缝，会影响建筑物的使用功能和美观。

（1）原因分析

① 基土和垫层不按规范规定回填夯实　一般多层建筑工程的基坑（槽）深度都大于 2m，在回填土前没有排干积水和清除淤泥，就将现场周围多余的杂质土一次填满基坑，仅在表面夯两遍，下部是没有夯实的虚土。

② 地面下的松软土层没有挖除　有的地面下基土是杂堆松土，有的是耕植土。地面施工前，将原土平整夯一遍，上面就铺垫层。由于基土不密实、不均匀，所以不能承托地面的刚性混凝土板块，板块在外力作用下弯沉变形过大，导致地面破坏和发生裂缝。

③ 垫层质量差　垫层用的碎石等质量低劣，如风化石过多，含泥量达 30%以上。有的用低强度等级的混凝土作垫层，混凝土

铺刮平整，与基土之间密实度差。靠墙边、柱边的垫层夯压不到边，又没有加工补夯密实。

④ 没有按规定留伸缩缝　大面积地面没有按规定留伸缩缝。有的面层与垫层的伸缩缝和施工缝不在同一条直线上，因伸缩不能同步，常沿错缝处裂缝。

(2) 处理方法

① 破损严重的地面需要查明原因　基土是松软土层时，要返工重做。挖除松软的腐殖土、淤泥层，选用含水量为19%～23%的黏土或含水量为9%～15%的砂质黏土作填土料。按规定分层夯填密实。用环刀法取样测试，合格后方可将其铺垫层夯实，确保表面平整，按要求做好面层。

② 局部破损　查清楚破损范围，在地面的破损周围弹好直角线，用切割机沿线割断混凝土，凿除面层和垫层，挖除局部松软土层，换土，分层夯填密实。垫层和重做的面层应和原地面材质相同、色泽一致、一样平整。

③ 裂缝不多，缝宽不大　先将缝隙清扫干净，用压力水冲洗晾干，用配合比为1∶4∶8的107胶∶水∶42.5级普通水泥的水泥浆，搅拌均匀，灌满缝隙，收水后抹平、刮光。

【实例6-1】

某仓库的地面垫150mm×150mm的方木作楞，楞上面堆放钢材。随着荷载加大，150mm高的楞木在受压后沉到和地面一样平。原因主要是基土没有夯压密实，地面混凝土浇筑在虚土上。地面受外荷载的作用局部弯沉破裂，影响使用。

经研究决定返工重做。挖除地面以下深1m左右的软土层。用含水率为15%左右的黏土作填土料，每层虚铺厚度为250mm，用蛙式打夯机打4遍，共分5层填平，每层用环刀法取样测试，合格后方可再填铺上层土。垫层面钉水平桩测水平，铺150mm厚的碎石垫层，夯实刮平。设面层混凝土分格缝板，浇水湿润，每一分格块内的混凝土要一次铺足刮平，不留施工缝。用平板振动器振实，及时用长刮尺刮平，并检查表面平整度，如有低洼处，随时用拌混凝土的水泥和砂拌制1∶2的水泥砂浆，水灰比不大于0.4，加浆刮平振实。靠分格缝板边、柱边、墙边，设专人负责拍平拍实，初凝前抹光，间隔时间要根据所用水泥品种、标号、环境气温高低等而定，以表面转白色收水、干湿度适宜，用木抹子由边向中间搓抹平整，用钢抹子收压抹光。当脚踩不下窝时，再压抹第二遍。终凝前，用钢抹子试抹，没有抹子纹时，用钢抹子全面压光。浇水湿养护不少于7d。认真保护成品不少于28d。

该地面到现在已使用多年没有发现裂缝、起砂等缺陷。

2. 楼层地面裂缝

(1) 沿预制楼板的平行裂缝

① 原因分析　该裂缝的位置多数离前檐墙2m左右，缝宽0.5～2mm者居多。裂缝的主要原因有：混合结构的地基纵横交接处的应力有重叠分布，该处地基承载力增加15%～40%，则持力层易产生不均匀沉降；檐墙上还有悬挑阳台、雨篷等荷载；安装预制楼板的支座面上坐浆不匀或不坐浆，因板端变形而导致板缝开裂；使用低劣的预制楼板；灌缝质量差，不能传递相邻板的内力。

② 处理方法

a. 裂缝数量较少、裂缝较细、楼面无渗漏要求时，可采用配合比为1∶4∶6的107胶∶水∶水泥浆灌注封闭，在灌注前扫刷干净缝隙，隔天浇水冲洗晾干，用搅拌均匀的聚合物水泥浆液沿板缝灌注，并用小木锤沿裂缝边轻轻敲打，使水泥浆渗透缝隙。当水泥浆收水初凝时，用小钢抹子刮平抹光。隔24h后喷水养护。

b. 对有防水要求裂缝的处理。扫刷干净所有缝隙内的积灰，用压力水冲洗后晾干，用氰凝浆液或环氧树脂浆液灌注缝隙，用小木锤沿缝隙边轻敲，使浆液渗透缝隙，把原有裂缝密封，凝固后成为不渗水的整体。

c. 裂缝宽大于1mm时，要凿开缝隙检查原有板缝的灌缝质量是否合格。如灌缝的砂浆或细石混凝土酥松，也应凿除并扫刷干净，用压力水冲洗晾干，用107胶∶水∶水泥为1∶4∶8的水泥浆刷板缝两侧，吊好板缝底模。随用水∶水泥∶砂∶细石子为0.5∶1∶2∶2的混凝土灌注板缝，插捣密实，拍平，用小钢抹子抹光，隔24h浇水养护，在浇水的同时检查灌缝的板底，不漏水为合格。

如发现漏水处，需返工重新灌注混凝土；再按原地面品种配制同品种、同颜色的砂浆、混凝土或石渣浆，按规定铺抹平整、拍实抹平、认真湿养护 14d 后方可使用。

（2）沿预制楼板端头的横向通长裂缝

裂缝位置：沿预制楼板支座上的裂缝，包括挑阳台、走道的裂缝。

裂缝宽度：上口宽 2～3mm，下口比上口缝窄。

① 原因分析

a. 预制楼板为单向简支板，在外荷载作用下，板中产生挠曲引起板端头的角变形，拉裂楼面面层。裂缝宽可用下式推导。

$$\theta=\frac{16}{5L}\times\frac{180}{\pi}\Delta Y \tag{6-1}$$

式中 L——构件长度，mm；

ΔY——挠度值，mm；

θ——转角度，(°)。

楼面裂缝宽用下式计算

$$\Delta_1=2\sin\theta h \tag{6-2}$$

式中 Δ_1——裂缝宽度，mm；

h——预制构件厚度，mm。

【实例 6-2】

板长 $L=3600$mm；板厚 $h=120$mm；板的允许挠度值为 $L/200$，则 $\Delta Y=3600/200=18$mm；考虑在地面施工后的挠度值 $\Delta Y=10$mm。

数据代入式（6-1）和式（6-2），有

$$\theta=\frac{16}{5\times3600}\times\frac{180}{\pi}\times10=0.509\ (°)$$

$$\Delta_1=2\sin0.509°\times120=2.13\ (\text{mm})$$

则缝宽 2.13mm。

b. 预制钢筋混凝土楼板在安装后的干缩值约 0.15‰，则 3600mm 长的板端头缝加宽值为

$$\Delta_2 = 0.15‰ \times 3600 = 0.54\ (\text{mm})$$

以上两项叠加后，板端裂缝上口宽为2.67mm。还没有考虑支座沉降差、温差等不利因素。

c. 施工不良所造成板端头的裂缝。如板端的支座面上没有认真找平，安装楼板不坐浆，则减少预制板的铰支作用。

② 处理方法

a. 工业厂房楼板端头裂缝的处理。在端头裂缝处弹线，用切割机沿直线切割到预制板面，缝宽控制为20mm左右，扫刷干净，用柔性密封材料灌注到地面面层底。上面再做与原地面配合比、颜色相同的材料，铺平、拍实、抹光。

b. 如缝宽不大于3mm，可扫刷干净缝隙中的灰尘，用压力水冲洗后晾干，用配合比为1∶4∶8的107胶∶水∶水泥的水泥浆，沿板端裂缝处灌注，随用木锤沿缝边轻轻敲击，使水泥浆渗透缝隙，收水初凝时用钢抹子刮平抹光，保持湿润养护7d以上。

c. 有防水要求的楼面裂缝处理。先扫刷干净所在缝隙内的灰尘，再用压力水冲洗晾干，然后用氰凝或环氧树脂浆液沿地面裂缝灌注，用木锤沿缝边轻敲，使浆液渗透到缝隙中，使裂缝凝固成不漏水的整体。

（3）地面的不规则裂缝

① 原因分析

a. 基层质量差。有的基层面的灰疙瘩没有先刮除，基层面上灰泥没有认真冲洗扫刷干净，有的结构层的板面高低差大于15mm，有的预埋管线高于基层面，都会造成地面面层产生收缩不匀的不规则裂缝。

b. 大面积地面没有留伸缩缝。水泥砂浆、细石混凝土等面层在收缩和温差变形作用下，拉应力大于面层砂浆和混凝土的抗拉强度时，产生不规则裂缝。

c. 材料使用不当。如水泥的安定性差，使用细砂，有的砂、石含泥量超过3%。搅拌砂浆时无配合比，有的有配合比但又不计量。有的使用已拌好3h以上的过时砂浆，成品又未保护，地面上随意堆放重物。有的地面施工后不养护，造成地面干缩、收缩形成不规则裂缝和龟裂纹。

② 处理方法

a. 地面有不规则的龟裂，缝细不贯穿、不脱壳者，先将地面扫刷冲洗干净，晾干无积水，将配合比为1：4：6的107胶：水：水泥的水泥浆浇在地面上，用抹子反复刮，使浆液进入缝隙中，当收水初凝时将地面上的余浆刮除，使缝隙中都嵌满水泥浆。

b. 地面面层的不规则裂缝，缝宽大于0.25mm，且贯穿和脱壳。首先要查明脱壳范围，弹好外围直角线，用混凝土切割机沿线切割断面层，凿除起壳、裂缝部分，也可凿除一个分仓内的一块。扫刷冲洗干净，晾干。先刷纯水泥浆一遍，随后用按规定配合比计量准确、搅拌均匀的水泥砂浆、石渣浆或混凝土铺满、刮平，每块中不留施工缝。初凝前拍实抹平，终凝前抹平抹光，湿养护不少于7d，并做好成品保护，防止过早踩踏或振动损坏。

c. 地面裂缝少，宽度大于1mm，且不脱壳。扫刷缝隙中的灰尘，再用吹风机吹尽粉尘，可灌注水泥浆、氰凝浆液、丙凝浆液、环氧树脂浆液等，将缝隙灌满刮平。

3. 室外的散水坡、明沟、台阶等裂缝

(1) 原因分析

沿外墙的回填土没有分层填土夯实；没有按设计规定铺垫层夯实；靠外墙面、沿长度方向、转角处没有留设分隔缝、伸缩缝；混凝土浇筑振捣拍实抹平不当等原因。

(2) 处理方法

a. 当散水坡、明沟已开裂，且基土已下沉，有的散水坡、明沟已局部吊空时，宜返工重做。查清原因：有的要挖除下面的淤泥，有的要重新夯实后回填土再夯实。经检查基土密实度合格后，按原设计要求铺好碎石垫层，夯实找平。当再浇混凝土散水坡、明沟、台阶时，靠外墙面留一条宽为15～20m的隔离缝，长度方向每隔12m左右设一条分隔缝，转角处留对角分隔缝。缝内嵌沥青砂浆或胶泥。

b. 散水坡、名沟有裂缝和断裂但下面不空。先扫刷冲洗干净缝隙中的垃圾。缝隙宽度小于2mm，可用107胶水泥浆灌注后刮平；缝隙宽度大于2mm时，可用(1：1)～(1：2)的水泥砂浆嵌实刮平，湿养护7d。也可把裂缝处凿开20mm宽，扫刷干净，灌

PVC（PVC 指聚氯乙烯）胶泥。

c. 局部破损严重，可局部返工重浇混凝土。先将旧混凝土的端头割平留分格缝，当新混凝土浇好后，在缝中灌沥青砂浆或胶泥。

二、地面空鼓

1. 原因分析

① 基层面或找平层面的灰疙瘩没有刮除干净。在墙面、天棚抹灰时，砂浆散落在基层面，没有扫刷和冲洗干净，积灰粉尘形成基层与地面面层的隔离层。

② 基层干燥，面层施工前没有浇水湿润后晾干。有的随做面层随浇水，造成基层面积水，导致空鼓。

③ 基层质量低劣，表面有起粉、起砂，有的基层混凝土面结有游离杂质膜层，没有刮除，形成基层与面层的隔离层。

④ 材料质量控制不严　有的施工人员误认为地面施工质量不重要，将工地的剩余水泥、砂和石子用于地面，这些材料含泥和杂质量大大超过规定，造成地面混凝土、砂浆的强度不足，且在操作过程中，混凝土和砂浆的泥灰杂质在挤压拍实过程中凝聚到基层面，也会起到隔离作用。

⑤ 基层面没有先刷水泥浆结合层，有的刷浆过早已经干硬，起不到粘接作用，也有随刷浆随浇混凝土和砂浆，因刷浆的水没有晾干，反而起到了隔离的作用。

2. 处理方法

① 查明事故范围及原因。空鼓面积的大小与数量，是面层与基层空鼓脱壳，还是基层（找平层）与结构层或垫层之间的空鼓。

② 处理方法之一。面积不大，又是局部时，用小锤敲击查明空鼓范围，用粉笔画出界线，然后拉线弹直角线，用切割机沿线割断，掌握切割深度：面层脱壳切到基层；基层脱壳切到结构层。凿除空鼓层，从凿出的碎片检查分析造成空鼓的原因。清扫刮除基层面的积灰、酥松层，游离质隔离层用水冲洗晾干。按原面层相同的配合比计量，拌制混凝土或砂浆。先涂抹一遍配合比为 1∶4∶8 的

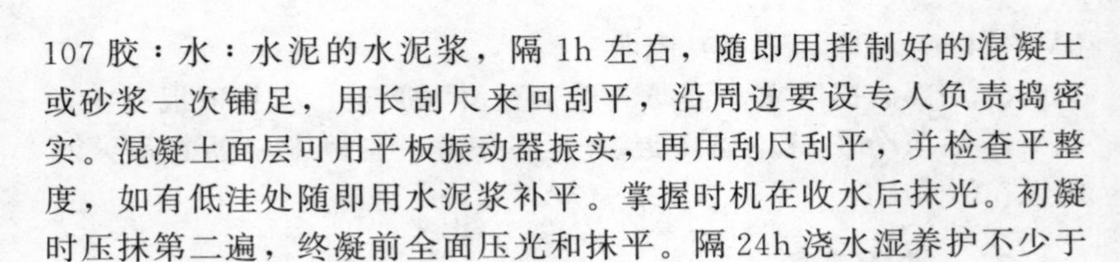

107 胶∶水∶水泥的水泥浆，隔 1h 左右，随即用拌制好的混凝土或砂浆一次铺足，用长刮尺来回刮平，沿周边要设专人负责捣密实。混凝土面层可用平板振动器振实，再用刮尺刮平，并检查平整度，如有低洼处随即用水泥浆补平。掌握时机在收水后抹光。初凝时压抹第二遍，终凝前全面压光和抹平。隔 24h 浇水湿养护不少于 7d，也可在终凝前压光后喷涂养护液，不需再浇水养护。

③ 大面积起鼓和脱壳。应全部凿除，按第 2 款的施工方法重做。但必须选择好原材料质量，水泥标号不低于 42.5 级普通水泥，中砂必须洁净（含泥量不大于 2%）。

【实例 6-3】

某自行车厂的链条车间，为多层框架结构，二层楼面面积为 1080m^2，预制楼板，用双向配筋 C20 细石混凝土做找平层，厚度 50mm，面层用 20mm 厚的 1∶2.5 的水泥砂浆。楼面在 6 月 12 日到 6 月 23 日施工，7 月 18 日发现局部有空壳和裂缝，到 9 月 17 日已有 80%空壳和裂缝现象。

(1) 调查现场所用的原材料和施工工艺

水泥为矿渣硅酸盐 32.5 号水泥；碎石子是粒径为 15mm 以内的级配良好的细石子，含泥量大于 3%；中细砂，含泥量达 5%，浙江义乌产。

混凝土和砂浆在现场搅拌，按配合比计量，但计量不严格。结构层面没有认真刮除灰疙瘩，没有用水冲洗，也没有刷水泥浆粘接层，整个楼面地面没有留分格伸缩缝。

(2) 地面脱壳与裂缝的调查和原因分析

对脱壳的面层凿开检查，发现面层砂浆底与基层面之间都有一层石灰和泥灰粉状物质的隔离层，有的是基层细石混凝土中的泥灰或水泥中的游离物质，如粉煤灰、未熟化的粉尘等，浮结在基层面上，还有没清理干净的灰浆泥污等有害物质，形成一层泥灰粉尘的隔离层，是造成壳裂的原因之一。此外，大面积的水泥砂浆面层没有留伸缩缝，收缩应力大于砂浆抗拉强度，产生了不规则裂缝和空鼓脱壳。

(3) 处理方法与施工要点

① 基层处理 全部铲除原地面的水泥砂浆层，用水冲并用钢丝刷刷洗基层面，洗刷后，由工长、质检员共同检查、验收，合格签字后，方可施工下一道工序。

② 材料质量控制 水泥选用普通硅酸盐42.5级水泥，洁净中砂含泥量小于2%。严格按配合比计量，水泥砂浆必须搅拌均匀，随拌随用，拌好的砂浆超过3h后不准再用。水泥砂浆坍落度控制在30mm左右。

③ 伸缩缝设置 横向留在柱中，纵向居中留一条，缝宽为20mm。

④ 刷聚合物水泥浆结合层 配合比为1∶4∶8的107胶∶水∶水泥的水泥浆，在铺面层水泥砂浆前1h左右涂刷。

⑤ 铺面层水泥砂浆 每一分格块中一次铺足水泥砂浆，用长刮尺来回刮平拍实，设专人沿伸缩缝边拍平拍实。当砂浆收水后，用木抹子由周边向中间搓平、压实。用力均匀，后退操作，随时将砂眼、脚印等消除后再用靠尺检查地面的平整度，发现凹凸不平时应及时纠正。

⑥ 抹平、压光 待砂浆初凝前，即用钢抹子抹压出浆后，抹平。当砂浆初凝后进行第二遍压光，由边角到大面用力压实抹光，把洼坑、砂眼填满压平。终凝前进行第三遍压光，全面压实抹光，抹成无抹痕的光滑表面。轻轻取出伸缩缝木条，缝内灌注沥青砂浆。

⑦ 湿养护 面层压光后隔24h，洒水养护7d，最好铺厚10mm以上的锯木屑覆盖，保持湿润。

该地面处理后经使用多年，没有发现脱壳、裂缝、起砂等问题。

三、水泥地面起砂、麻面

1. 原因分析

(1) 选材不当

使用强度低的劣质水泥、过期结块水泥或库存散落的混合水泥，其强度低，不耐磨；使用细砂，有的砂含泥量大于3%。使用的水泥砂浆存放时间已超过 3h 以上，一般情况下该砂浆强度已下降 20%～30%。

(2) 施工工艺不当

没有掌握好压实抹光的时机，有的抹光时间过早，压不实；有的抹光时间过迟，水泥砂浆已经终凝硬化，再在上面洒水抹压造成面层酥松；有的在面上撒干水泥操作引起脱皮；有的不养护或养护不及时；成品不保护，刚完工的地面任意在上面走动、推车或在上面操作等，使强度下降，导致起砂、露砂、脱皮。

(3) 使用不当

有的在已完工的地面上手拌砂浆，有的将室内粉刷用的砂浆直接倒在地面上，再转铲给抹灰工使用，使光洁的地面形成麻面和起砂。

(4) 冬期施工保温措施不当

冬期施工好的水泥砂浆等地面，没有及时保暖，早期受冻，使表面脱皮、起粉、起砂等。如保暖不当也会造成表面酥松、起粉等。如水泥地面抹光后，气温下降到 0℃以下，常将门、窗关闭，用临时煤炉等生火保暖，当二氧化碳气体和水泥中的游离物质氢氧化钙、硅酸盐和铝酸钙互相作用，引起表面呈白色酥松的薄层，使表面起砂或起粉。

2. 处理方法

(1) 表面局部脱皮、露砂、酥松的处理方法

用钢丝板刷刷除酥松层，扫刷干净灰砂，再用水冲洗，保持清洁，晾干，用聚合物水泥浆涂刷一遍。缺陷厚度大于 2mm 时，可用 1∶1 的水泥∶细砂浆铺满刮平，收水后用木抹子搓平，初凝前用钢抹子抹平并抹光。终凝前再用钢抹子抹成无抹痕的面层，尤其是与旧面层边接合处要刮平。及时喷一遍养护液养护。保护好成品，28d 后方可使用。

(2) 大面积酥松

因原材料质量造成的大面积酥松，必须铲除返工，扫刷冲洗干净后，晾干，重做地面面层。

(3) 表面粘有灰疙瘩的处理方法

因使用不当，地面粘有灰疙瘩时，必须检查地面的强度，如质

量比较好，可用磨石子机，但砂轮要换用 200 号金刚石或 240 号油石磨光。

【实例 6-4】

某蚕场的催青室对保温、隔热性能要求高，所以房间是分隔成 $16m^2$ 的小间，门窗的密封性要好，催青室的作用是蚕种放在室中，用温度控制蚕种在规定时间内使小蚕破壳而出。所以，对该工程的交工时间要求较高。在冬期施工的水泥砂浆地面，用煤炉生火保暖，门、窗全部关闭。当二氧化碳气体与地面水泥中的游离质氢氧化碳、硅酸盐、铝酸钙互相作用下，使刚粉好的水泥砂浆面形成一层呈白色柔软的酥松层，造成面层起砂，影响使用。

处理方法：用钢丝板刷刷除表面酥松层，扫刷干净，用水冲洗干净，晾干，涂刷水泥浆一遍，在 1h 后，将稠度（以标准圆锥体沉入度计）不大于 35mm 的 1∶2 的水泥砂浆，搅拌均匀，一次铺足一个小间，用长刮尺搓平拍实，掌握好平整度。待收水后，用木抹子由内向外抹平，后退操作，随将砂眼、脚印抹平，再用靠尺检查平整度，初凝前抹第二遍。终凝前压光，把表面全部压光，成为无抹痕光滑的面层。隔 24h 后用草帘覆盖，洒水保持湿润 7d。后经多次回访，没有再发现酥松和起砂现象。

四、水泥地面返潮

雨季或阴雨天要来时，水泥地面返潮，有的甚至还会积水。返潮地面影响使用功能，潮湿的房间中物品易霉变。人们在上面走动会打滑，人体感觉也不舒服。地面返潮的水分是从哪里来的呢？地下水渗透到地面会返潮。湿热的空气下沉碰到光滑的地面冷凝成水珠也会使地面潮湿。

1. 原因分析

① 有的地面下基土潮湿，水分因毛细孔作用而上升，使地面返潮。

② 有的垫层采用的材料不合格，如碎石中夹的泥土量大，则该垫层不能起到阻隔毛细孔的作用，使地面返潮。

③ 有的房屋墙体下没有做防潮层，有的防潮层不起防潮作用，导致沿墙周边返潮。

④ 有的地面标高低于室外地面，室外的地表水渗入，使地面潮湿或积水。

2. 处理方法

(1) 采用阻隔毛细作用的垫层

适用于新建或返潮地面的返修，基土要先夯实抄平，一般垫层可采用中粗砂、碎石或卵石，其含泥量不得大于10%。铺设厚度控制为60～100mm，因洁净的砂、石垫层能阻隔基土的毛细孔作用，可保持地面干燥。

(2) 铺塑法

适用于新建或返修返潮地面。铺塑法的优点：具有抗腐蚀性能强、耐久性能好。沿海地区，可防止地面被盐碱腐蚀破坏，防潮效果好、施工方便、造价低。施工方法是在垫层上平铺一层塑料膜，塑料膜搭接宽度不少于100mm，可粘贴，四周沿墙要贴高60～100mm。施工中要有防止塑料膜遭到破坏的措施。凡采用铺塑料膜的地面不再有返潮的情况。

(3) 采用微膨胀水泥浇筑地面混凝土

适用于新浇或返潮地面的返修。在拌制地面混凝土的水泥中掺10%～14%的膨胀剂，经水化作用后，形成的无机化合物——钙矾石，能填充混凝土内部孔隙，增加混凝土的密实性，有效地阻隔毛细孔的作用。按配合比计量搅拌均匀的混凝土，每一自然间或一个分格块内的地面混凝土，必须一次铺足，不留施工缝，用刮尺刮平拍实，用辊筒滚压密实，可采取一次加浆抹面、压光。湿养护7d后使用。

(4) 地面标高低的处理

如需提高室内地面标高，又受层高的限制，可沿建筑外墙周围挖一条排水沟，深度低于室内地面500mm以上。最好能接通排水管道，使积水能及时排除，保持室内地面干燥。

(5) 原地面涂刷堵漏灵

能改善因地下水上升而返潮的地面。施工方法：用02号堵漏灵浆涂刷法。配合比为02号堵漏灵：水＝1：0.7，搅拌均匀，静置30min后使用。先将地面扫刷清洗干净，待晾干。将搅拌均匀的堵漏灵浆料，涂刮或涂刷3～5遍为一层。第一层涂刷完成有硬感时，即可喷水养护防止裂缝。然后用同样方法做第二层，再及时湿养护。成品保护不少于7d后再使用。

(6) 氰凝涂刮法　该涂料最大的优点是能二次渗透和发生膨胀，能堵塞地面一切孔隙，有优异的粘接性能，遇水反应黏度增强，生成不溶于水的凝固体。地面可选用PA107特种氰凝涂料，涂刷可根据要求配制出不同的颜色，使地面美观且耐磨，施工方便。

3. 施工方法

(1) 基体处理

清除杂物、保持干燥。

(2) 氰凝浆液的配制

稀释剂采用二甲苯或丙酮，在常温下掺氰凝5%～15%，在干燥洁净的容器中调配均匀。

(3) 施工工具

油漆液筒、漆刷。

(4) 施工工序

一般为一底一涂。底涂层，氰凝浆液的黏度要稍低一点，必须涂刷均匀，不得漏涂，使涂料向地面下渗透，封闭空隙，保持24h再涂面层。面层可分两次涂，要求平整、均匀，无气泡、褶皱、起鼓等缺陷。

(5) 工具及容器

要及时用二甲苯或丙酮清洗干净工具及容器。

五、地面倒泛水或积水

1. 原因分析

没有按规定的坡度与坡向施工；地面标高水准和弹线不准确；地漏安装高于地面造成积水；土建施工与管道安装不协调，造成标高误差；外走廊、阳台的排水孔内径小，容易堵塞积水。

2. 处理方法

① 外走廊、阳台的排水孔高于排水面易积水，排水管内径小易

堵塞。可凿除原排水管，扩孔或降低标高，换内径大于50mm的排水管，排水管安装要略向外倾斜5mm，最好接入雨水管的水斗。

② 厨房、厕浴间的地面倒泛水时，必须凿除原有地面面层，检查地漏面标高和周围的防水，清扫刷洗干净基层，从地漏高出5mm拉坡度线，确保地面水都流向地漏。基层面刷一遍聚合物水泥浆，约隔1h后，一次铺足搅拌均匀的1∶2.5的水泥砂浆，按标准刮平拍实。砂浆收水后，再拍实抹平整。初凝后第三次抹平压光，用木抹子拉成小毛，隔24h浇水养护。在浇水的同时，检查找平层面，不得有积水的洼坑，也不得有壳裂、起砂等，施工中必须保护好排水孔，不准建筑垃圾、水泥浆液等流入孔中。然后按规定铺设地面面层。

六、楼梯踏步缺棱掉角

1. 原因分析

楼梯踏步抹灰以后，成品若保护不善，常被行人踏坏或工具等碰掉棱角。

2. 处理方法

(1) 用乳胶灰浆修补

将踏步破损处扫刷干净，用水冲洗并用钢丝板刷刷洗掉酥松部分。先涂刷基层处理液一遍，基层处理液的配合比乳胶液∶水为1∶4，搅拌均匀后再用配合比为1∶4∶12的乳胶液∶水∶水泥的乳胶浆修补，抹压平整；再用排笔蘸水涂刷后压光。隔24h后湿养护不少于7d。并保护好成品，防止碰坏。

(2) 用环氧树脂砂浆修补

配合比按表6-1备料。

表6-1 环氧树脂砂浆配合比（质量比）

材料名称	环氧树脂 E-44	乙二胺 (95%)	邻苯二甲酸二丁酯	水泥∶砂 1∶2
质量/kg	100	10	40	400

首先，将踏步破损处扫刷干净，随用钢丝板刷刷除酥松部分，保持干燥，不要用水冲洗。用喷灯或太阳灯烘烤加热，使修补处的

温度达80℃左右。

其次，将拌好的环氧树脂砂浆抹压到破损缺角处，用∟30×30的角钢做成阴角器，阴角器在使用前预热到80℃左右，反复压光，达到各接合处无缝隙，确保粘接牢固。压光后，可用和踏步颜色相同的水泥浆涂刷。自然硬化，一般保持24h，要认真保护不要碰撞。加热硬化，保持修补处的温度小于70℃，养护2h左右即可硬化。

第二节　水磨石地面

一、地面空鼓

1. 原因分析

基层施工粗糙，找平层的强度低，有的表面酥松。铺石渣浆前，有的基层有积水和泥浆，没有清除干净，形成隔离层；也有涂刷的水泥浆已干硬，不能起到粘接作用，导致面层空鼓。

2. 处理方法

（1）大面积磨石子面层空鼓的处理

① 查明空鼓的范围　如为大面积空鼓和分格块中的空鼓，必须凿除后重做磨石子面层，凿除基层面的砂浆残渣和凸出部分，洗刷干净，纠正碰坏的嵌条。

② 刷一遍聚合物水泥浆粘接层　水泥浆中107胶：水：水泥配合比为1：4：10，搅拌均匀，随用随拌。刷浆后在1h左右就要铺石渣浆。

③ 水泥石渣浆　石渣粒径按设计要求，如设计无规定时，宜采用3～4号石渣，必须先淘洗洁净，晾干。选用42.5级普通硅酸盐水泥，无结块。配合比为水泥：石渣=1：（1.2～1.3）。

配制彩色石渣浆，配色要先试配，经优选后作为施工配合比。在配料时要有专人负责配料计量，确保颜色均匀。要先铺设有颜色的水泥石渣浆，后做普通石渣浆。

水泥石渣浆铺在已刷水泥浆的粘接层的方格中，用铁抹子将石渣浆沿嵌条边铲铺后，再用刮尺搓平拍实，随即撒一层石渣，要均匀密铺，用滚筒滚压出水泥浆。保持石渣面高出嵌条1～2mm，确保表面的平整度。用铁抹子再次拍实抹平后养护。

④ 磨石子面层　必须掌握气温和水泥品种，确定开磨时间，如气温20℃以上，24h后即可磨石渣，试磨时以不掉石子为标准。磨石渣的遍数和各遍的要求，见表6-2。

表6-2　水磨石地面各遍磨石渣要求

遍数	砂轮号	各遍质量要求及说明
一	60～90号粗金刚石砂轮	1. 磨匀、磨平、磨出嵌线条 2. 磨好冲洗后晾干，浆补砂眼和掉石子的孔隙 3. 不同颜色的磨面，应先涂擦深色浆，后涂擦浅色浆，经检查没有遗漏后，养护2～3d
二	90～120号金刚石	磨至表面光滑为止，其他同第一遍2、3条要求
三	200号细金刚石	1. 磨至表面石子粒粒显露、平整光滑、无砂眼细孔 2. 用水冲洗后涂草酸溶液（热水：草酸＝1：0.35，质量比，溶化冷却后）满涂刷一遍
四	240～300号油石	经研磨至出石浆、表面光滑为止，用水冲洗，晾干，随即检查平整度、光滑度、无砂眼、细孔和磨痕

⑤ 打蜡　上蜡要在地面以上其他工序全部完成后进行。将蜡包在薄布内，在面层上薄涂一层，待干后，在木块上包两层麻布或帆布层，将木块在磨石渣机上代替砂轮，研磨到地面光洁滑亮为合格。

（2）局部空鼓的处理

① 原因分析　基层表面局部酥松，或基层面局部低洼处凝结的泥浆浮灰层没有清除干净，导致局部空鼓。

② 处理方法　虽有局部空鼓但没有裂缝时，可用$\phi 6$～$\phi 8$直径的钻头打孔，位置选在空鼓处四角、距边20mm处，深入基层约60mm深，将孔中的灰粉吹刷干净，不能用水洗。在干净的孔中灌环氧树脂浆液，配合比见表6-3。边灌边用锤轻轻敲击，使浆液流入空鼓的空隙，灌好后用重物压在加固的水磨石上，保养24h，用相同颜色的水泥石渣浆补好孔洞。

局部空鼓又有裂缝的处理方法是将空鼓沿裂缝部分凿除。用小口尖头钢錾沿边缘剔除松动的石子，要求边缘上口小、下口大，有凹有凸。将基层清扫洗刷干净。施工工艺：清理基层→刷水泥浆→铺水泥石渣浆→磨面层→打蜡。

表 6-3 环氧树脂浆液配合比

材料名称	环氧树脂 E-44	乙二胺	邻苯二甲酸二丁酯	二甲苯或丙酮
质量/kg	100	8	10～15	10

二、地面裂缝

1. 原因分析

① 底层地面裂缝是基土没有夯实，有局部松软层、基土不均匀沉降造成的。

② 沿预制板缝的裂缝，有的板缝没有灌注好，也有预制板的质量低劣，如沿预制板端头的横向裂缝。

③ 楼地面断裂，主要是结构变形、温差变形和干缩变形所造成的。

④ 大面积磨石子地面没有设伸缩缝，在温差作用下拉裂和起鼓。

2. 处理方法

① 底层地面裂缝与空鼓同时存在，经检查如确属基土松软所造成，处理工艺为：凿除磨石子面层→垫层→挖除松软土层→回填土夯实→铺垫层→重铺面层水泥石渣浆。

② 有裂缝但不空鼓的处理方法。若该裂缝基本稳定、裂缝数量不多时，可先将缝隙清扫刷洗干净后晾干。如比较潮湿，可用氰凝浆液灌注，待缝隙灌满后，及时刮除擦净磨石子面层上多余的氰凝浆液，凝固后根据原有磨石子地面的色泽，配制水泥石渣浆嵌补拍平，硬化后用金刚石磨平。

如为楼地面裂缝，将缝隙扫刷干净，用环氧树脂浆液灌注，不要浇水湿润。在灌缝前用喷灯将缝隙内均匀加热到 60℃左右。缝灌好后，用丙酮擦净粘在面层的浆液。隔 24h 后嵌补色彩相同的水泥石渣浆。硬化后磨平。

③ 大面积磨石子面层向上隆起裂缝的处理。如为预制楼板，

宜在板的端头加设分格缝。如为现浇结构层，则按柱距加设分格缝。沿加设分格缝位置弹线，再用切割机割开，深度割到结构层面，缝宽 15mm 左右。凿除缝中的面层和找平层，扫刷干净缝隙，用柔性密封防水材料灌注。表面可根据原有磨石子面层补嵌水泥石渣浆，磨平、磨光、打蜡。

【实例 6-5】

某市绝缘材料厂，有部分封闭车间的地面标高低于车间地面 800mm，车间为 6m×10m 的磨石子地面。其四周是现浇的钢筋混凝土墙体封闭。在封闭车间试车时，室内温度升高到 60℃ 左右，试车到 3h，即听见地面的爆裂响声。经停车检查，发现磨石子地面隆起从中间断裂。分析隆起的原因，磨石子地面受热膨胀，四周受混凝土墙体的挤压，下面是密实的地基，地面热胀向上隆起并产生破裂。

处理方法：清除原有磨石子地面。沿混凝土墙体四周和长度方向居中位置，切割开伸缩缝，深度到垫层底，缝宽 20mm。扫刷干净，缝内填嵌聚氯乙烯胶泥。扫刷洁净，冲洗后晾干，贴嵌分格条，沿垫层缝的边嵌分格条，使面层缝的位置和垫层缝相同。磨石子的具体做法见本节。

处理后该车间投产再没有发生隆起和裂缝。

三、磨石子面层质量缺陷

1. 漏磨、孔眼多、表面不光滑

（1）原因分析

① 磨石子机磨不到边，又没有用手工补磨，造成沿墙体、柱周表面粗糙。

② 磨石子机的砂轮没有按有关要求更换，磨不同遍数需更换不同细度的砂轮。

③ 没有按规定每磨一遍后，要用原色水泥浆擦补孔隙和砂眼。

④ 磨地三遍时没有换 200 号金刚石细砂轮磨光，打草酸后，没有再用 240 号细油石研磨光滑。

（2）处理方法

对漏磨部位和表面粗糙部位的处理，应先洗刷洁净晾干。然后用原色水泥浆全面擦涂一遍，补好孔眼，略大的孔眼嵌小石子，保护 2d。用 200 号金刚石砂轮磨光，一边磨一面冲水检查光滑度，用靠尺检查平整度，用人工磨光阴角。磨好后冲洗晾干，检查全面达到标准后，涂草酸溶液，再用 240 号油石砂轮磨出石浆，冲洗晾干并打蜡。用木块外包麻布或帆布，装在磨石子机上研磨直到光亮洁净为止。

2. 分格条不顺直，显露不全、不清晰

分格条断缺、偏歪，地面颜色不匀，石子分布不均匀，彩色污染等。

（1）原因分析

主要是施工管理不善，没有认真交底。操作工人没有掌握磨石子操作技巧，又不熟悉操作规程，没有认真对每道工序做交接检查。

（2）处理方法

① 以上缺陷如不明显，既不大又不多，可以不纠正和不处理。

② 缺陷比较明显，影响观感和使用时，沿缺陷处用小口或尖头钢塞，轻轻剔除，要求边缘上口小、下口大，可凹可凸，不要一条直线。清扫洗刷洁净，纠正处理好缺陷。均按要求补嵌好分格条，刷水泥浆、铺同颜色的水泥石渣浆、拍实抹平、养护、磨平、擦补水泥浆、磨光、擦草酸、打蜡。

第三节　块料面层

一、预制水磨石、大理石、花岗石地面

1. 地面板块空鼓

（1）原因分析

① 底层的基土没有夯实，产生不均匀沉降。

② 基层面没有扫刷洁净，残留的泥浆、浮灰和积水成为隔离层。

③ 预制板块背面的隔离剂、粉尘和泥浆等杂物没有洗刷洁净。

④ 基层质量差。有的基层面酥松，强度不足 M5，有的基层干燥，施工前没有先浇水湿润。也有的水泥浆刷得过早，已干硬。铺板块的水泥砂浆配合不准确，时干、时湿。操作不认真，铺压不均匀，局部不密实。

⑤ 成品养护和保护不善，面层铺好后，没有及时湿养护，过早就上去操作或加载。

(2) 处理方法

① 由于基土不密实，造成地面板块空鼓、动摇、裂缝等，要查明原因后再处理。

② 将空鼓的板块返工，挖除松软土层，用合格的土分层回填，夯实平整，铺垫层。

③ 清除基层面的泥灰、砂浆等杂物，并冲洗干净。

④ 拉好控制水平线，先试拼、试排。应确定相应尺寸，以便切割。

⑤ 砂浆应采用干硬性的、配合比为 1∶2 的水泥砂浆。砂浆稠度掌握在 30mm 以内。

⑥ 铺贴板块　铺浆由内向外铺刮赶平。将洗净晾干的板块反面薄刮一层水泥浆，就位后用木锤或橡皮锤垫木块敲击，使砂浆振实，全部平整、纵横缝隙标准、无高低差为合格。

⑦ 灌缝、擦缝　板块铺后，养护 2d。在缝内灌水泥浆，要求颜色和板块相同。待水泥浆初凝时，用棉纱蘸色浆擦缝后，养护和保护成品，要求在 7d 内不准在地面操作或堆放重物。

2. 局部松动的处理

查明松动、空鼓的位置，画好标记，逐块揭开。凿除结合层，扫刷冲洗洁净。按本节“一”处理方法中的各款做法，工艺如下：做找平层→刷水泥浆→铺干硬性水泥砂浆→铺板块→灌缝与擦缝→养护。

3. 接缝高低差大、拼缝宽窄不一

(1) 原因分析

① 板块的几何尺寸误差大。预制水磨石、大理石、花岗石板块的平面没有磨平，存在明显的凹凸与挠曲。

② 铺板时接缝高低差大，拼缝宽窄不一，没有及时纠正，粘接层不密实，受力后局部下沉，造成高低差。

（2）处理方法

① 严格控制板块质量，掌握好接缝的高低差和缝宽，发现不符合标准的，要及时调换和纠正。

② 查已铺好后局部沉降的板块，将沉降板块掀起，凿除粘接层。扫刷冲洗干净，晾干，刷水泥浆一遍，铺1∶2干硬性水泥砂浆粘接层，掌握厚度和密实度，铺板块必须垫木块用锤敲打密实、平整，要和周边板块标高齐平，四周缝要均匀，用原色水泥浆灌缝和擦缝。成品养护7d后再使用。

二、地面砖

地面砖指缸砖、各种陶瓷地面砖等。

1. 地面砖空鼓脱落

（1）原因分析

① 基层面没有冲洗扫刷洁净，泥浆、浮灰、积水等形成隔离层。

② 基层干燥，铺贴地面砖前没有浇水湿润，水泥浆刷得过早已干硬，水泥砂浆计量不准确，用水量控制不严，拌成的砂浆时干时稀，地面砖铺贴不密实。

③ 地面砖在施工前没有浸水，没有洗净砖背面的浮灰，或一边施工一边浸水，砖上的明水没有晾干就铺贴，明水成了隔离剂。

④ 地面砖铺贴后，粘接层尚未硬化，过早地在上面踩踏。

（2）处理方法

查清松动、空鼓、破碎地面砖的位置，画好范围标记，逐排逐块掀开，凿除结合层，扫刷冲洗洁净后晾干，刷水泥浆一遍，107胶∶水∶水泥配合比为1∶4∶10，刷浆后1h左右，铺1∶2水泥砂浆的粘接层。稠度控制在30mm左右，掌握粘接层的平整度、均匀度、厚度。地面砖必须先浸水后晾干，背面刮一薄层胶黏剂或JCTA陶瓷砖胶黏剂，压实拍平，和周围的地面砖相平，拼缝均匀。经检查合格后，再用水泥色浆灌缝，并擦平、擦匀，擦净粘在地面砖上的灰浆，湿养护和成品保护不少于7d后使用。

2. 地面砖裂缝、隆起

(1) 原因分析

① 釉面陶瓷砖质量低劣，规格大，制作压力小，烧成的温度差异大。

② 结合层用纯水泥浆。

③ 铺贴前地面砖没有浸水，有的一边浸水、一边铺贴，砖背面的明水没有晾干或擦干。

④ 大面积地面没有设伸缩缝，因结构层、结合层、地面砖各层之间在干缩、温差和结构的变形作用下，其应力和应变差异，造成地面砖裂缝和起鼓。

【实例 6-6】

某市银行大楼的三楼营业大厅，是现浇钢筋混凝土框架结构和楼板，地面采用10mm×300mm×300mm的彩色陶瓷地面砖，大厅长48m、宽18m，没有留伸缩缝。该工程交付使用不到一年，当室外气温低于0℃时，地面有响声，发现地面砖有裂缝和隆起。经现场调研：裂缝的位置在北檐框架梁到次梁的6000mm之间的楼板上，每隔1500mm左右就有一条垂直裂缝，裂缝的宽度两端小、中间大。掀起脱壳的地面砖，发现背面无水泥浆粘接的痕迹，结合层为纯水泥浆，结合层与结构层也有脱壳和裂缝现象。

【实例 6-7】

多层住宅楼中的彩釉陶瓷地面砖发生裂缝、起鼓。经调研发现，有卧室、起居室中的地面砖裂缝和隆起。掀起脱壳的地面检查，砖背面没有水泥浆粘接的痕迹。从调查资料分析地面砖裂缝和隆起的共同点是：结合层厚度在20mm以上的纯水泥浆；地面砖的规格10mm×300mm×300mm；地面砖裂缝和起鼓的环境气温在0℃以下。

主要原因是：钢筋混凝土结构层、纯水泥浆结合层、陶瓷地面砖三者的干缩变形、温差变形的系数差异较大。如结合层的收缩应力大于地面砖粘接强度时，迫使地面砖裂缝和起鼓。

(2) 处理方法

将脱壳起鼓的地面砖掀起，沿已裂缝的找平层拉线，用混凝土切割机切缝作伸缩缝，缝宽控制在10～15mm之间，将缝内扫刷干净，灌柔性密封胶。凿除水泥浆结合层，用水冲洗扫刷洁净、晾干。将完整添补的陶瓷地面砖浸水，并洗净背面的泥灰，晾干，结合层用1∶2.5干硬性水泥砂浆铺刮平整；铺贴地面砖，粘接层可用水泥浆或JCAT陶瓷砖胶黏剂。铺贴地面砖要控制好对缝，将砖缝留在伸缩缝上面，该条砖缝宽控制在10mm左右。应确保面砖的粘接密实和平整度，相邻两块砖的高度差不得大于1mm。表面平整度用2m直尺检查，不得大于2mm。面砖铺贴后应在24h内进行擦缝、勾缝工作，缝的深度宜为砖厚的1/3；擦缝和勾缝应采用同品种、同标号、同颜色的水泥，随做随清理砖面的水泥浆液，并做好养护和保护工作。

3. 砖的接缝高低差、缝宽不均匀

(1) 原因分析

① 地面砖质量低劣，砖面挠曲。

② 操作不良，没有控制好平整度，造成接缝高低差大于1mm，接缝宽度大于2mm或一端大、一端小。

③ 粘接层的砂浆不均匀，局部不密实。受力后产生沉降差，造成高低差。

(2) 处理方法

当接缝高低差大于1mm，应查明地砖是高差还是低差，或是砖面不平。如是高差返修高的，如是低差返修低的，砖质量差的换砖。

4. 面层不平，积水、倒泛水

(1) 原因分析

① 所测的水平线误差大，拉线不紧，造成两边高、中间低。

② 底层地面的基土没有夯实，局部沉陷，造成地面低洼而积水。

③ 铺贴地面砖前没有检查作业条件，如厕浴间的地漏高于地

面、排水坡度误差等，常造成积水和倒泛水现象。

(2) 处理方法

① 查明倒泛水和积水洼坑的面积范围大小和积水的原因。

② 如确是地漏高于地面时，必须纠正地漏，把地漏周围凿开，拆开割短排水管，重新安装，确保地漏低于地面10mm。板底及管周托好模板，在结构楼板孔周涂刷水泥浆后，将配合比为水泥：砂：石子＝1：2：2的细石混凝土搅拌均匀，铺在管周，插捣密实，表面低于基层面10mm，隔天浇水养护，并检查板底以不漏水为合格。干硬后灌防水柔性密封膏。经试水不漏，修补好地面砖。

③ 如因找坡层误差，必须返工纠正找坡层。经流水试验，水都流向地漏，无积水的洼坑后，修补好地面砖。

④ 底层地面沉陷，低洼积水，要铲除已沉降处的地砖，凿开基层，挖除松软土层，换土重新夯实，重铺夯垫层后修补好地面砖。

三、陶瓷锦砖地面

1. 空鼓脱落

(1) 原因分析

① 粘接层砂浆摊铺后，没有及时铺贴锦砖地面。或使用存放时间过长的砂浆。

② 在浇水揭纸时浇水过多，使没有粘牢的锦砖浮起而导致空鼓。

③ 粘接层砂浆稠度大，刮铺时将砂浆中的游离物质刮到低处，形成表面酥松层。或使用矿渣水泥拌砂浆粘接层，表面有泌水层，没有处理干净就铺贴锦砖面层，因粘接层面的明水造成隔离层。

④ 锦砖地面铺贴完工后，没有及时按规定养护，没有做好成品保护工作。

(2) 处理方法

① 局部脱落的处理。将脱落的锦砖揭开，用小型快口的錾子将粘接层凿低2～3mm，用JCAT陶瓷砖胶黏剂补贴，养护。

② 大面积空鼓脱落。需要查明脱落原因，然后针对事故原因

采取有效的措施，返工重贴。应按下列要求进行操作和管理：凿除不合格部分，扫刷冲洗干净并晾干；刷浆和粘接水泥浆，分段、分块铺设，用刮尺刮平；锦砖背面先抹水泥浆一层，根据控制线的位置铺贴，拍平拍实，贴好一间或一块，用靠尺检查平整度和坡度；洒水湿润后揭纸。当纸皮胶溶化后即可揭掉纸皮。修整不标准的锦砖，拨正缝隙；接着用水泥灌满缝隙，适量喷水，垫木板锤打拍平，达到平整度和观感标准；检查接缝高低差不大于 0.5mm，缝隙宽度不大于 2mm，表面平整度不大于 2mm。如有超过部分，及时纠正使其达到标准；养护和成品保护。隔 24h 后用湿润的锯木屑铺盖保护，7d 内不能在上面走动或操作。

2. 出现斜槎

（1）原因分析

① 房间地面不方正；没有排列好铺贴位置。

② 操作时不拉控制线，将锦砖贴得歪斜。

（2）处理方法

① 施工前要认真检查铺贴地面是否方正。弹控制线时，要计算好靠墙边的尺寸。

② 施工后确有斜槎，斜槎又靠在墙边，可不处理。但擦缝的水泥浆色泽必须和地面锦砖颜色相同。

③ 施工踢脚线时，适当纠正墙的斜度。

3. 锦砖面污染

（1）原因分析

① 施工擦缝时没有及时将砖面擦洁净，水泥浆粘在砖面上。

② 其他工种操作时将水泥浆、涂料、油漆等污染到锦砖面，严重影响观感。

（2）处理方法

① 小面积污染，用棉丝蘸稀盐酸擦洗干净。如为涂料和油漆，用苯溶液先润湿后再擦洗干净，擦洗干净后随用清水冲洗干净。

② 大面积污染，用稀盐酸全面涂刷一遍，要戴防护手套和穿耐酸套鞋操作。局部污渍，可用 0 号水砂纸轻轻磨除，随用清水冲洗扫刷洁净。如尚有油漆污点没有清除，再用苯涂擦，待溶解后及时擦洗干净。

思考题

1. 对地面的不规则缝的处理方法是什么？
2. 对室外的散水坡、明沟、台阶等裂缝的处理方法是什么？
3. 对水泥地面起砂、麻面的处理方法是什么？

第七章

建筑工程倒塌事故的分析及处理

第一节 概 述

一、房屋倒塌前常出现的先兆特征

① 地基不均匀沉降明显，或出现沉降突然加大，房屋或构筑物产生明显的倾斜、变形，地基土失稳，甚至涌出破坏。

② 混凝土结构构件出现严重裂缝，并且继续发展。其中较常见的有悬挑结构构件根部（固定端）附近的裂缝，受压构件与压力方向平行的裂缝，框架梁与柱连接处附近的明显裂缝，梁支座附近的斜裂缝，梁受压区的压碎裂缝等。

③ 砖、石砌体裂缝。其中较常见的有柱表面出现竖向裂缝。大梁下砌体内出现斜向或竖向裂缝，柱或墙的细长比（高厚比）过大而产生的水平裂缝等。

④ 掉皮或落灰。砖或混凝土表面层状剥落，抹灰层脱落（注意与抹灰质量差的区别），建筑碎屑下落，吊顶脱落等。

⑤ 承重构件产生过大变形，如梁、板、屋架挠度过大。砖柱、墙倾斜；墙面弯曲、外鼓、开裂；屋架倾斜、旁弯；钢屋架压杆弯曲、失稳变形等。

⑥ 现浇钢筋混凝土结构构件拆除顶撑时困难，但应注意与支模方法不当造成拆支撑困难相区别。

⑦ 其他。建筑构件或建筑材料破坏发出的声音，如“啪啪声”“喳喳声”、爆裂声等。动物出现反常现象，如老鼠逃窜等。

二、工程倒塌事故的类别

工程倒塌事故按其破坏的部位和性质分成十类。

（1）地基基础破坏

（2）柱、墙破坏倒塌

① 砖柱、墙；

② 混凝土柱、墙；

③ 柱、墙在施工中失稳。

（3）框架结构破坏倒塌

（4）屋架破坏塌落

① 钢筋混凝土屋架；

② 木屋架和钢木屋架；

③ 钢屋架；

④ 悬索和折板。

（5）梁、板破坏倒塌

① 钢筋混凝土大梁；

② 楼板、屋面板；

③ 木梁。

（6）悬臂结构破坏倒塌

（7）构筑物倒塌

（8）模板工程倒塌

（9）改建和使用不当倒塌

① 加层建筑；

② 使用不当。

（10）施工不当导致整体或部分倒塌

第二节　建筑工程倒塌事故分析

一、地基事故造成建筑物倒塌

地基事故造成建筑物倒塌的特点和原因如下。

① 地基承载能力不足。较多见的是地基应力超过极限承载力，主体往往出现剪切破坏，地基基础旁侧隆起，造成建筑倾斜或倒塌。

② 整体失稳。主要指建造在老滑坡区或施工引起新的滑坡，造成建筑物整体滑塌事故。

③ 地基变形过大。主要是指不均匀沉降在上部结构中产生附加应力，而造成建筑结构损坏，甚至倒塌。

上述这三类原因造成的倒塌事故颇多。其中最常见的是由于不进行地质勘察就进行建筑工程的设计与施工。如湖南省某县建委杂物库建于淤泥层上。施工中，当砖墙砌至3.2m高时，突然倒塌，其主要原因是地基承载能力不足。又如广东省某县七层框架大楼，建筑面积4190m^2，地基为淤泥层，基础埋深80cm，是独立柱基础，地基的允许承载力只有实际荷重的32.7%。加上梁、柱断面太小，梁、柱接头处含筋量较少。这种薄弱结构在基础下沉时产生的附加力的作用下，各层均沿柱、梁接头处断裂而倒塌。

二、柱、墙等垂直结构构件倒塌

柱、墙等垂直结构构件倒塌有下列主要原因。

① 钢筋混凝土质量低劣。钢筋混凝土柱破坏的事故时有发生，其主要原因有：设计不按规范，配筋不足，构造不合理；施工质量低劣。例如吉林省某市百货大楼的倒塌，就是因混凝土柱振捣不实、施工质量低劣而造成。经检查在二层楼的两根柱子上，竟分别有50cm和100cm高的“米花糖”区段，混凝土几乎像没有水泥浆的“石子堆”。因而柱在此薄弱区段破坏，引起建筑整体倒塌。

② 柱、墙失稳。柱、墙在施工中失稳倒塌的事故较多，其主要原因是：施工过程中，房屋结构尚未形成整体，有些柱、墙是处于悬臂或单独受力状态，若在施工中未采取可靠的防风、防倾倒措施，就会造成失稳倒塌。

三、梁板结构倒塌

主要原因如下。

① 构件质量差。尤其是预制楼板质量差引起垮塌的实例最多。

② 屋面超载。这类事故在全国各地、不同资质的施工企业发生过多次。

③ 随意修改设计。有的施工人员不懂结构基本知识，不按结构规律干活，甚至乱改设计，盲目蛮干造成倒塌。

④ 施工质量低劣。常见的问题有：钢筋严重错位；混凝土强度严重不足；模板支架失稳等。

四、悬挑结构倒塌

悬挑结构倒塌的实例较多，基本类型有两种：一种是悬挑结构整体倾覆倒塌；另一种是沿悬臂梁或板的根部断塌。其主要原因有以下几种。

（1）设计和施工人员未做结构抗倾覆力矩的验算

悬挑结构的受力特点是大多数靠固定端（根部）的压重或外加拉力来维持其稳定而不致倾覆。因此，当设计或施工过程中实际的抗倾覆安全系数太小，势必造成整体倾覆而倒塌。如江苏省徐州市某中学餐厅长 16m、宽 1.8m 的雨篷倒塌，事后验算其抗倾覆安全系数仅 1.1（规范要求不小于 1.5）。又如浙江省某厂成品库雨篷和过梁拆模时倒塌并折断。经检查并验算原设计抗倾覆安全系数大于 1.5，但是施工中过梁上的砖尚未砌完就拆除雨篷模板，造成雨篷和过梁连同砖墙一起倾覆倒塌。雨篷板着地后又使板反向受力，造成板折断。经验算，施工中的抗倾覆安全系数小于 1.0。

（2）模板及支架方案不当

悬挑结构的另一特点是从外挑端向固定端内力逐渐加大，不少设计将悬挑梁、板沿跨度方向做成变截面，施工中若不注意将模板做成等截面外形而造成固定端断面减小。例如某钢筋混凝土建筑物有 900mm 宽挑檐，挑檐板厚度：外挑端为 100mm，固定端为 150mm。施工中模板做成 100mm，再加上配筋不良，结果拆模后断塌。有的悬挑结构所处位置较高，支模较困难，支模不当而倒塌的实例时有发生。例如重庆市某制药厂成品库，屋顶挑檐用斜撑支模，斜撑与水平面之间的夹角太小，同时又无可靠的拉结固定措施。在浇灌混凝土时，整体倒塌。

(3) 钢筋漏放、错位或产生过大的变形

悬挑结构的又一特点是固定端处负弯矩大，主筋都配在梁或板的上部。但有的工程漏放或错放这些钢筋而造成悬挑结构断塌。例如上海市某宿舍工程，六层7个阳台上的遮阳板，因漏放伸入圈梁的钢筋，在拆模时全部倒塌；又如贵州省遵义某公司楼梯挑板钢筋配反，受力筋伸入墙内长度不够，在拆模时倒塌；有的工程钢筋绑扎时的位置是准确的，但是固定方法不牢固或浇混凝土时不注意，而把钢筋踩下；有的悬挑部分长度较大的钢筋固定不牢，发生严重下垂，钢筋实际位置下移较多，这些都可能造成悬挑结构断塌。例如湖南省某厂化纤楼，四层阳台施工时，钢筋严重错位，同时根部混凝土厚度减薄，在开会时有14人在阳台上，阳台突然倒塌，导致3人死亡、9人重伤。又如湖南省某市机修车间及宿舍工程走廊的7根挑梁为变截面梁，根部梁高为250mm，主筋保护层厚25mm，施工中钢筋严重错位，主筋保护层厚度加大至80mm，加上混凝土强度不足和拆模时间过早等原因，7根挑梁在根部处全部倒塌。

(4) 施工超载

挑檐雨篷类构件，设计荷载较小，如均布荷载值仅为490N/m^2，施工荷载远比这些数值大，如果支模不牢固或模板拆除后出现超载，往往造成悬挑结构断塌。例如江苏省某研究所图书馆，一雨篷使用一年后突然倒塌。经检查，雨篷上堆积的建筑垃圾平均厚度达15cm，折合均布荷重约为2205N/m^2，而且雨篷板上部钢筋被拆下。据验算，结构破坏安全系数小于1。

五、钢屋架倒塌事故

钢屋架倒塌的主要原因有以下几种。

① 压杆失稳造成倒塌。钢屋架特点之一是杆件强度高，截面小，但受荷后容易发生压杆失稳而倒塌。例如1984年4月河北省某橡胶厂的双肢钢屋架破坏就是因为端部压杆失稳而破坏。

② 屋架整体失稳造成倒塌。钢屋架的另一特点是整体刚度差。为保证结构可靠地工作，必须设置支撑系统，否则就易发生屋架整体失稳而倒塌。例如 1981 年 5 月山东省淄博市某棉纺厂由于设计支撑系统不完善，在施工屋面时 11 榀屋架倒塌了 6 榀；又如 1984 年 4 月湖南省某县影剧院 19m 跨度的钢屋架倒塌，就是因为没有设置必要的支撑系统，同时上弦压杆的实际应力超过允许应力的 3.9 倍。

③ 因材质不良、材料脆断而造成的倒塌。这类事故发生过多次，比较典型的是 1960 年 11 月倒塌的某原料仓库钢结构廊道。倒塌最主要的原因是桁架钢材质量差，碳和硫偏析显著。这种钢材脆性大，特别是在低温严寒条件下更严重，倒塌时气温为－19℃。

④ 因施工顺序错误而造成的倒塌。如 1962 年某冷轧车间局部屋盖倒塌，其主要原因是违反设计规定的安装顺序，使屋架上弦平面失稳而倒塌；又如 1983 年宁夏某影剧院的钢屋架倒塌，是由于单坡铺瓦造成屋架失稳。

⑤ 因屋盖严重超载而造成的倒塌。如辽宁某小学教室，采用双肢轻型钢屋架，屋面采用泥灰和黏土瓦，屋架线荷载达 19.6kN/m，在施工中倒塌；又如 1973 年某厂 30m 钢屋架，在安装行车时将滑轮挂在屋架上，把屋架拉弯造成倒塌。

⑥ 因钢屋架制作质量差而造成的倒塌。如 1980 年浙江省海宁某育蚕室，采用钢屋架标准图，因焊接质量差造成倒塌；又如黑龙江省牡丹江市某厂钢屋架因焊接质量差，加上施工荷重超过设计荷重 60%，又遇大雪而倒塌。

六、构筑物倒塌事故

水塔、烟囱等采用滑模施工时，若施工技术措施不当，可能造成滑模平台连同构筑物一起倒塌。例如江苏省一座 120m 高烟囱在 60m 高附近时，发生滑模平台倾翻和烟囱局部倒塌事故。又如黑龙江省的一座 28m 高砖烟囱，采用冻结法施工，由于措施不当，违反了烟囱工程施工验收规范关于冬季施工的一些规定，结果在三月解冻期间倒塌。

七、现浇框架倒塌事故

① 地基承载力不足。因地基产生明显的不均匀沉降，导致框架内产生较大的次应力，在上部结构也存在结构隐患的条件下发生垮塌。

② 结构方案错误。常见的有在淤泥质土地基上无根据地采用浅埋深（80cm）的独立基础；框架梁柱连接节点构造不符合要求等。

③ 设计计算错误。常见的问题有荷载计算错误、内力计算错误以及荷载组合未按最不利原则进行等。其结果是导致结构构件截面太小，配筋量严重不足，框架的安全度大幅度下降。

④ 随意修改设计。常见的问题有任意改变建筑构造，滥用保温材料，乱改节点构造等，其结果是有的造成超载，有的导致结构构造不符合规范规定，还有的造成构件间的连接不牢固等。

⑤ 材料、制品质量问题。常见问题有未经设计人员同意，任意代用结构材料，导致承载力大幅度下降。

⑥ 混凝土施工质量低劣。常见问题有：混凝土配合比不对，浇筑成型方法不当，其结果是混凝土强度低下，构件成型后孔洞、露筋现象严重，有的甚至出现像“米花糖”一样的混凝土构件。

⑦ 施工超载。楼、屋面乱堆材料和施工周转材料或机具，造成严重超载。

⑧ 监督管理失控。业主（建设单位）和政府监督部门不能有效地进行质量监督。

⑨ 发现质量问题不及时分析处理，导致事态恶化，待到濒临倒塌时，无法挽救。

八、模板及支架倒塌事故

① 模板与支架的构造方案不良，传力路线不清，导致不能承受施工荷载和混凝土侧压力。

② 模板与支架的支撑结构不可靠。例如将支柱支撑在松填土上或新砌的砖、石砌体上等。

③ 模板支架系统整体失稳。具体的因素有支撑系统中缺少斜

撑和剪刀撑，落地支撑的地面不坚实、不平整，支撑数量不够，布置不合理，杆件的支撑点和连接没有足够的支撑面积和可靠的连接措施，落地支撑下不设木垫板或木垫板太薄等。

④ 模板支架的材料质量不符合要求。主要有模板太薄、支柱太细、支柱接头太多，而且连接处不牢固，钢材或配件锈蚀严重等。

第三节 重大倒房事故实例与成因分析

【实例 7-1】 单层排架结构倒塌

(1) 工程概况

某车间为单层排架结构，屋盖为 15m 跨度的梭形钢屋架，上铺槽板。1991 年 6 月 29 日，在吊装屋面槽板时，三榀钢屋架突然倾倒塌落，屋面板也随之下坠，屋面上施工人员 14 人坠地，造成 4 人死亡，2 人重伤。

(2) 事故原因分析

① 设计方面的问题　在屋架几何尺寸和所受荷载都不同的情况下，随意套用标准图；设置天窗处的钢屋架未按规范要求设置支撑；屋架支座节点，标准图为螺栓连接，设计改为焊接；施工图中的错、漏、碰、缺现象较多。

② 施工方面的问题　屋面板超厚、超重，预埋件不符合图纸要求；槽板与钢屋架没有三处焊接；钢屋架上弦个别节点的对接平焊漏做；圈梁内预埋件不符合施工图要求。此外，施工管理不善，施工组织方案简单，技术交底不清，许多做法违反施工规范的规定。

【实例 7-2】 美国地平线广场公寓楼坍塌事故

美国弗吉尼亚州的一座公寓发生坍塌（图 7-1），形成巨大的尘土和碎片云。这起事故造成严重的人员伤亡和经济损失。令人感到吃惊的是，这座公寓尚未竣工。虽然在设计上并不存在缺陷，但施工时存在重大失误。当时，施工方过早拆除支撑混凝土柱的模板，水泥尚未完全硬化，柱无法支撑上面楼层的重量，发生倒塌。上面的楼层随之倒塌并引发连锁反应，导致整座大楼完全坍塌。

图 7-1　公寓楼坍塌

【实例 7-3】　二层加层现浇钢筋混凝土房屋倒塌

（1）工程概况

安徽省某卷烟厂原一幢二层现浇钢筋混凝土房屋，施工中吊装屋面板，发生加层部分连同相应的二层突然倒塌，因工人正在上班施工，有 92 人被砸在倒塌物中，结果造成 31 人死亡，4 人重伤，50 人轻伤。倒塌建筑面积达 6242m^2，造成严重的经济损失。

（2）事故原因分析

① 加层前未对原厂房结构进行实物检测和验算。倒塌后验算表明：加层以后，原柱的安全度只达到设计规范规定的 68%，梁的安全度不到 50%（注：当时设计规范规定的安全系数为 1.55，

实际柱的安全系数为 1.06，梁为 0.7)。事后测定二层混凝土强度仅达到设计规定的 66%，考虑实际强度的影响，结构安全度将进一步下降。

② 加层不按规定设计。加层结构除次梁外，其他均未作计算；加层结构的下节点是将插铁直接焊在次梁的负筋上，连接十分不牢固；上节点又没有相应加大刚度，致使加层结构不稳。

③ 施工问题。施工中决定提前吊装屋面板，又无必要的防护措施。例如支撑屋面板的梁混凝土养护时间仅 84h，3 月份当地气温较低，因此新浇混凝土实际强度很低。施工中采取的措施是不拆梁的模板及顶撑，其结果是大量的结构自重和施工荷载传递到严重不安全的二层大梁，导致房屋倒塌。

【实例 7-4】 施工顺序不当房屋整体倾倒

上海某小区 7 号楼整体倾倒（如图 7-2 所示）。主要原因是，紧贴 7 号楼北侧在短期内堆土过高，最高处达 10m 左右。与此同时，紧临大楼南侧的地下车库基坑正在开挖，开挖深度达 4.6m。大楼两侧的压力差使土体产生水平位移，过大的水平力超过了桩基的抗侧向力能力，导致房屋倾倒。如图 7-3 所示。

图 7-2 上海某小区 7 号楼整体倾倒实景

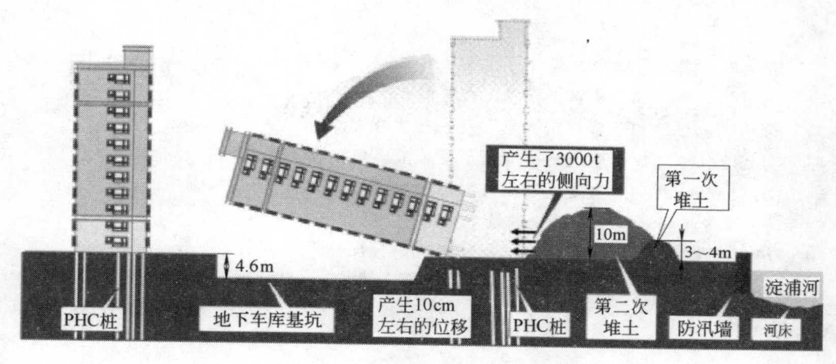

图 7-3　上海某小区 7 号楼整体倾倒原因示意

思考题

1. 房屋倒塌前常出现的先兆特征是什么？
2. 分析建筑工程倒塌事故形成的原因。

参 考 文 献

[1] 姚谨英．建筑工程质量检查与验收．第2版．北京：化学工业出版社，2015.
[2] GB 50300—2013．建筑工程施工质量验收统一标准.
[3] CECS 295—2011．建（构）筑物托换技术规程.
[4] GB 50550—2010．建筑结构加固工程施工质量验收规范.
[5] GB 50367—2013．混凝土结构加固设计规范.
[6] JGJ 79—2012．建筑地基处理技术规范.
[7] GB 50204—2015．凝土结构工程施工质量验收规范.
[8] 朱维益，张玉凤．建筑安装工程质量手册．北京：中国建材工业出版社，2016.